行動通訊與傳輸網路

陳聖詠　編著

全華圖書股份有限公司

國家圖書館出版品預行編目資料

行動通訊與傳輸網路 / 陳聖詠編著. -- 三版. --
　　新北市：全華圖書，2016.12
　　　面　；　公分
　　ISBN 978-986-463-429-3(平裝)

　1.無線電通訊　2.無線網路
448.82　　　　　　　　　　　　　　　105023691

行動通訊與傳輸網路

作者 / 陳聖詠

發行人 / 陳本源

執行編輯 / 張曉紜

出版者 / 全華圖書股份有限公司

郵政帳號 / 0100836-1 號

印刷者 / 宏懋打字印刷股份有限公司

圖書編號 / 0553602

三版四刷 / 2020 年 12 月

定價 / 新台幣 400 元

ISBN / 978-986-463-429-3 (平裝)

全華圖書 / www.chwa.com.tw

全華網路書店 Open Tech / www.opentech.com.tw

若您對書籍內容、排版印刷有任何問題，歡迎來信指導 book@chwa.com.tw

臺北總公司(北區營業處)
地址：23671 新北市土城區忠義路 21 號
電話：(02) 2262-5666
傳真：(02) 6637-3695、6637-3696

中區營業處
地址：40256 臺中市南區樹義一巷 26 號
電話：(04) 2261-8485
傳真：(04) 3600-9806

南區營業處
地址：80769 高雄市三民區應安街 12 號
電話：(07) 381-1377
傳真：(07) 862-5562

作者序

　　本書主要以行動通訊基本原理為撰寫的出發點，在這裡您可以了解到通訊多工技術、GSM 行動通信系統、Wi-Fi、WiMAX、RFID 架構觀念、光纖相關知識、傳輸數據網路相關通訊協定、基本電源系統、微波通信概念、基本通訊設備雷突波防護、3G/4G/5G 網路介紹，行動通訊未來發展與傳輸網路規劃基本知識，在 Mobile 領域上的應用，對於想進入通信領域的您，相信在這裡可以幫助大家了解到行動傳輸數據網路的觀念與知識，以個人實際經驗的角度來描述通訊網路，配合流程圖解方式導引，希望能讓讀者對本書行動通訊及傳輸網路之間的關聯有快速的理解與構思，相信對於讀者會有所助益。

　　本書的內容是以重點式的敘述與圖解的方式來編寫，讓讀者能逐步的瞭解到在整體行動通信領域裡，數據資料如何透過傳輸網路來連結，不管是無線還是有線的方式與其相對的重要性，並導入行動通訊網路相關監測的觀念，希望能給對無線網路與有線網路如何結合有興趣的人提供一個起步與紮實的具體觀念，並讓通訊技術豐富你我生活。

　　在這首先要感謝全家人、倫幗及朋友的支持與鼓勵此書才能編寫完成，在這也感謝全華科友圖書對於本人的協助，小弟才疏學淺木書在編寫方面已力求完整如有疏漏之處尚祈各位先進不吝指教　感謝。

陳 聖 詠　謹識

本書特色

1. 由淺入深描述行動通訊與傳輸網路整體的架構之基本觀念。
2. 詳述行動通信 GSM 系統與傳輸網路介面之相關聯性。
3. 內容包括通訊多工技術、GSM 行動通信系統、Wi-Fi、WiMAX、RFID 架構觀念、光纖相關知識、數據網路相關通訊協定、微波通信概念、通訊設備雷突波防護、基本電源系統、3G/4G/5G 網路介紹、行動通訊未來發展、傳輸網路規劃基本知識。
4. 重點式的敘述與圖解的方式來編寫讓讀者能逐步的瞭解到在整體行動通信領域裡數據資料如何透過傳輸網路來連結。
5. 以實際經驗的角度來描述通訊網路，配合流程圖解方式導引希望能讓讀者對本書行動通訊及傳輸網路之間的關聯有快速的理解與構思。

本書(整體觀念關聯示意圖)

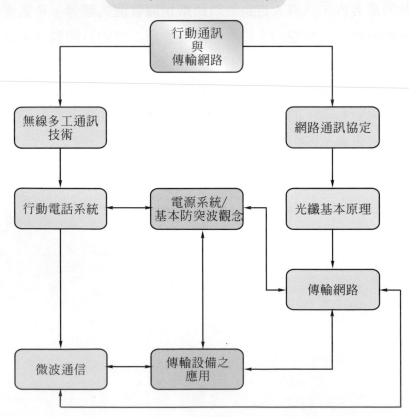

編輯部序

　　「系統編輯」是我們的編輯方針，我們所提供給您的，絕不只是一本書，而是關於這門學問的所有知識，它們由淺入深，循序漸進。

　　本書由淺入深描述行動通訊與傳輸網路整體的架構及基本觀念，並詳述行動通信 GSM 系統與傳輸網路介面之關聯性，內容包括通訊多工技術、GSM 行動通信系統、Wi-Fi、WiMAX架構觀念、光纖相關知識、數據網路相關通訊協定、微波通信概念、基本電源系統、3G/4G/5G 網路介紹、行動通訊未來發展及傳輸網路規劃基本知識等介紹。以重點式敘述與圖解方式編寫，讓讀者能逐步了解在整體行動通信領域裡，數據資料如何透過傳輸網路來連結，以實際經驗的角度來描述通訊網路，配合流程圖解方式導引。本書適用於科大電子、通訊、電機系「行動通訊」相關課程。

　　同時，為了使您能有系統且循序漸進研習相關方面的叢書，我們以流程圖方式，列出各有關圖書的閱讀順序，以減少您研習此門學問的摸索時間，並能對這門學問有完整的知識。若您在這方面有任何問題，歡迎來函聯繫，我們將竭誠為您服務。

相關叢書介紹

書號：05314
書名：訊號與系統－第二版
編譯：洪惟堯.陳培文.張郁斌.楊名全
16K/944 頁/875 元

書號：06196017
書名：數位訊號處理－Python 程式
　　　實作(第二版)(附範例光碟)
編著：張元翔
16K/440 頁/500 元

書號：0610003
書名：數位通訊系統演進之理論與
　　　應用－3G/4G/5G/NB-IoT
　　　(第四版)
編著：程懷遠.程子陽
20K/352 頁/430 元

書號：1037601
書名：智慧型行動電話原理應用與
　　　實務設計(第二版)
編著：賴柏洲.林修聖.陳清霖
　　　呂志輝.陳藝來.賴俊年
20K/384 頁/350 元

書號：10392
書名：VoIP 網路電話進階實務與
　　　應用
編著：賴柏洲.陳清霖.林修聖
　　　呂志輝.陳藝來.賴俊年
16K/240 頁/400 元

書號：10471
書名：訊號與系統概論－
　　　LabVIEW & Biosignal Analysis
編著：李柏明.張家齊
　　　林筱涵.蕭子健
20K/472 頁/500 元

書號：10468
書名：生醫訊號系統實作：
　　　LabVIEW & Biomedical
　　　System
編著：張家齊.蕭子健
20K/224 頁/300 元

◎上列書價若有變動，請
　以最新定價為準。

流程圖

書號：0333403
書名：通訊原理(第四版)
編著：藍國桐.姚瑞祺

書號：0621801
書名：無線網路與行動
　　　計算(第二版)
編著：陳裕賢.張志勇.陳宗禧
　　　石貴平.吳世琳.廖文華
　　　許智舜.林勻蔚

書號：06138
書名：通訊系統(第五版)
　　　(國際版)
編譯：翁萬德.江松茶
　　　翁健二

書號：0553602
書名：行動通訊與傳輸網路
　　　(第三版)
編著：陳聖詠

書號：0905402
書名：GPS 定位原理及
　　　應用(第四版)
編著：安守中

書號：05314
書名：訊號與系統－第二版
編著：洪惟堯.陳培文
　　　張郁斌.楊名全

書號：0610003
書名：數位通訊系統演進之
　　　理論與應用－3G/4G/5G/
　　　NB-IoT(第四版)
編著：程懷遠.程子陽

書號：05973017
書名：天線設計－IE3D
　　　教學手冊(第二版)
　　　(附範例光碟)
編著：沈昭元

目録

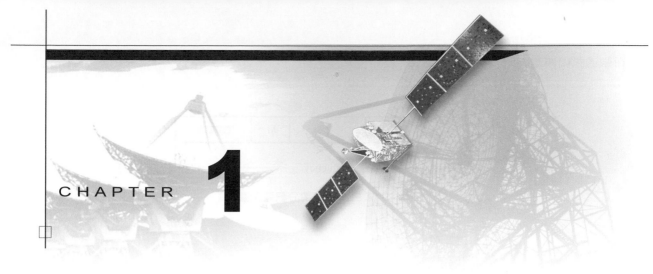

CHAPTER 1

無線通訊多工技術

　　以目前常用的無線通訊多工技術來說，我們可以大略的把各種技術區分為下面幾類，分別為在此章節來與大家做探討，FDMA、TDMA、SDMA、CDMA、FHMA、OFDM、FDD/TDD 不同的區別及應用的相關領域。所謂調變(modulation) 是將傳送資料對應於載波變化的動作，可以是載波的相位、頻率、振幅、或是其組合，而多工(multiplexing)為數個獨立低傳送速率資料通道同時共用頻寬的方法。

1-1　　FDMA 分頻多重擷取

　　FDMA(Frequency Division Multiple Access)主要是透過切割許多小的無線通訊頻帶，而每個無線通訊頻帶都屬於一個專屬的使用者用來傳輸資料，透過這樣的方式我們可以在一個大的頻帶範圍中，切割出許多小的頻帶，讓多個使用者可以同時傳輸資料。FDMA就像一群學生在一間教室有限的空間中(如 Frequency)各有自己的位置一般，他們有各自的小空間(f_1、f_2、f_3、…f_n)來使用互不干擾但同處於相同的教室內。缺點就是每個使用者都會使用到特定的頻帶，一旦同一區域的使用者人數超過所能提供的頻帶數目，就會造成系統無法提供服務的問題發生。如學生一直使用一個位置般，如果學生人數太多就會發生位置不夠的情況。

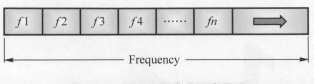

圖 1-1-1　FDMA 頻率分配意示圖

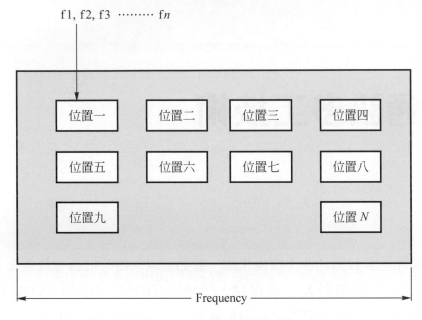

圖 1-1-2　FDMA 觀念表示圖

FDMA 頻道數可經由已知的頻寬資訊計算出來，計算方式如下：

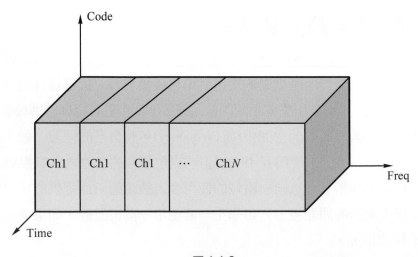

圖 1-1-3

$$N = (B_t - 2B_g)/B_c$$

N：Number of Channels

B_t：Total Spectrum Allocation

B_g：Guard Band

B_c：Channel Bandwidth

譬如有一總頻寬為 25MHz，通道頻寬為 200kHz，辦識頻帶為 100kHz 則 channel Number 可有多少？帶入計算

$$N = (25 \times 1000 - 2 \times 100)/200 = 124$$

1-2　TDMA 分時多重擷取

相對於 FDMA，TDMA(Time Division Multiple Access)的技術是在同一個頻帶中，透過分時多工的方式讓多個使用者可以享用一個頻帶的資源 FDMA 就像一群學生在一間教室有限的空間中(如 Frequency)各有自己的位置一般，他們有各自的小空間(f_1、f_2、f_3、…f_n)來使用互不干擾但同處於相同的教室內。TDMA 則是在教室有限的空間中多了一個時間使用表，對每一個位置的學生安排時間使用並不互相干擾使用時間及空間，但卻可提高位置的使用率及效率，相對的使頻率提升了使用效率。

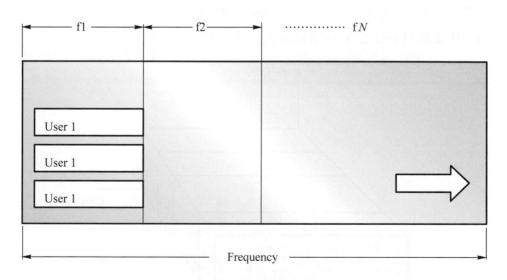

圖 1-2-1　TDMA 頻率分配意示圖

f1, f2, f3 ‧‧‧‧‧‧‧‧ f*n* + 使用時間表

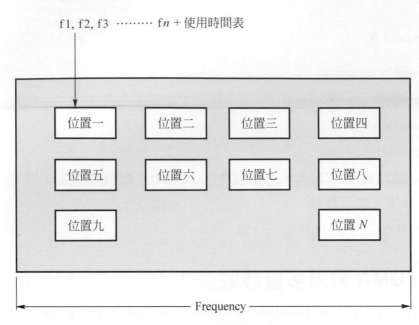

圖 1-2-2　TDMA 觀念表示圖

　　我們可以在一個固定的頻帶中，讓每個使用者擁有屬於自己的時槽(Time Slot)，當輪到屬於該使用者的時槽時，該使用者就可以傳遞資料。若干個時槽再結合成訊框(Frame)，每個訊框的第一號時槽組成 TDMA 的第一號通道，其餘依此類推，每一通道供一用戶使用，如此不同用戶的訊號便不至於重疊。透過這樣的方式，我們就可以在一個頻帶的範圍內，讓多個使用者達到同時傳遞資料的目的。

　　TDMA 頻道數可經由已知的頻寬資訊計算出來，計算方式如下：

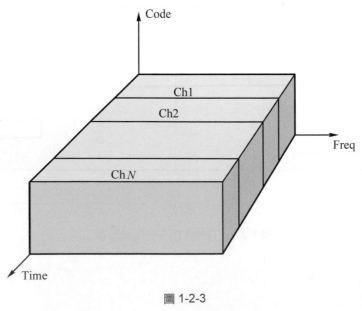

圖 1-2-3

$N = m(B_t - 2B_g)/B_c$

N：Number of Channels

B_t：Total Spectrum Allocation

B_g：Guard Band

B_c：Channel Bandwidth

m：maximum number of TDMA users per each radio channel

延伸 FDMA 計算題當在每個頻道中加入時槽的方法後可使用的頻道數提高了很多譬如有一總頻寬為 25MHz，通道頻寬為 200kHz，辦識頻帶為 100kHz，m=8 則 channel Number 可有多少？帶入計算

$N = m(B_t - 2B_g)/B_c$

$N = (25 \times 1000 - 2 \times 100) \times 8/200 = 992$

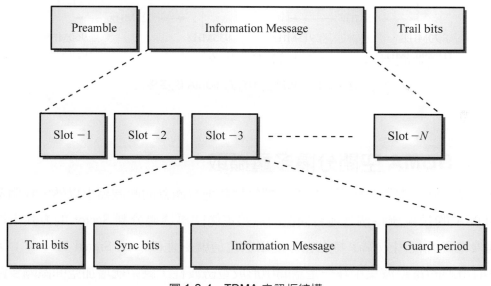

圖 1-2-4　TDMA 之訊框結構

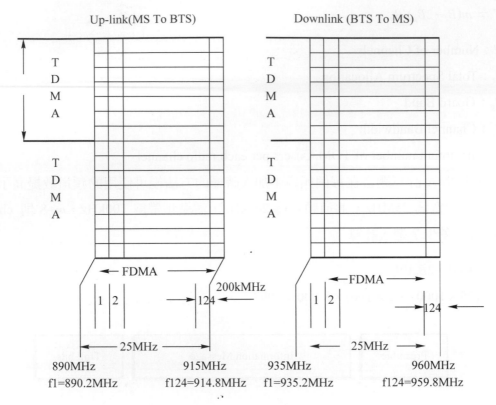

圖 1-2-5　GSM 空中介面 TDMA 碼框格式

1-3　SDMA 空間分隔多重擷取

　　為了提高無線電資源使用效率除了把每個基地台涵蓋的範圍縮小以外，我們還可以透過 SDMA 的技術讓每個基地台涵蓋的無線電範圍再透過分割 Sector 的方式來增加有限的無線電資源使用效率。特點在於使用數位信號處理(Digital Signal Process；DSP)技術使發射出去的電磁波集中在一定空間中形成電磁波柱，讓系統增加空間區隔多路進接(Spatial Division Multiple Access；SDMA)的特性，提高系統容量。

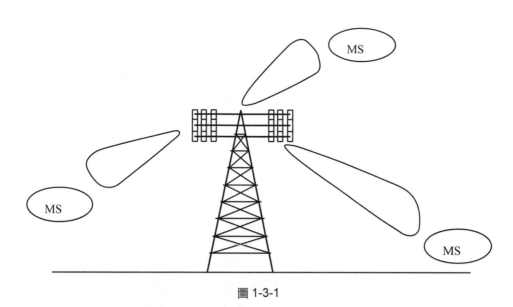

圖 1-3-1

透過SDMA技術，我們可以在每個基地台的範圍中再透過不同的無線電區域分割，讓相鄰的三個區域可以同時讓三位不同使用者使用同一個無線通訊頻帶，以便於容納更多的使用者。如果沒有 SDMA 的技術，那樣在一個基地台涵蓋的範圍中，一個頻帶就無法重複在不同的分割 Sector 中使用，而增加可容納的使用者數目。

1-4　CDMA 分碼多重擷取

CDMA(Code Division Multiple Access)技術使用了正交(orthogonal)的展頻碼(spreading codes)，這種技術允許系統可以在同一個頻帶上，讓多個不同使用者的資料同時傳送。由於透過展頻碼所處理過的資料都會具有正交性，因此接收端在收到資料後，如果計算結果為 0 就表示所接收到的為其它無關的信號，如果計算後的結果不為 0，就表示此為我們所要接收的資料。

CDMA 技術對於頻帶的使用率來說，比起 FDMA 與 TDMA 來的更為有效率，因為它允許多個使用者同時在同一個頻帶上面傳送資料，再由接收端根據不同的正交展頻碼來解回資料。相對於 FDMA 與 TDMA 來說，都必須要分配一個固定的頻帶或是固定頻帶中的特定時槽(Slot)，即使該使用者在連線後，並沒有透過所配置的無線資源來傳送資料，可是無線資源配置卻還專屬於該使用者，對於有限的無線資源來說將會是一種相當大的浪費。因此，CDMA 的技術可以大幅的增加原本 FDMA 與 TDMA 技術所能容納的通訊使用者數目，對於頻帶的使用效率也相對的大幅提高。CDMA 就像是在一個國際機場的大廳，會有各總不同國家的人在大廳中進行交談，他們使用不同的語言也就是

(Code)，當大廳中人越來越多時，兩個交談的人為了聽清楚對方的聲音就必須靠的更近(函蓋率會變小)，以達到溝通傳遞的目的。

目前主要使用的 CDMA 技術包括了 WCDMA 與 IS-95(cdmaOne)所採用的 DS-CDMA(Direct Sequence-CDMA)與 CDMA 2000 採用的 MC-CDMA(MultiCarrier-CDMA)。

DS-CDMA 會完整的佔用整個傳輸頻帶，由於正交碼的數目是有限的，所以我們必須透過擾碼(Scrambling Code)讓相鄰的 Cell 可以使用同樣的展頻碼(Spreading Code)來傳遞資料，而避免了因為相鄰兩區域使用同樣的展頻碼所造成的干擾。

而 MC-CDMA (Multi Carrier-CDMA)可以依據使用者目前所需要的頻寬資源，動態的結合一個以上的頻帶用來傳輸使用者的資料。

CDMA 具有的優點：

1. CDMA 技術增加了系統的容量，間接消除了系統擁塞所引起的現象。
2. CDMA 手機的傳輸功率符合低功率的需求，使得攜帶式電話更加小巧，而且具有較佳的通話時間及待機時間。
3. CDMA 的擴頻信號讓使用者室內及室外都能比其它系統有更好的通話，在受到山區地形或大樓反射信號干擾的擁擠市區或空間裡，CDMA 更能改進呼叫通話的品質。
4. 因有減低及抑制背景噪音，CDMA 的語音編碼技術可提供更好的語音品質。
5. 全部有 4.4 兆個代碼(Code)可用來區別不同的呼叫，增加隱密性及消除串音。

1-5　CSMA 載波感知多重擷取

IEEE 802.3 標準制定了 Carrier Sense Multiple Access with Collision Detection(CSMA/CD)通訊協定。其基本網路結構是匯流排(BUS)的架構。Ethernet 大略依照 CSMA/CD 協定方式，只在訊框格式有點不同。

CSMA/CD 運作原理：

在 BUS 網路架構裡，傳送電腦欲傳送資料給某一部電腦，是將資料廣播到網路上，在同一網路上任何電腦皆可接收到。工作站傳送資料前，必須確定(Listen)網路上沒有訊號在傳送(Carrier Sense)。如是 Quiet(安靜)表示無人在使用網路，便開始傳送；否則必須等待。

將資料(訊框)傳送出去後，傳送者必須立即將其讀回，判斷是否有跟其他工作站碰撞(Carrier Detection)。如有碰撞便馬上退回不再傳送，等待某一隨機時間(Random Time)再回到 2 繼續 listen；否則繼續傳送。

在同一網路上可能有多個工作站在 Carrier Sense 準備要傳送(Multiple Access)，也可能在傳送途中與其他工作站發生碰撞。

任何一部工作站，其不是在傳送資料時；便是在接收資料。工作站在接收資料時將網路上任訊息接收進來，再判斷是否是屬於本身工作站的，如果不是便將其丟棄，如果是傳送給本工作的資訊就再以錯誤控制(CRC檢查)方法偵測是否資料正確，如正確則傳送給上層；否則要求傳送端重送(ARQ 方法)。

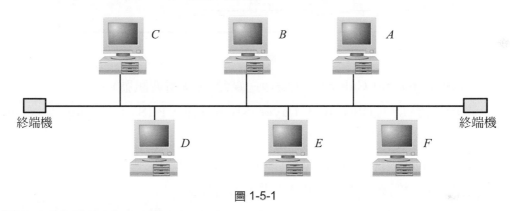

圖 1-5-1

CSMA/CD 網路特性可細分如下：

1. 傳輸數率為 10Mbps(100Mbps～1Gbps)。
2. 訊框格式為 IEEE 802.3 CSMA/CD 格式。
3. 廣播式傳輸。
4. 傳輸媒體：同軸電纜、雙絞線、光纖。
5. 不提供保證傳送延遲服務。
6. 頻寬使用不保證公平。
7. 高負債時頻寬使用率低。
8. 較不適合多媒體資訊傳輸(即時傳輸)。
9. 10-2-3 IEEE 802.3 通訊結構。

IEEE 802.3 通訊結構：

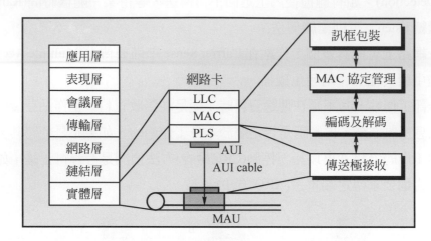

圖 1-5-2

1. 同軸電纜(Coaxial Cable)：訊號傳送媒體(傳送電波訊號)
2. 實體層訊號處理(Physical Layer Signaling，PLS)：coding 及 decoding (codec)，訊號與資料間的轉換。
3. 接觸單元介面(Attachment Unit Interface，AUI)：電流傳遞介面。
4. 接觸單元介面電纜(AUI cable)：電流傳遞媒體。
5. 媒介接觸單元(Medium Attachment Unit，MAU)：電波訊號和電流訊號的轉換。

CSMA 電纜系統

1. 同軸電纜(Coaxial cable)：傳送電波、多重存取、每段最長 500 公尺，超過距離必須加裝 repeater。
2. 收發器電纜(Transceiver cable)(AUI cable)：傳送電流，最長 50 公尺。
3. 半收發器電纜(Half-repeater cable， Point-to-point cable)：不可存取、最長 1000 公尺。最長距離 2500 公尺(包含 repeater 及半收發器電纜)。

1-6　FHMA 跳頻多工擷取

　　FHMA(Frequency Hopped Multiple Access)技術最初用於保密通訊，70 年代初用於路地移動通訊，FHMA 是一種跳頻多工技術，屬於寬頻帶通訊，因此 FHMA 系統也可以稱爲是一展頻系統。而目前已得廣泛應用，GSM 系統主要是應用了 TDMA 的多工技術。

根據 Nettleton 的研究，FHMA 技術能夠使系統容量擴展到 FM 系統容量的 30 倍。

GSM 和 FHMA 系統都是數位通訊系統。GSM 採用的是 TDMA，其中跳頻只是為了提高系統(C/I)比性能，小區域內跳頻序列正交，各同頻小區域之間的跳頻序列分配相互獨立，不過在頻道數目不多的情況下，發生碰撞的可能性很大。GSM 的標準，即使分配了 25MHz 的頻寬，仍只有 64 個跳頻頻道。在 GSM 系統中，加入跳頻只能使系統的(C/I)比性能改善 2dB～3dB。

FHMA 系統使用的多工技術，是一種展頻通訊技術，與傳統的窄頻通訊技術有所區別。應用窄頻通訊技術的系統，如 TDMA、FDMA 系統，其容量在系統設計時就已經確定了，如果需要增加容量，對於蜂巢式通訊系統則必須進行小區域(cell)分裂或增加新的頻道。而寬頻系統，如 CDMA、FHMA 系統，其容量主要是受到系統內部干擾(多工干擾)的限制，只要能降低多工干擾，就能使系統容量進一步提昇，即具有軟體擴充容量的特性。

1-7　FDD 分頻雙工/TDD 分時雙工

傳統的無線通訊使用兩個反向且頻率不同之頻道來提供全雙工服務(Full Duplexing service)，稱為分頻雙工(Frequency Division Duplexing，FDD)，由基地台到行動台的頻道稱為順向鏈路(Forward link)，由行動台至基地台的頻道稱為逆向鏈路(Reverse link)。(Time Division Duplex，TDD)稱為分時雙工或稱為時域雙工，利用時間分割做為雙向溝通。TDD 系統在是類比系統(AMPS)上改進，加上數位模組而成，因此亦被稱為 D-AMPS (Digital AMPS)，或稱 IS-54，後來 IS-54 又被更新稱為 IS-136。TDD 系統是將相同載波信號交替時槽分配給前向(Forward)與反向(Reverse)通訊鏈路，封包在傳送時可加入向前錯誤修正碼保護資料，以降低資料傳送的錯誤率，其輸出功率為 1mW(class 3)，傳輸距離大約為 10 公尺。歐洲 DECT 系統即使用 TDD/TDMA 格式。

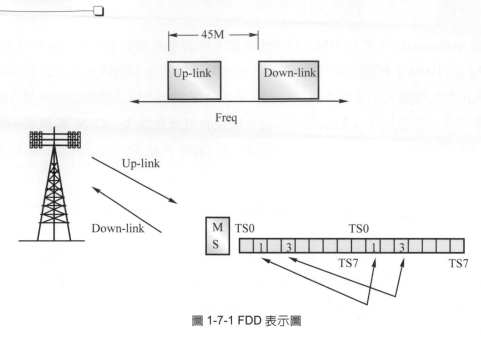

圖 1-7-1 FDD 表示圖

1-8　OFDM 正交分頻多工

　　OFDM(Orthogonal Frequency Division Multiplexing)技術起源於 1960 年代的多載波技術，頻分多工(FDM)以頻率小區段來分別使用各子載波，而子載波之間並不相互重疊，當時是以帶通濾波器來區隔各子載波的資料，其生產成本與頻譜效益並不夠好，由於正交分頻多工技術具備高速資料傳輸，同時可以有效對抗頻率選擇性衰弱通道，因此現今以大量採用於無線通訊上。正交分頻多工之基本觀念為將一高速資料串列分割成數個低速資料串列，並且將這數個低速串列同時調變在幾個載波上同時傳送。正交分頻多工屬於多載波傳輸技術，所謂多載波傳輸技術指的是將可用的頻譜分割成多個子載波，每個子載波可以載送一低速資料序列，最大的優點是能夠大量減少通訊所使用的頻寬。

　　OFDM 正交分頻多工，是一種高效率的多通道調變解調變技術。利用離散快速傳利葉轉換(FFT)和反快速傳利葉轉換(IFFT)來調變和解調變傳送的訊號。可使用的頻寬被劃分為多個狹窄的頻帶，資料就可以被平行的在這些頻帶上傳輸。現在也應用在第四代(4G)行動通訊系統中，OFDM 有許多優勢如解決多重路徑的傳輸問題，它不僅可以克服信號傳輸的障礙，而且還能提高通訊傳輸的速度，在窄頻率的干擾方面有較高的抗干擾能力，它可以對那些在通訊傳輸過程中遭到破壞的信號資料位元進行自動重建、可應用於單一頻率的網路中如寬頻的網路且在硬體的實現上較不複雜理想的正交分頻多工，在頻域上各子載波的中心頻率上與其它載波都具有正交性，因此能夠避免鄰頻干擾的問題，又能夠有效節省傳輸頻寬。

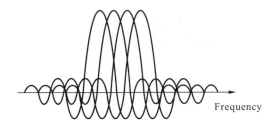

圖 1-8-1 OFDM 理想頻譜　　　　　　　　　　圖 1-8-2 OFDM 子載波頻譜

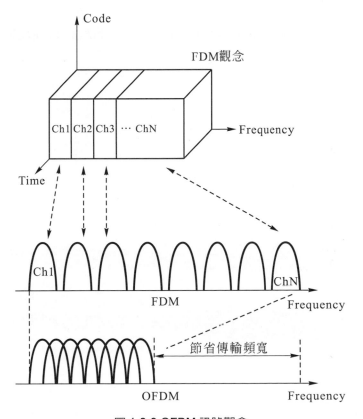

圖 1-8-3 OFDM 訊號觀念

(FDM)：　在同一個傳輸通道上同時傳送多個不同的訊號，這些訊號是以不同頻率的
　　　　　載波進行調變後，以不同的頻率在同一個傳輸通道上傳輸，彼此因頻率不
　　　　　同，不會造成互相干擾的情況。

思 考 題 :

1. TDMA 與 FDMA 在觀念上的重點為何？

2. 何謂 SDMA 優點？

3. OFDM 具有的優點為何？

4. FDM 與 OFDM 相對應觀念為何？

5. 試想不同的調變技術應用在不同的無線頻段會有差別嗎？

6. 當 CSMA/CD 傳送過程中有 Noise 產生時，它的網路特性為何？

CHAPTER 2

行動電話系統(一)

行動電話發展至今也有相當久的時間了，在本章節裡最主要是要讓您瞭解 GSM 行動電話系統的發展狀況及基本架構、頻道觀念，頻率配置，細胞(Cell)區域觀念、通話交遞(Handover)、漫遊越區通話、GSM 語音信號處理過程、GSM 手機數位訊號處理、行動無線電傳播等基本知識，透過這些章節希望能給讀者在 GSM 基本架構觀念上有相當的認識。

2-1　行動電話系統之發展

第一代行動通訊系統：

第一代行動通訊系統，為類比式(Analog)的行動電話系統，主要用於語音傳輸。其所使用的技術如 AMPS(Advanced Mobile Phone Service；先進式行動電話服務)、NMT (Nordic Mobile Telephone；北歐行動電話)、TACS(Total Access Communication System；完全存取通訊系統)等，其中最為人熟知的為美國於 1980 年所發展的 AMPS 系統，因此又稱為北美行動電話系統，其涵蓋範圍遍及美國全境，且有 80%的美國行動電話用戶採用這套系統(而 AMPS 也是台灣第一個引進的行動電話系統，於 1989 年開台營運，至 2001 年 11 月 30 日正式關閉)。這是一種蜂巢式系統，其傳輸訊號以 FM(FrequencyModulation；調頻)訊號的形式調變(與 FM 廣播形式相同，只是頻率的範圍不同)。使用的頻率為

800MHz，其優點為傳輸距離長(比起 GSM900 以及 GSM1800 還長)，音質好，穿透性佳，沒有回音的困擾，不過其缺點為容易受外來的電波干擾，造成通話的品質不佳、容易遭到他人竊聽通話內容及盜拷，且擴充功能差，因此已逐漸被取代。

第二代行動通訊系統：

第一代行動通訊系統的缺點為容易受外來的電波干擾，造成通話的品質不佳、容易遭到他人竊聽通話內容及盜拷，且擴充功能差之缺失，因此在 1990 年代，廠商便開始發展新一代的數位式(Digital)行動電話系統，可提供語音、數據、傳真傳輸，以及一系列加值型的服務，其與類比式行動電話系統最大的差異，在於所傳送的資料已完全數位化了，而且在容量、安全性等多方面都比類比式系統改善許多。目前全球現有的數位式行動電話系統包含以下四種：

1. **GSM(Global System for Mobile Communication；全球行動通訊系統)：**

   是在 1990 年代早期由歐洲首先提出，亦是歐洲地區行動電話的通訊標準。採蜂巢式細胞(Cell)概念(以多個小功率發射機的基地台，取代一個高功率發射機的基地台(Base Station))來建置其通訊系統，提供無線語音與數據服務。目前在歐洲與亞洲使用率相當高(為目前我國行動電話業者主要所使用的系統，為900MHz與 1800MHz 的頻率)，亦為全球使用率最高的系統。不過在美國僅有少數 PCS (Personal Communication Service；個人通訊服務)業者採用(使用 1900MHz的頻率)

2. **CDMA(Code Division Multiple Access；分碼多工接取)：**

   原為美軍為了軍事通訊的需求而開發出來的一種技術，而 QUALCOMM 公司將其推動商用化，近來在市場上已成為一種可靠且高效的民用無線通訊解決方案。CDMA 是一種擴展頻譜技術，主要是將通訊端的訊號數位化後，再利用所有可得的頻寬來分散傳送，每一道訊息傳輸都會被指派到一個序列碼，等全部接收到之後再加以重組，因此 CDMA 可增加所提供的語音通道總數，系統整體容量隨之可大幅提高。目前有韓國、日本、美洲地區及香港等地使用，而韓國在1996 年投入商業營運後，其用戶佔有全球CDMA用戶一半以上，成長相當快速。

3. **TDMA(Time Division Multiple Access；分時多工接取)：**

   TDMA 技術是以時間座標基礎，利用時槽(TimeSlot)的概念，即在一段時間內，其通話採用某種頻率傳送封包，完成後即釋放該頻率給其他需要使用者。其主要是使用於美洲大陸。

4.　**PDC(Personal Digital Cellular；個人數位蜂巢式系統)**：

　　　　PDC 規格的開發是由日本 ARIB(Association of Radio Industriesand Businesses) 在 1990 年正式擬定，於 1991 年由日本郵政省公佈該標準，為日本的 TDMA 數位式行動電話標準，使用 800MHz 和 1500MHz 的頻率。由於日本自行發展出一套獨特的系統。也因為如此，在進行國際漫遊時，其他國家大部分的手機均無法在日本直接進行漫遊，而必須經過換機的動作。而目前 PDC 的用戶僅在日本地區。

　　GSM 是數位式無線電系統，它的名字是來自一個稱作 Group Special Mobile 的團體。GSM 的主要目的為提供泛歐洲的「漫遊」(roaming)，因此用戶能在歐洲的任何地方使用他們的設備，都不必要求地區經營者做特殊的安排。另一項要求是它比類比式蜂巢無線電系統更能有效地使用頻譜(spectrum)。

　　　　GSM 所使用之固定發射基台的架構，在概念上與類比式蜂巢系統類似，CCITT SS7 (Signaling System No.7)被當成固定網路裡信號發送的基礎。GSM 比類比式系統好的地方是它在容量方面有所改進。GSM 所增補的服務包含多團體的會議(multi-party conferencing)、電話柵欄(call barring)及 camp-on。GSM 提供打出／打進電話確認、同步傳輸資料及不對其他人開放的使用者團體(closed user groups)。

　　　　GSM 提供全數位化之語音／使用者資料的傳輸、編碼，並將「交錯(interleaving)」功能用在資料傳輸上。數位式調變 RF 載波及頻率跳躍可減少多重路徑接收(multi-path reception)的問題。GSM 所需的無線電頻譜可利用 FDMA 及 TDMA 技術，將頻率帶 890～915MHz 及 935～960MHz 作分割而得到。在資料通訊方面，GSM 能與公眾網路、ISDN 或其他資料網路相互通訊。在資料服務方面，使用者能使用在行動式聽筒上的內部功能，例如顯示簡短的訊息在其字幕上，或使用外部設備，例如傳真功能。

　　　　在 GSM 網路的行動站，不需要同時傳輸及接收訊號。傳輸及接收的時間被三個時間槽所分開。RF 載波間保持 200kHz 的距離。每個載波通常傳送 8 個時間槽的資料使用 TDMA 技術。每個行動式系統包含一個用戶確認模組(SIM; Subscriber Identity Module)它提供了手機及網路之間執行確認程序所需的資訊。SIM：Subscriber Identity Module(用戶識別模組)，必須嵌入 GSM 行動電話內的微型印刷電路板。SIM 卡記憶體內含有用戶詳細資料、密碼資訊以及個人電話簿的電話號碼。

　　　　採用數位式行動電話系統之優點及特性如下：

1. 優點
   (1) 用戶設備更為輕小，且易於使用。
   (2) 耗電小、成本低。
   (3) 系統容量高，且頻譜使用較經濟。
   (4) 有較好的語音，及數據傳輸品質。
   (5) 經由編碼技術可以防範他人盜拷，確保隱私。
   (6) 雜音及干擾可以被校正通話品質較優。
   (7) 藉著整合服務數位網路(ISDN)，可提供數據傳輸等業務。

2. 特性
   (1) 完全採用數位式。
   (2) 開放其介面標準。
   (3) 可國際間越區漫遊。
   (4) 採用 TDMA 與頻率跳躍技術(Frequency Hopping)。
   (5) 具有多方面功能服務符合 ISDN。
   (6) 交錯頻道編碼。
   (7) 符合(Open system Interconnection；OSI)。
   (8) 採用 SIM Card。

第三代行動通訊系統：

　　為了面對多媒體時代的來臨，行動通訊將需要更高的傳輸速度，有鑑於此 ITU (International Telecommunication Union；國際電信聯盟)的 ITU-R(Radio communication sector；射頻通訊部門)從 1985 年就開始著手規劃 FPLMTS(Future Public Land Mobile Telecommunications Systems；未來公眾陸上行動通訊系統，其重點則在無線接取『Wireless Access』技術方面)。在 1996 年時 FPLMTS 更名為 IMT-2000(International Mobile2Telecommunication-2000；國際行動通訊系統 2000，為 ITU 第三代行動通訊之通稱，泛指傳輸速率在 384kbps 以上的技術)並訂定使用頻寬、技術標準、網路互連規範，及全球通行的系統標準。而取名 IMT-2000 是因為該系統的無線通訊頻率位於 2000MHz 附近，傳輸速率可達 2000kbps，而且正式商用系至 1998 年 8 月底，提交至 ITU 的第三代行動通訊無線傳輸技術提案共有 16 個，(地面無線通訊技術有 10 個，6 個為衛星通訊技術)，以 CDMA、TDMA 及 FDMA(Frequency-Division Multiple Access；分頻多工存取)等三大類技術來發展，而其中由於 CDMA 的通話 S 與高容量的用戶數優於其他的技術，因此在 ITU 第三代行動通訊無線傳輸技術提案中，幾乎都是以 CDMA 的基礎來發展。

至目前為止，在所有的提案中以 CDMA 為主流技術的三種標準規範是最受到矚目，主要分別是由日本和歐洲共同推廣，最早商業運轉的 W-CDMA、美國提出且深受南韓支持的 cdma2000、已及大陸自行研議的 TD-SCDMA 等三種系統，而這些標準均具有頻譜利用率高、網路覆蓋範圍廣等特點。

1. **W-CDMA(Wideband Code Division Multiple Access；寬頻分碼多工接取)**

   W-CDMA 除了編碼是採用 CDMA 技術外，核心網路(如交換機等)還是採用 GSM 系統(只有手機與基地台必須更新)，所以一般來說 W-CDMA 被視為 GSM 的升級版本。

   W-CDMA 採用了 5MHz 的寬頻網路，傳輸速度在每秒 384kb 到 2Mb 之間，且在同一個傳輸通道中，W-CDMA 同時可以支援電路交換與分封交換的服務，因此消費者可以同時利用電路交換方式接聽電話，然後以分封交換方式存取網際網路，提昇行動電話的使用效率。然而其最佔有優勢的地方是在於它是提供 GSM 邁向 3G 服務的相容作業平台，因此在成本考量之下，多數 GSM 系統的業者在面對 3G 時代的來臨時，終將選擇升級到 W-CDMA。

2. **CDMA2000**

   cdma2000 是由 cdmaOne 所演變而來的 3G 行動通訊技術，其資料傳輸的速度在每秒 384kb 到 2Mb 之間。CDMA 技術在從窄頻邁向寬頻的時程上，有其自成一脈的體系軌跡，分別是：cdmaOne(IS-95A)、cdmaOne(IS-95B)、cdma20001X、cdma20001XEV、cdma20003X(根據 IMT 的定義從 cdma20001X 之後都被界定為 3G 的技術，但是事實上一般業界普遍認為要到 3X 之後才可以真正的和 W-CDMA 一樣可以稱為真正的 3G)。目前 cdma2000 技術較 W-CDMA 為成熟，因此自其商業營運以來，其行動電話用戶遠高於 W-CDMA 之用戶。不過由於目前歐洲仍還未有電信業者採用 cdma2000 的系統，因此要在全球漫遊時，相較 W-CDMA 就顯得較為困難。

3. **TD-SCDMA(Time Division Synchronous Code Division Multiple Access；分時同步分碼多工接取)**

   TD-SCDMA 是一個混合多個標準的技術(包含 CDMA、TDMA 等)，由大陸的電信集團自行研發，1999 年時開始與德國(西門子)Siemens 公司合作共同開發；在 2001 年 4 月時已完成了首次通訊展示；2002 年 2 月更由大唐電信與 Siemens 聯合進行首次戶外移動通話試驗，預計 TD-SCDMA 將可以最快的商用化。TD-SCDMA 是目前由華人提出且主導的唯一國際標準。

2-2　GSM 系統網路架構

　　GSM網路基本上可以被區分為交換機系統(Switching System，SS)與基地台系統(Base Station System，BSS)，其中每一個子系統都包括有特定的許多功能，而這些功能可用不同的硬體或軟體來達成且依然能讓整個系統正確的運作。交換機系統(SS)主要包括以下的功能單元：

　　　　行動服務交換中心(Mobile services Switching Centre，MSC)

　　　　訪客位置登錄中心(Visitor Location Register，VLR)

　　　　本區位置登錄中心(Home Location Register，HLR)

　　　　認證中心(Authentication Centre，AUC)

　　　　設備辨認登錄中心(Equipment Identity Register，EIR)

　　基地台系統(BSS)則包括有(Base station subsystem)：

　　　　基地台控制中心(Base Station Centre，BSC)

　　　　基地台(Base Transceiver Station，BTS)

　　　　行動台(Mobile Station，MS)

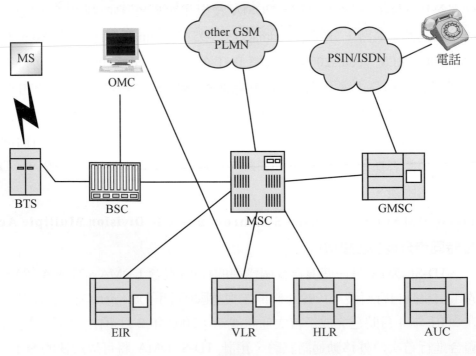

圖 2-2-1

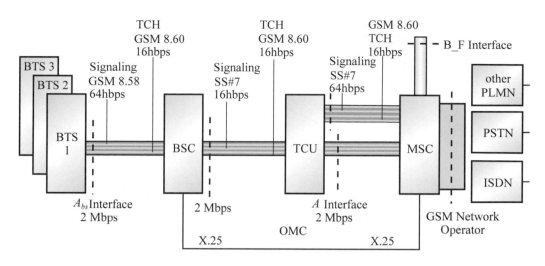

圖 2-2-2 GSM 系統介面架構

　　每一個 BTS 運作著一組無線頻率，為了避免造成干擾，相鄰近的 BTS 必須用不同的頻率，BTS 是網路上最末端的節點，可經由無線電波的傳輸連接上行動台(Mobile Station，MS)手機。

行動服務交換中心(MSC)

　　一個 MSC 可以控制連接好幾個 BSC(Base Station Centre，BSC)，MSC 控制連接到其他電話或數據系統，例如公眾交換電話網路(Public Switching Telephone Network，PSTN)，整合服務數位網路(Integrated Services Digital Network，ISDN)，公眾陸地行動網路(Public Land Mobile Network，PLMN)和公眾交換數據網路(Public Switching Data Network，PSDN)等，其主要功能有話務控制與中繼信號等，是整個系統的心臟核心部份。

訪客位置登錄中心(Visitor Location Register，VLR)

　　訪客位置登錄中心(VLR)主要的工作是負責儲存目前漫遊(Roaming)到此服務區之行動電話用戶的相關資料，使得該用戶漫遊到此服務區時還能繼續享有 GSM 的行動通訊服務，而儲存的資料包含了，國際行動用戶識別碼(IMSI)、暫時行動用戶識別碼(TMSI)，行動台越區號碼(MSRN)、最新註冊位置區(LA)及從 HLR 複製過來的用戶資料，VLR 可以獨立為一單一實體也可與 MSC 合併在一起。

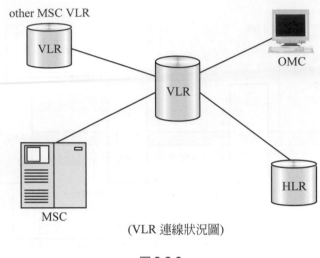

(VLR 連線狀況圖)

圖 2-2-3

本區位置登錄中心(Home Location Register，HLR)

　　本區位置登錄中心(HLR)是一個大型的資料庫，資料庫內最主要儲存行動電話用戶的相關基本資料，做為行動電話用戶之辨識及記帳，其儲存的相關資料為，國際行動用戶識別碼(IMSI)、行動台之 MSISDN 號碼、行動台越區號碼(MSRN)、用戶登記資訊、行動台暫時位置資料等。

認證中心(Authentication Centre，AUC)

　　當我們向行動電話業者申請辦理行動電話時，在系統上即指配一認證密碼(Ki)連同國際行動用戶識別碼(IMSI)給該用戶，而該認證密碼(Ki)即燒錄儲存在 SIM 卡上，同時也儲存在認證中心(AUC)裡以便用來產生三個參數(RAND、SRES、Kc)，供加解密之用。(AUC)內除了儲存國際行動用戶識別碼(IMSI)給該用戶跟認證密碼(Ki)另外還儲存了兩個運算法則(Algorithms A8/A3)及(RAND)亂碼產生器用來產生一序列的亂碼。

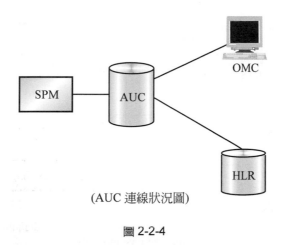

(AUC 連線狀況圖)

圖 2-2-4

設備辨認登錄中心(Equipment Identity Register，EIR)

　　設備辨認登錄中心((EIR)最主要的功能在核對國際行動用戶識別碼(IMSI)，避免讓有身份問題的行動台登錄到 GSM 系統，設備辨認登錄中心((EIR)主要是一個儲存國際行動用戶識別碼(IMSI)的資料庫其中包括了，正常身份的用戶、限制使用的用戶、及追蹤使用的特定名單資料。

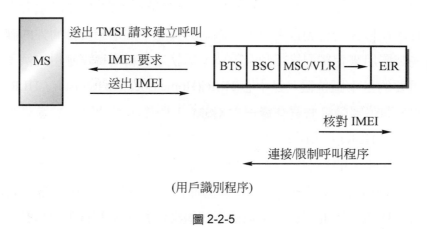

(用戶識別程序)

圖 2-2-5

基地台控制中心(Base Station Centre，BSC)

　　基地台控制中心(BSC)在 GSM 網路內的功能最主要負責，無線的資源管理、跳頻控制、話務頻道的指派、通話交遞、無線功率量測控制等。

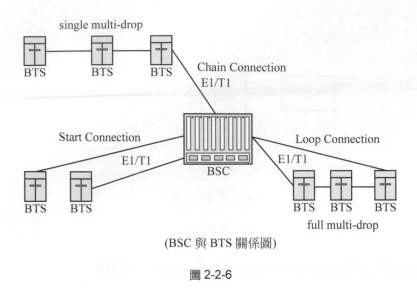

圖 2-2-6

資料庫(Data Base，DB)

　　以上所提到的單元，都是牽涉到行動台(MS)到固定式話機(PSTN 用戶)間的語音連接，因為固定式用戶的位置都是已知不用記錄的，如果不是為了要打電話到行動台(MS)的話，其實我們並不需要更多的網路節點裝備，因為有一個問題是必須考慮的，那就是打電話給隨時都在移動的行動台用戶，打電話的人並不知道想要打的人的確實位置，因此就需要一些裝置用來追蹤記錄行動台用戶，這就是資料庫實際應用的例子之一。這些資料庫中最重要的是本區位置登錄中心(HLR)(Home Location Register，HLR)，當某人從任何一個 GSM 網路經營者購買登錄一支 GSM 手機後，手機將即被登錄在 HLR(Home Location Register，HLR)上，HLR 儲存有用戶資料與資訊，例如一些附加的服務功能與認證參數，其中更重要的是記錄一些有關行動話機位置的資訊如行動台目前活動在那一個 MSC 區域，這些資訊會隨著行動台的移動而被更新改變，行動台會自動送出一些有關的位置資訊到HLR，因此行動台可以被系統追蹤記錄，不管行動台移動到那裡，HLR(Home Location Register，HLR)都會正確的記錄它的位置，所以行動台就可以接受別人的電話呼叫。

　　有個連接到 HLR 的單元稱為認證中心(AUC)(Authentication Centre，AUC)，其目的主要是基於安全的理由提供 HLR 一些檢查與認證，其作法是針對要傳輸的資料與語音加密，使得被截取的加密信息無從分析了解。VLR(Visitor Location Register，VLR)儲存著目前正在該MSC區域內行動台活動的一些資訊，一旦行動台越區通話(Roaming)到其他新的 MSC 區域，連接到該 MSC 的 VLR 就會要求 HLR 將有關該行動台的一些資料傳送過來，同時間，HLR 也會被通知目前行動台所活動的 MSC 區域，假如等會兒有人要打電話給行動台，VLR 就已經存有該行動台所需的資訊，而不必須要再詢問 HLR，如此可以節省時間並且增加效率，VLR 所存放的資訊其實是 HLR 所存放資訊的一部份。還有一個儲存硬體認證的資料庫叫硬體認證登錄中心(EIR)(Equipment Identity Register，EIR)，經由一個控制用的鏈結連接到MSC(Mobile services Switching Centre，MSC)，可以讓 MSC 檢查行動手機硬體的有效性，例如未經許可的其他廠牌或是不同批號的手機，都是可以被禁止使用的。

閘道(Gateway MSC，GMSC)

如果想從(PSTN)固接式網路打電話給 GSM 網路用戶，則需要 GMSC 扮演具有開門 Gateway 的功能，將從 PSTN 打給 GSM 用戶的電話或將 GSM 打給 PLMN 用戶的電話都轉交由 GMSC 處理，GMSC 通常都與 MSC 共同存在於相同的節點上，它可以是網路上任何一台 MSC，而該 MSC 也就被稱為閘道用的交換機(GMSC)，GMSC 經由詢問 HLR 得知所要尋找的行動台目前活動的位置，當電話到達哪一個 MSC 時，GMSC 和已知行動台位置的 VLR 就會把電話轉接到該用戶。

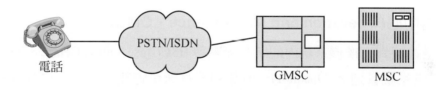

圖 2-2-7　GMSC 與 MSC 關係圖

行動台(Mobile Station，MS)

行動台主要是由硬體手機和用戶辨識模組(Subscriber Identity Module，SIM)卡所組合而成的，沒有 SIM 卡，行動台不能使用 GSM 網路，但緊急電話除外，不需要 SIM 卡，用戶也可使用他人的硬體手機和自己的 SIM 卡，只要該手機經過 EIR(Equipment Identity Register，EIR)認證通過即可使用 GSM 網路。

行動台之發射功率從 0.8 瓦特到 20 瓦特車用型手機及發射功率 0.25 瓦特到 1 瓦特的手持式收機，由於採非連續性接收，大大的減少待機功率的需求，一般來說手機會跟據基地台的訊息指示做發射功率的調整，以減少干擾並增長電源的使用時間。每個等級之最大發射功率如下：

Class 1　20　W(車上型)

Class 2　8　W(車上型)

Class 3　5　W(手持型)

Class 4　2　W(手持型)

Class 5　0.8　W(手持型)

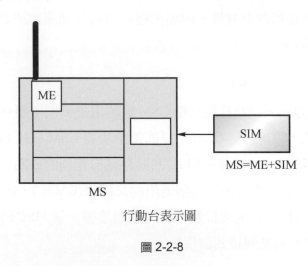

MS=ME+SIM

行動台表示圖

圖 2-2-8

運作與維護中心(Operation and Maintenance，OMC)

OMC 是連接到交換機系統內的所有節點與 BSC(Base Station Centre，BSC)，其主要的目的是提供系統營運者(Operator)一個集中式且簡單管理的環境，它可以提供一些如網路規劃擴展、系統操作、硬體維護告警和話務監視等功能。

網路區域與 Gateway MSC

GSM/PLMNs間的串連鍊結是架構在國際與國家等級上的，網路經營者間的良好協商與網路串連將會提供終端用戶更佳的通訊服務，所有打進GSM/PLMN(LMN服務區就是單一GSM網路經營者的電波所能涵蓋的區域)。的電話都將會被轉接到該用戶上。每一個電話網路都需要具備一定的架構型態用來替打進來的電話找出正確的交換中心(Exchange Centre)，並且將電話轉接到最終的用戶上，所以對一個行動電話網路而言，保有用戶的機動性與穩定性，組織架構是相當重要的。

服務區域(PLMN)

所謂服務區域就是行動台能移動到且不斷訊的地方，主要可分為下列幾種：

1.	GSM/PLMN服務區域：PLMN服務區就是單一GSM網路經營者的電波所能涵蓋的區域。MSC/VLR 服務區域：

　　一個 GSM/PLMN 服務區域可又分為一個或幾個 MSC/VLR 服務區域，一個 MSC/VLR 區域代表著網路真正電波涵蓋的地區，行動台是登錄在VLR上，因為 VLR 和 MSC 是安裝在相同的節點上，因此經由網路的鍊結，所有的 MSC 區域內的電話都能在不需經由越區通話(Roaming)就能轉接到行動用戶上。

2.	位置區域(Location Area，LA)：

　　每一個 MSC/VLR 區域範圍又可細分為好幾個 LA，LA1..LA2..LA3..，LA 是 MSC/VLR 服務區域的一部分，其中行動台可以自由地在 LA 區域內移動而不必需更新位置資訊，LA 可由位置識別碼(LAI)所辨別。許多微細胞共同組成一個 LA 區域(Location Area)，每個微細胞的 BTS 都會連接到 BSC 上，同一個 LA 區域內可含有一個或多個 BSC，如圖 4。每個 LA 區域都有一個 LAI 識別碼，通訊系統就是根據手機目前所在LA區域的識別碼來確認手機的位置。並且當通訊網路需要建立通話連線因而呼叫手機時，只要針對該LA區域大小的範圍進行廣播(Paging)。一個 LA 區域一定只由一個 MSC 來控制。

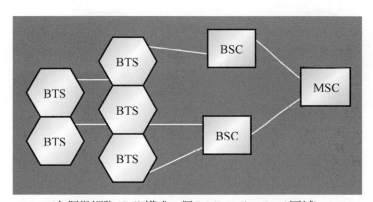

(多個微細胞(Cell)構成一個 LA(Location Area)區域)

圖 2-2-9

2-3　細胞(Cell)區域概念

　　LA又可細分成許多小細胞，細胞(Cell)是無線電波涵蓋的最基本的區域，系統網路用 CGI 來辨別不同地區的細胞，相同頻率的細胞是用 BSIC 來辨別。

Omi cell 全方向性細胞：

Omnidirectional Cell：基地台的天線在四面八方各個發射方向的發射強度都相同，因此稱為全方向性(Omnidirectional)，這種微細胞通常用於鄉村地區，一個全方向性微細胞的區域內只有包含一個基地台。

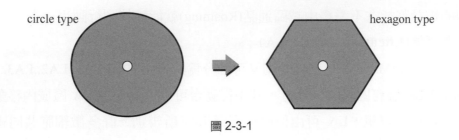

circle type

hexagon type

圖 2-3-1

Sector Cell 扇形細胞：

Sectored Cell：基地台的天線具備方向性(Directional)，通常將訊號的發射分為 3 個方向，每個方向的電波發射角度為 120 度，因此一個基地台的週遭包括三個Sectored微細胞

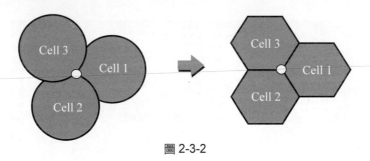

圖 2-3-2

細胞分裂觀念

細胞的觀念是利用降低發射機的功率，使每一個發射機僅涵蓋一個小細胞服務區，來代替傳統式用高功率發射機涵蓋整個服務區的方式，由於降低涵蓋範圍勢必增加小細胞服務區的數目，故可以在不同的細胞使用相同頻率，但由於行動台在相鄰兩細胞的同一頻道上通話會產生同頻道干擾，故同一頻率不能使用相鄰的細胞服務區，必須間隔幾個細胞才能使用，但頻率重複使用的觀念是相對可行的。

當某一細胞服務區的話務量不斷成長到一定的數量，導致細胞頻道數提供的服務品質無法維持原有的標準，該細胞就必須進行細胞分裂，就是將原有的細胞服務區再分割成更多更小的細胞，每一個新的小細胞所配置的基地台再度降低發射功率到足以涵蓋其

本身服務區就好，如此話務量就可以再度增加為原來若干倍，將細胞服務區範圍的整個話務服務品質再度往上提昇。細胞式行動電話系統結構的特點是：相較於傳統式系統，細胞式系統規劃低功率發射機去涵蓋小的細胞服務區、頻率重複使用、細胞分裂以增加話務容量、交遞通話(Handover)與中央控制，其中最重要的是頻率重複使用與細胞分裂的觀念。

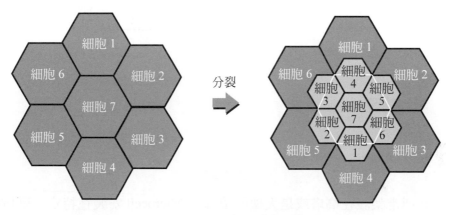

圖 2-3-3　4/7/12/21 細胞架構圖

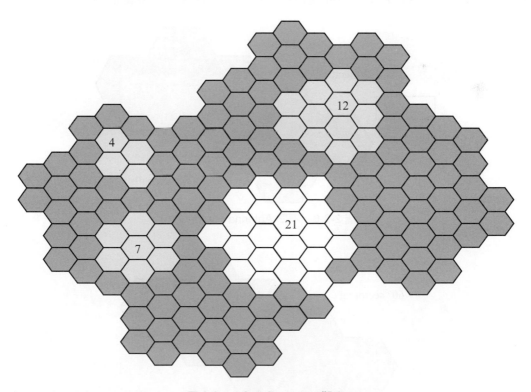

圖 2-3-4　Cell Sectoring 觀念

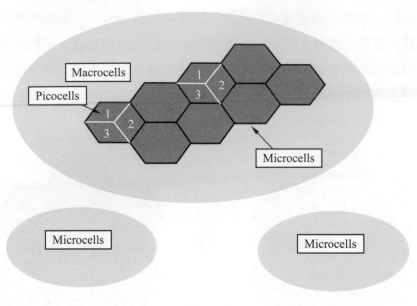

圖 2-3-5

　　Macrocell 通常架設在高塔或是大樓的頂端。 Microcell 安裝在特定小區域內，如機場隧道以及地下鐵，Picocell 更小的區域，安裝在大樓內的一個樓層。

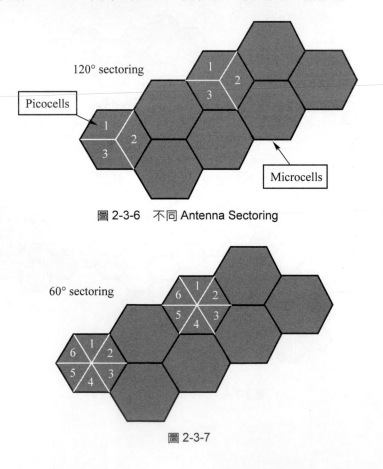

圖 2-3-6　　不同 Antenna Sectoring

圖 2-3-7

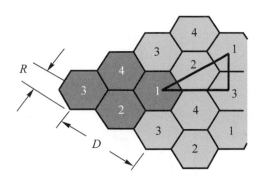

圖 2-3-8　頻率重覆使用觀念 4 Cell

$$D^2 = (3R)^2 + (2R)^2 = 13R^2$$
$$D = \sqrt{13}R$$

D：re-use Distance

R：Radius

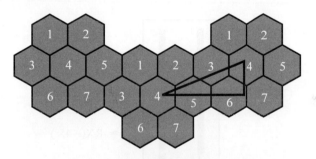

圖 2-3-9　頻率重覆使用觀念 7 Cell

$$D = \sqrt{3N}\,R$$
$$D = \sqrt{3 \times 4} = \sqrt{12}\,R$$
$$D = \sqrt{3 \times 7} = \sqrt{21}\,R$$

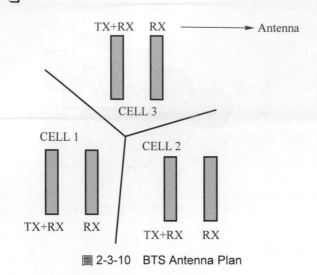

圖 2-3-10　BTS Antenna Plan

設計為一個 TX 兩個 RX 可提高 3dB 訊號品質。

目前天線架構已將一發射及兩接收做在同一個方向性天線內，只是兩個RX天線極板在裝設時一個會在－ 45°一個會在＋ 45°的地方如圖 2-3-11 所示。

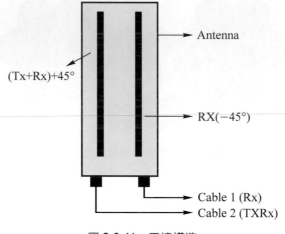

圖 2-3-11　天線構造

行動電話基地台的功率，通常以有效輻射功率(effective radiated power，ERP)來描述，單位是瓦特(watts，W)。或者，用傳送功率(transmitter power，單位為瓦特)和天線增數(antenna gain)來表示。

傳送功率是測量總功率，有效輻射功率則是測量主射束的功率。如果天線是全方向性的(omni-directional)，而且效率是 100 ％，那麼該天線的傳送功率和有效輻射功率是一樣的。但是行動電話基地台的天線絕大多數不是全方向性的，是屬於中等(低功率天線)到高等(高功率天線)方向性的。所謂方向性是在某些方向集中功率發射，則在其他方向的功率就非常低。

天線增數是測量某個天線的方向性，單位是分貝(decibels，dB)。因此，一個具有高增數天線，且功率為 20～50W 的基地台，可以在任何地方產生幾百到超過一千瓦的有效輻射功率。

或許「增數」和「有效輻射功率」的概念可以用電燈泡來解釋。比較一個一般的 100W 電燈泡和一個 100W 的聚光燈泡，它們有相同的總功率，但是當你站在聚光燈的主燈束內和外有很大的差別(內亮外暗)。行動電話基地台的天線(尤其是高功率天線)就像是聚光燈，而有效輻射功率就如同聚光燈主光束內的功率。

(Antenna Pattern)

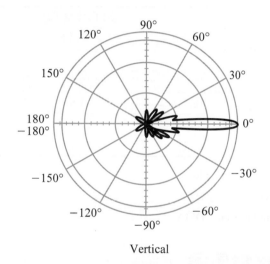

Vertical

圖 2-3-12

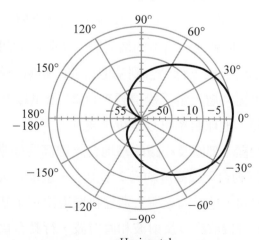

Horizontal

圖 2-3-13

頻率再使用與載波干擾比：

載波對干擾比(Carrier-To-Interfernece Ratio)：一種廣為採用的通話品質量測方法

C/I Ratio：(13dB for GSM)

C(Carrier power)：$1/R^x$

I(Interference power)：$1/(D-R)^x$

x：poropagation coefficient(3～4 for most environments)

C/I Ratio $= (1/R^x)/(1/(D-R)^x) = (D/R-1)^x$

NOTE：$D = \sqrt{3N}R$

cellsper cluster	C/I Ratio(dB)		
	$x = 3.0$	$x = 3.5$	$x = 4.0$
4	11.7	13.7	15.6
7	16.6	19.4	22.2
9	18.7	21.8	24.9
12	21.0	24.5	28.0
21	25.2	29.4	33.6

C/I Ratio：−18dB for analog cellulag

−14dB for digital cellular using TDMA

−7dB for digital cellular using CDMA

2-4　行動無線電傳播

　　無線電波傳播模式深受傳播波長的影響，一般而言，房屋及建物通常為 16 到 30 米寬、12 到 30 米高，市區而言則有更高更大的建物與高樓大廈。如果建物的尺寸大於或等於數倍的傳播波長，則房屋就成為自然的散射體，產生反射訊號波，大多數房屋及建物的高度均高於(MS)行動台天線，行動台到基地台間的距離一般均低於 24 公里左右，故地球曲率的影響可以不需考慮，當干擾信號來自 24 公里以外時，地球曲率將使衰減增加，終使干擾信號減弱，地球曲率可以減少干擾。

　　在行動無線傳播環境裡，郊區及小鎮的基地台天線高度通常為 18 到 45 米高，大城市則可能會超過 45 米，行動台天線高度約為 2 米上下，基地台天線周圍通常較為空曠，行動台則穿插於人造建物間，地形因素與人造建物環境決定了基地台和行動台間所有的傳播路徑損失。所以行動台接收許多反射波和直射波，行動台接收的反射波來自等向的 360 度，通常直射波是相對較強的信號，但是行動無線系統設計卻不能依據此理想的環境，它必須考慮在邊緣地區經常收到的是非直射波的信號狀況，行動台接收的所有反射波結合成為多重路徑衰減信號。

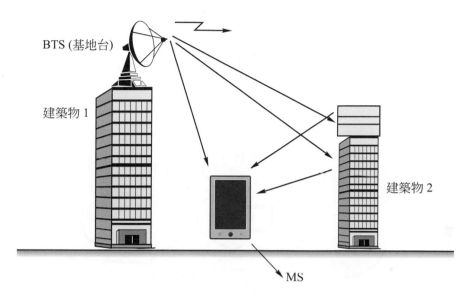

圖 2-4-1　電波多重路徑表示

2-5　通話交遞(Handover)

當基地台與行動台間通話的傳輸品質降到某一臨介值以下時，基地台內的語音頻道單體將向(BSC)基地台控制中心傳送"請求交遞(handover)"訊息，請求交遞訊息中內含行動台對基地台的現有電場強度值，請求交遞的意義為必須尋找另一個對行動台收訊最強的細胞以接替現有的傳輸通話，如何找出另一個收訊電場最強的細胞以繼續處理此一通話即為"定位(Locating)"而通話交遞(Handover)只有發生在同一個 PLMN 的不同基地台間，每一個細胞均有一個信號強度接收機部份，它包括控制單元和接收機，每一個細胞的信號強度接收機，週期性的取樣並量測系統所有頻率的電場強度值，但僅有其相鄰的細胞語音頻道才符合交遞時所需，當在取樣時，(BSC)基地台控制中心會指示那幾個頻率(CH)須列入考慮，在每次週期性取樣電場強度值後，並將更新後的量測電場強度值連同先前的量測結果，取其平均值，並存放在控制單元裡，利用這種方法，每一個細胞均明瞭任何行動台現用相鄰細胞語音頻道的傳輸品質強弱，如果原細胞傳輸品質產生問題時即可取而代之傳遞通話。

如果某細胞提出請求交遞時，基地台控制中心將要求相鄰細胞傳送該行動台電場強度量測數據值，由於每一個細胞之電場強度數據均存放於控制單元內，隨時可用，故它們將立即提供給(BSC)基地台控制中心，控制中心則會按電場強度值排序，選擇收訊電場強度最強與信號衰減最少的細胞(Cell)做為優先交接者，選擇新的遞交細胞(Cell)的原則為：新的服務細胞除了須有收訊最強的電場強度與信號品質外，尚須比原有服務的細胞有更高更好的收訊參數，(BSC)基地台控制中心因此可據此條件以選定所要切換通話的目標(Cell)細胞，目標細胞經選定後，基地台控制中心再向該細胞要求一個空閒的語音頻道(Voice CH)。如圖所示

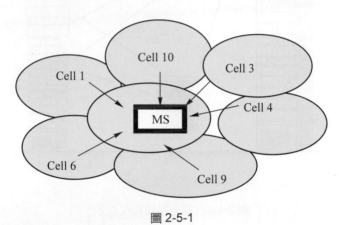

圖 2-5-1

2-6　漫遊越區通話觀念

　　越區的意義為行動台用戶由一交換機(MSC)服務區移動至另一個交換機(MSC)服務區後，依然能享有通話服務，網路使用越區作業時，MSC 將對每一個其他服務區的用戶提供到訪服務，因此稱為協力 MSC，而兩個 MSC 之間資訊傳送可用 CCS 7 共同通路信號來達成。從 MSC 的觀點來看，行動台用戶在其所屬的 MSC 服務區內有其個別的識別資料，稱為本區用戶，該 MSC 則為其本區交換機，本區用戶通常在本區 MSC 的服務區域內活動，本區用戶越區至協力 MSC 的服務區域，稱為越區用戶。在其他 MSC 服務區有其識別資料，但卻越區到本區 MSC 服務區的用戶，被認定為來訪用戶，而本區 MSC 則被稱為受訪交換機。為了接續呼叫給越區用戶，一種越區號碼(Roaming Number)將被使用，MSC 將開始設定一系列的越區號碼作為內碼系列，當出現一個新的到訪者，一個越區號碼將被抓取並與到訪者的行動台號碼相結合，從到訪者用戶所發出的呼叫將由被 MSC 視同本區用戶發出的呼叫一般處理。一個用戶在多個 MSC 均有識別資料稱為不定區用戶，一個不定區用戶可以依其預期位置的不同而配置不同用戶號碼，系統不提供有關用戶位置的任何資料。

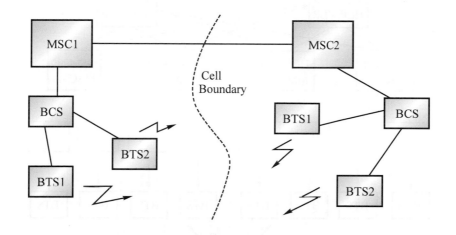

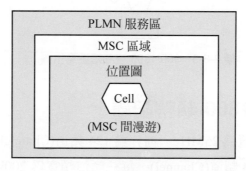

圖 2-6-1

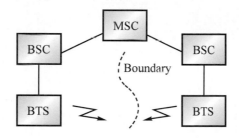

圖 2-6-2 BSC 間漫遊

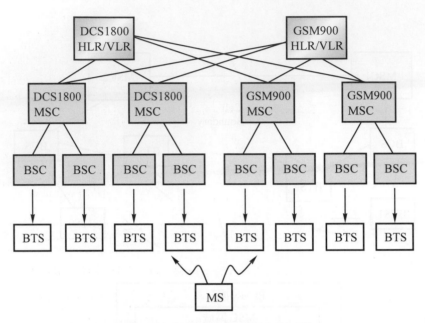

圖 2-6-3　900/1800 雙頻漫遊意示圖

2-7　GSM900/1800 頻帶配置

　　GSM 900 系統頻寬配置為 25MHz，細分為 124 頻道(Channel)，DCS 1800 系統頻寬配置為 75MHz，細分為 374 頻道(Channel)，每一頻道頻寬為 200kHz，時間長度為 4.615 ms，每個頻道配置不同頻率，經 TDMA 技術每個頻道又可以細分為八個(Time slot)時槽，每個時槽是 0.577 ms。

900MHz 頻段：

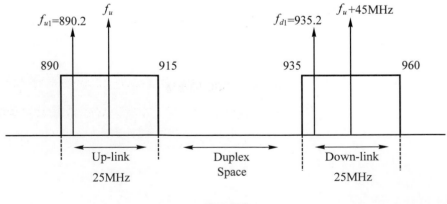

圖 2-7-1

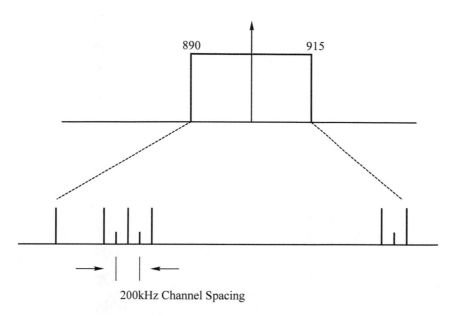

圖 2-7-2

1800MHz 頻段：

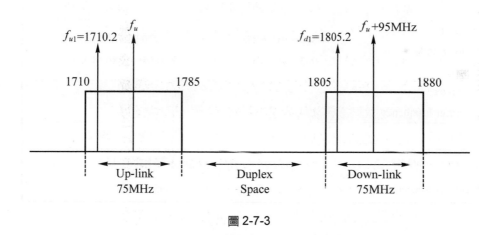

圖 2-7-3

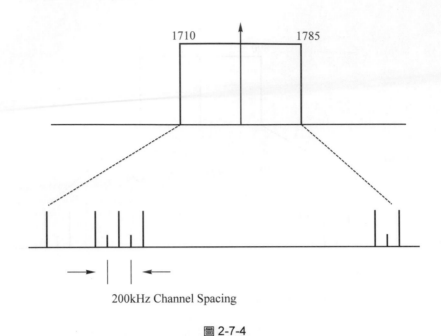

圖 2-7-4

表 2-7-1　GSM 系統參數表

參數	GSM 900	DCS 1800
Up-link Down-link MHz	890～915 MHz 935～960 MHz	1710～1785 MHz 1805～1880 MHz
Duplex Carrier Frequency	124	374
Channel	124×8 ＝ 992	374×8 ＝ 2992
Bandwidth(MHz)	2×25 ＝ 50	75×2 ＝ 150
Duplex Space(MHz)	45	95

2-8　GSM 語音信號處理過程

　　GSM 語音信號的處理如圖 2-8-1 所示，語音信號經過語音編碼，通道編碼，交錯編碼後再進行資料加密及格式化最後再以 GMSK 調變技術做信號的調變經由發設端傳送出去，經過空中傳遞後由接收器接收信號下來經由 GMSK 電路做解調跟去除格式化及資料解密，交錯解碼，通道解碼，語音解碼還原成語音信號即完程整個語音信號的處理過程。

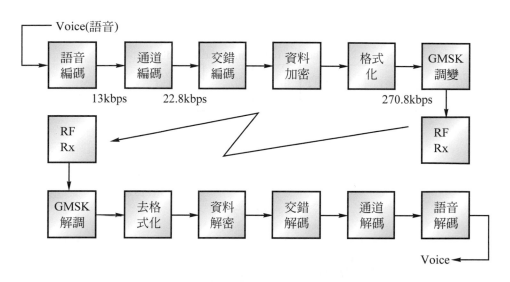

圖 2-8-1

表 2-8-1　行動通訊語音編碼技術列

Standard	Service Type	speech coding type	Bitrate (k bps)
GSM	Cellular	RPE-LTP	13
CD-900	Cellular	SBC	16
USDC(IS-54)	Cellular	VSELP	8
IS-95	Cellular	CELP	1.2，2.4，4.8，9.6
IS-95 PCS	PCS	CELP	14.4
PDC	Cellular	VSELP	4.5，6.7，11.2
CT2	Cordless	ADPCM	32
DECT	Cordless	ADPCM	32
PHS	Cordless	ADPCM	32
DCS1800	PCS(Cellular)	RPE-LTP	13
PACS	PCS	ADPCM	32

　　GSM 語音編碼採用線性預測編碼(Linear Predictive coding，LPC)，長期預測(long Term Prediction，LTP)正規脈波激發(Reqular Pulse Excitation，RPC)編碼器，LPC-LTP-RPE 為混合編碼器的一種。

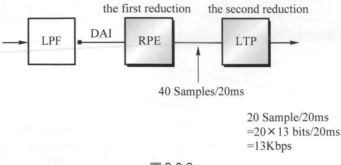

RPE (Regular Pulse Excitation)
LTP (Long-Term Prediction)

the first reduction   the second reduction

LPF —DAI— RPE —— LTP

40 Samples/20ms

20 Sample/20ms
=20×13 bits/20ms
=13Kbps

圖 2-8-2

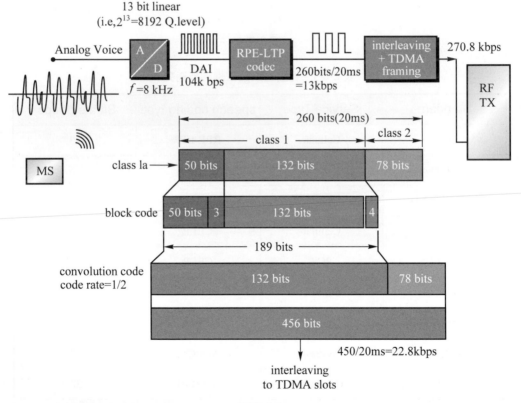

13 bit linear
(i.e,2^{13}=8192 Q.level)

Analog Voice A/D DAI RPE-LTP codec interleaving + TDMA framing 270.8 kbps

f=8 kHz   104k bps   260bits/20ms =13kbps   RF TX

MS

260 bits(20ms)

class 1   class 2

class la → 50 bits 132 bits 78 bits

block code 50 bits 3 132 bits 4

189 bits

convolution code
code rate=1/2   132 bits   78 bits

456 bits

450/20ms=22.8kbps

interleaving
to TDMA slots

圖 2-8-3

　　GSM 語音編碼處理技術區分可分爲上鏈與下鏈，上鏈即爲手機所發送的語音處理
資料，手機發送語音經濾波後，以 8kHz 的速率取樣，取樣後的樣本訊號再經過線性量
化 13bit/Sample)成爲 104kbps 的數據串之後再將 104kbps 之數據串送到 RPE-LTP 語音編
碼器成爲 13kbps 的語音數據資料。下鏈則是以反向的方式由 REP-LTP 解碼器回覆成語
音訊號。

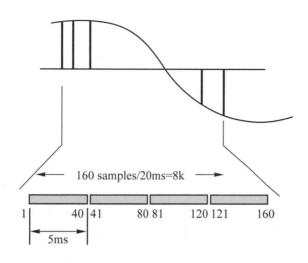

160 samples/20ms=8k

1　　　　40 41　　　80 81　　120 121　　　160

5ms

圖 2-8-4　8kHz　Sample

通道編碼(Channel Coding)：

在數位傳輸系統傳輸品質通常以誤碼率(Bit Error Rate，BER)來衡量.誤碼率越小，傳輸品質相對越好，但是再不同的環境中通常會造成資料的誤碼，故必須要有偵測及校正誤碼的功能因而提高行動通訊系統的傳輸品質，在通道編碼器中加入 Redundancy bit 來偵測並校正誤碼。為了避免加入太多的 Redundancy bit 而影響到頻譜效率，GSM 中 RPE-LTP 編碼器將每一段 20ms 之語音編為 260 比次輸出，而 260 比次(Redundancy bit) 又依其重要性分為第一類比次：為非常重要之比次需特別保護，有 50 比次。第二類比次：次重要比次，需保護，有 132 比次。第三類比次：較不重要比次，可不加保護有 78 比次。

錯誤控制碼(Error Control Code)：

(Error Control Code) 錯誤控制碼可分為倆大類，一、(Block Codes)區段碼，二、迴旋碼(Convolutionat Codes)，區段碼是在一段訊息比次之尾端故意加入一些檢查比次 Codes (Check bits)，以達到檢測跟校正誤碼的目的，迴旋碼由位移記錄器所組成經由迴旋編碼所產生的碼不僅與目前在位移記錄器內的訊息有關也與先前的訊息有關，迴旋碼通常。用於校正誤碼。

GSM 頻道編碼技術先將最重要的 50 比次作區段編碼，並加入 3 個比次做檢查，然後再將次重要的 132 比次加入，並附加四比次之尾端比次，總共為 189 比次，再以迴旋碼(Convolutionat Codes)，將此 189 比次編成 378 比次，加上原不須保護的 78 比次總共為 456 bits/20ms 。

交錯編碼(Interleaving)：

再實際的通訊環境中，通道編碼只對檢測校正單一比次或較短的誤碼最為有效，為了改善此問題GSM採用了交錯編碼(Interleaving)即為將一區段訊息內連續比次予與分離後再送出，每一段20ms之語音經通道編碼器編成456比次，再經交錯編碼成8個區段，每個區段各57比次。

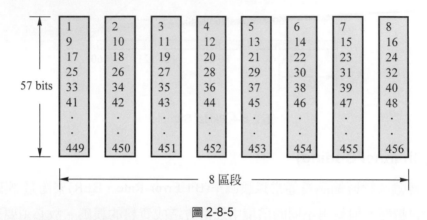

圖 2-8-5

2-9　GSM 頻道觀念

GSM 行動電話系統在無線電介面頻道上可分為兩個論點來探討：

1. 實體頻道(Physical Channels)

2. 邏輯頻道(Logical Channels)

實體頻道：在一載波頻道上的 TDMA 碼框中的一個時槽(Time slot)，即稱之為一實體頻道，於 GSM 系統中，每個載波頻道均以 TDMA 多工連接的方式將 TDMA 的碼框分為八個時槽，故每個載波頻道均有八個實體頻道(0～7)。

邏輯頻道：GSM行動電話系統在基地台(BTS)與行動台(MS)之間需傳送大量多樣化的資料，如語音、控制信號、系統參數等等，依據所傳送的訊息種類，系統即給予不同的邏輯頻道名稱，如話務頻道，共同控制頻道等。當然這些頻道須依據一些特定的相關對映關係對映到特定的時體頻道上。如傳送語音話務的邏輯頻道稱之為(Traffic Channel，TCH)於傳送時系統就會指配一實體頻道讓它來傳送。

邏輯頻道又可分為兩大類(1)話務頻道(Traffic Channel，TCH)，(2)控制頻道(Control Channel，CCH)。

1. 話務頻道(Traffic Channel，TCH)

話務頻道可用來傳送數位化編碼之語音訊息(encoded speech)或用戶數據訊息(User data)，它是屬於點對點的傳送，包括 UP-link 與 Down-link 頻道，依據傳送的速率不同話務頻道又可分為兩類：

⑴　全速率話務頻道(Full-rate TCH，TCH/F)

TCH/F 可傳送總速率為 22.8kbps 之語音

9.6kbps 之數據資料(TCH/F9.6)或 4.8 kbps 之數據資料(TCH/F4.8)

≦2.4kbps 之數據(TCH/F2.4)

⑵　半速率話務頻道(Half-rate TCH，TCH/II)

TCH/F 可傳送

總速率為 11.4kbps 之語音

4.8kbps 之數據資料(TCH/H4.8)

≦2.4kbps 之數據(TCH/H2.4)

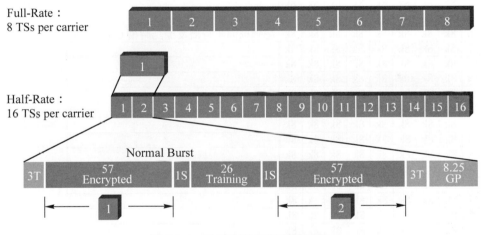

圖 2-9-1　全速率與半速率意示圖

表 2-9-1

Full-Rate 編碼(8k)		Half-Rate 編碼(8k+8k=16k)

TS	\multicolumn{8}{c}{EI/PCM 碼框結構}	

TS	\multicolumn{8}{c}{Bits Used in Timeslot}	
	1	2	3	4	5	6	7	8	
0	8k	8k	8k	8k	8k	8k	8k	8k	碼框同步時槽
1	8k	8k	8k	8k	8k	8k	8k	8k	每個通道總速率為 64kB/S
2	8k	8k	8k	8k	8k	8k	8k	8k	
3	8k	8k	8k	8k	8k	8k	8k	8k	
4	16k		16k		16k		16k		
5	8k	8k	8k	8k	8k	8k	8k	8k	
6	8k	8k	8k	8k	8k	8k	8k	8k	
7	8k	8k	8k	8k	8k	8k	8k	8k	
8	8k	8k	8k	8k	8k	8k	8k	8k	
9	8k	8k	8k	8k	8k	8k	8k	8k	
10	8k	8k	8k	8k	8k	8k	8k	8k	
11	8k	8k	8k	8k	8k	8k	8k	8k	
12	8k	8k	8k	8k	8k	8k	8k	8k	
13	8k	8k	8k	8k	8k	8k	8k	8k	
14	8k	8k	8k	8k	8k	8k	8k	8k	
15	8k	8k	8k	8k	8k	8k	8k	8k	
16	8k	8k	8k	8k	8k	8k	8k	8k	超碼框同步時槽及標誌時槽 CAS/CCS
17	8k	8k	8k	8k	8k	8k	8k	8k	
18	8k	8k	8k	8k	8k	8k	8k	8k	
19	8k	8k	8k	8k	8k	8k	8k	8k	
20	8k	8k	8k	8k	8k	8k	8k	8k	
21	8k	8k	8k	8k	8k	8k	8k	8k	
22	8k	8k	8k	8k	8k	8k	8k	8k	
23	8k	8k	8k	8k	8k	8k	8k	8k	
24	8k	8k	8k	8k	8k	8k	8k	8k	
25	8k	8k	8k	8k	8k	8k	8k	8k	
26	8k	8k	8k	8k	8k	8k	8k	8k	
27	8k	8k	8k	8k	8k	8k	8k	8k	
28	8k	8k	8k	8k	8k	8k	8k	8k	
29	8k	8k	8k	8k	8k	8k	8k	8k	
30	8k	8k	8k	8k	8k	8k	8k	8k	
31	8k	8k	8k	8k	8k	8k	8k	8k	訊息資料位元時槽

整個 Frame 共 256 bits (125μs)

總傳輸速率：為(32×8) bit/125μs 等於 2.048Mb/s

控制頻道(Control Channel，CCH)

控制頻道(CCH)是用來傳送行動台被呼叫時之傳呼訊息，行動台要發話時之連接訊息，及各種信號同步訊息等等，控制頻道又可分為三類：

1. 廣播頻道(Broadcast channel，BCH)。

2. 共同控制頻道(Common control Channel，CCCH)。

3.　專屬控制頻道(Dedicated control channel，DCCH)。

　⑴　廣播頻道(Broadcast channel，BCH)

　　　　廣播控制頻道(BCH)屬於點對多點之傳送，只有Down-link頻道依其傳送訊息功能不同又可分為三類：

　　①　頻率校正頻道(Frequency correction channel，FCCH)：傳送供給行動台做頻率校正所需之訊息。

　　②　同步頻道(Synchronization channel，SCH)：傳送供行動台做碼框同步所需之訊息。

　　③　廣播控制頻道(Broadcast control channel，BCCH)：BCCH 廣播每個BTS的細胞特定訊息(Cell specific information)如細胞識別碼、細胞頻率指配等等。

　⑵　共同控制頻道(Common control Channel，CCCH)

　　　　共同控制頻道包含傳呼頻道，隨機進接頻道，連接許可頻道，主要做為呼叫建立及管理之用途

　　①　傳呼頻道(Pging channel，PCH)：傳呼頻道(PCH)係用來呼叫某一行動台，以確定該行動台是否還在其服務區內，此頻道屬於 Down-link。

　　②　隨機連接頻道(Random Access channel，RACH)：當行動台要發話時或向系統註冊、位置更新、傳呼回應時，皆需利用此頻道RACH 來向系統請求指配單獨專屬控制頻道，此頻道屬於 UP-link。

　　③　連接許可頻道(Access Grant channel，AGCH)：AGCH 被用來指配一SDCCH 給某一行動台，此頻道為 Down-link。

　⑶　專屬控制頻道(Dedicated control channel，DCCH)

　　　　專屬控制頻道(DCCH)包括單獨專屬控制頻道，慢速聯合控制頻道、快速聯合控制頻道三種

　　①　單獨專屬控制頻道(SDCCH)：在呼叫建立期間，系統為一行動台指配一話務頻道(TCH)前，須先利用此 SDCCH 來傳遞訊息。

　　②　慢速聯合控制頻道(Slow Associated control channel，SACCH)：SACCH是與一話務頻道 TCH 或單獨專屬控制頻道(SDCCH)聯合使用，為一連續數據頻道。

③ 快速聯合控制頻道(Fast Associated control channel，FACCH)：FACCH 通常與話務頻道聯合使用，主要於通話中TCH在傳送語音時，若系統必須以更高的速率與 MS 行動台交換訊息時，系統會竊取整個語音突波之時槽來傳送此訊息。

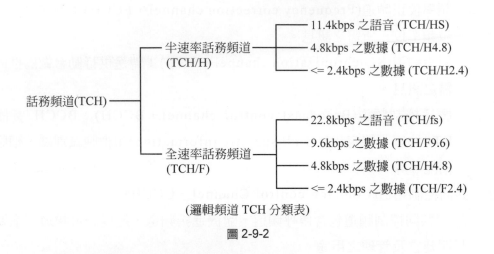

(邏輯頻道 TCH 分類表)

圖 2-9-2

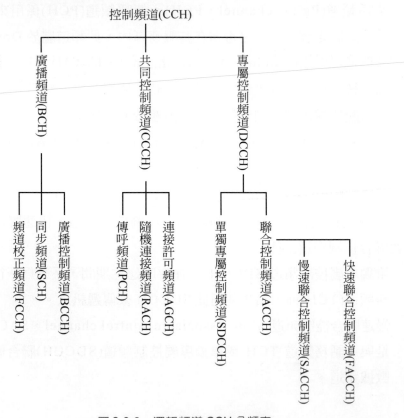

圖 2-9-3　邏輯頻道 CCH 分類表

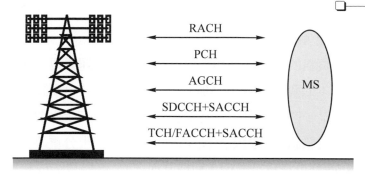

圖 2-9-4　BTS System and MS 使用邏輯頻道交換訊息意示圖

2-10　GSM 手機數位訊號處理

1. 語音訊號的壓/解壓縮

　　GSM 的語音訊號處理也是屬於模型式壓縮方法，也就是說，類似將人的聲音模型化為一個氣流激發源流過氣管與嘴型變化後的變化，這種方法和一般壓縮音樂方式是不一樣的。由於這種方法是為了語音資訊，所以能夠提供高壓縮比但仍能得到可理解的語音訊號。所以 GSM 中的 RPE-LTP(Regular Pulse Excitation — Long Term Prediction)其實壓縮率並不算高。使用這種技術，語音資料可以壓縮到 13kbps，約有十倍左右。壓縮過程中包含了濾波的過程，再加上向量量化(Vector Quantization)中的字典搜尋步驟。基本上，所有的編碼方式中，解碼的過程通常都比編碼要簡單地多，但對手機來說，除了要收聽對方說的話之外，也得傳送自己講的話，所以語音的編解碼都是直接設計在手機電路裡。

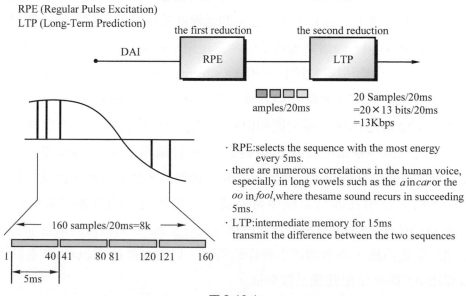

圖 2-10-1

2. 錯誤更正碼的編/解碼

　　為了確保資料的正確性，通常數位化的資料中還要再加入錯誤更正碼，也就是說，除了原本的資料以外，再加入一些額外資料(bit)提高傳送的正確率。眞正的錯誤更正碼是一門高深學問，有很多繁複的數學來產生要加入什麼適當的資料以對付各種不同雜訊，這對於壓縮過後的資料更是十分重要，因為如果壓縮後的資料有錯誤的話(也許只是一個 1 變成 0 而已)，可能會造成整筆資料變成完全不同的東西。何況在無線環境中錯誤率更會大爲提高，爲了保證大多數的時間對方能夠聽懂我在講什麼，在 GSM 中錯誤更正碼之比例幾乎跟原本的資料相同(亦即用戶手機眞的幾乎是把所說的話說兩次給對方聽)。一般來說，編碼大多只是一些簡單的 XOR 運算以及加法，但是解碼的過程就要複雜地多了。通常錯誤更正碼大致可以分爲兩種：一種叫區塊碼(block code)，這種碼是使用一種方式一次編碼許多資料，但是編碼過程不影響以後的資料，也就是不具有時間相關性；另一種叫迴旋碼(convolution code)，編碼的過程是具有時間相關性的。這兩種編碼方式各有其長處，在 GSM 中二者均有使用。區塊碼的解碼也只是簡單的 XOR 以及加法而已；如果是迴旋碼的話，通常都是使用 Viterbi 演算法，而這也是 GSM 的 DSP 中十分重要的一個部分。有時候這一部份會有額外的 ASIC(Application Specific Integrated Circuit)去處理這件事情，以便提高處理的效率。

3. 資料加/解密

　　資料數位化之後除了能夠對雜訊有更高容忍力之外，另外一個很大的好處就是資料安全性會大爲提高，通常加密的過程就是每一個用戶給他一個獨特的加密碼 encryption key)，而這個加密碼的產生是由一個獨特的演算法(在 GSM 中叫 A5)不斷地產生一個類似亂數的位元流(bit stream)，而加密只是將原本的資料和這個加密碼做二進位的 XOR 而已。GSM 主要使用了三種加密演算法：A5 stream-cipher PS，以網路電話爲例，雖然便利但它以網路作爲傳輸媒介，很容易被第三者竊聽，因此在這些規格中均有定義保護封包的技術如 PGP、IPSec 等，這些方式都是以塊狀密碼系統(Block Cipher System)加密資料，然而塊狀密碼系統極爲複雜且耗時，將它使用在即時系統中可能造成封包傳送上的延誤。而串流密碼系統(Stream Cipher System)有別於塊狀密碼系統，是種架構相當簡單且加密速度非常快速的密碼系統，非常適用處理即時資料，目前在無線通訊 GSM 系統中的加密演算法 A5 即是使用此種系統架構。

4. GMSK 解調變

　　GMSK(Gaussian Minimum Shift Keying)的調變方式是屬非線性，也就是說調變後之訊號相位上變化並不是線性之關係，這主要目的是為了節省調變之後訊號的頻寬，而且 GMSK 是屬於一種二元性的調變方式，所以基本上並不算是最先進的調變方式，如 QPSK 或 QAM。當然，在無線傳輸的環境中通常解調變是比較耗時的部分，也就是將有雜訊之訊號從對應的複數位置中還原成原來的位元資料。在實際上，有兩種常見的方式，一種叫做直接解調(hard decision)；另一種則是逐漸解調(soft decision)，也就是會把解調動作和之後的動作結合在一起做。在目前大多數的手機中，都是使用逐漸解調的方式來處理。

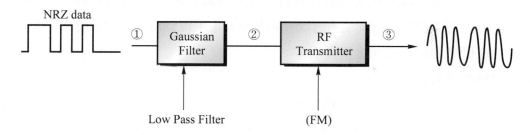

圖 2-10-2

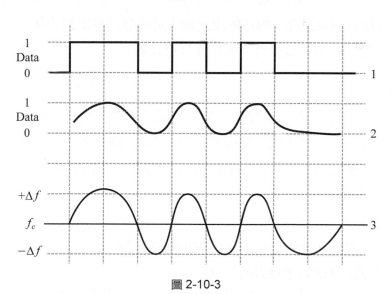

圖 2-10-3

5. 頻道等化

所謂的頻道等化，就是要把傳輸過程中頻道頻率響應之效果給移除的過程，此過程在日常電話中也有使用，只不過通常較簡單。由於在無線的環境中，惡劣環境以及手機可能的快速移動，使得這一點更為重要。為了解決這個問題，在不同的系統中會用不同方式去對抗這個問題，例如 CDMA 就利用寬頻的方法來對抗，而對於 GSM 這種屬於 TDMA 的系統來說，就非得用頻道等化的方法了。在 GSM 傳送的資料中，從基地台到手機(MS)或是從手機(MS)到基地台都會傳送所謂的訓練資料(training sequence)，這是雙方都事先知道的資料，所以在收到對方送來的資料後，就可以瞭解資料在傳送過程中被改變扭曲的狀況，然後再根據這改變狀況來還原其所送的語音資料。目前市面上大多數手機都會將 GMSK 解調變與頻道等化的動作結合在 DSP 中處理，除了可以使效果提高之外，這樣做還會使硬體的使用效果大為提高。

6. 資料格式封裝

這一部份可能是 DSP 或是微控制器一起執行。在 GSM 中，有所謂的實體通道(physical channel)以及邏輯通道(logical channel)，分別對應到通訊理論裡PHY以及 MAC 層次中，而所有實體通道資料最後都必須要包裝成一種叫 Burst 的格式，也就是各種有固定長度、內容的位元組。這部分演算法對手機之效率也是有影響的，如果設計得當，會覺得手機好像反應比較快；反之，則手機比較遲鈍。

手機工程模式

談完手機數位訊號處理在這介紹與 BTS 有關的手機工程模式最主要是以 Nokia 手機為主讓大家瞭解一下何謂手機工程模式，使用 Net monitor 是為了確認 GSM900/1800 網路的執行狀況及參考某些手機內有用的資訊，開啟後的手機 Net monitor 可能會和一般的手機有點不同，例如：

1. 無法來電顯示。
2. 某些使用者界面和所附的使用手冊說明有所不同。
3. 有些表現會比標準的手機來的不同。

使用 Net monitor 的手機並非精準的儀器，所以要注意以下兩點：

1. 所看到的數值只是近似值(例如：在畫面 1、3、4、5 中的RSSI值只有程度上差別)。
2. 因為軟體不是隨時更新的，所以呈現的數值不一定符合現實情況中已改變的數值。

如何啓動和關閉

Net monitor 是在選項的最後一項，啓動(或關閉)的程序如下：

1. 在主畫面下按 Menu 鍵進入目錄功能。
2. 按上下鍵選到 Net monitor 項目。
3. 選擇"進入"。
4. 在空格處鍵入欲進入的畫面數值，如 01 就鍵入 01 後選擇"確認"。
   若欲離開所處畫面，選"功能表"或"返回"離開。
   要再進入其它畫面則再重新選擇 Net monitor 項，同前述方法進入該畫面。
   亦可使用上下鍵尋找欲進入之畫面，如欲離開則輸入"00"。
5. 按"確認"完成。

　　　Net monitor 包含兩種模式：執行模式(execute mode)和資料顯示模式(data display mode)。

　　　執行模式是依照以上的啓動方法進入，是一次顯示一種的形式，若要在執行模式下進行另一種的測試時，則必須重新啓動 Net monitor 選項。例如畫面 14，(51xx 才有)17，18(6110/6138 無)，19 等等。

　　　而資料顯示模式中，可以在主畫面中看到測試的值(例如頻道(channel)，power level，cell ID 等)。利用上下鍵可輕鬆的轉換測試項目，而不必再利用到 menu。但是在資料顯示模式中，有的畫面雖然看得到，但不能進行任何執行或設定。畫面的顯示格式如下：

(以前 19 個畫面爲例)在 Net monitor 中可以看到以下的資料：

畫面 1：顯示使用中基地台和頻道的資訊

畫面 2：顯示更多有關使用中基地台和頻道的資訊

畫面 3：顯示使用中基站和鄰近兩個最強的基站的資訊

畫面 4：顯示鄰近第三、四、五個基站的資訊

畫面 5：顯示鄰近第六、七、八個基站的資訊

畫面 6：顯示可用及不可用網路選擇的(network selection display)

畫面 7：顯示使用中基站的系統資訊

畫面 8：無資料

畫面 9：無資料

畫面 10：顯示呼叫重複間隔的數值，TMSI，週期性位置更新的時間

(periodic location update timer)，AFC，AGC 等資訊

畫面 11：顯示國家識別碼，網路代碼，基地台編號等資訊

畫面 12：顯示加密狀況(ciphering)、跳頻(hopping)DTX 狀態及 IMSI 偵測狀況的相

關資訊

畫面 13：DTX 轉換的顯示

畫面 14：畫面指示的切換(61xx 無)

畫面 15：無資料

畫面 16：無資料

畫面 17：顯示切換 BTS_TEST(鎖頻)狀態

畫面 18：顯示切換背景燈光的關閉(6110/6138 無)

畫面 19：顯示切換基站限制的可用狀態(toggle cell barred status)

這些畫面提供以下的資訊：

1. 頻道的編號，GSM900 的範圍是 1～124，GSM1800 的範圍是 512～885。

2. 手機收訊的−dBm 值。

3. 通話品質，GSM 的範圍 0～7。

4. 手機發射的功率等級，範圍 1～19。

5. C1 用來作為基站的選擇和再選擇之用的參數，GSM 的範圍為−99～99。

6. C2 基站重新選擇的標準，範圍−99～99。

7. BSIC(基地台辨識碼)。

8. RLT(Radio Link Timeout)無線連繫逾時值。

9. 時槽(timeslot)，GSM 範圍 0～7。

10. 顯示是否使用省電狀態。

11. 顯示出傳輸狀態。

12. 網路參數的資訊。

13. TMSI(Temporary Mobile Subscriber Identity)行動用戶臨時識別碼。

14. 基站編號(例如 cell ID，使用過的 cell 號碼)。

15. MCC(行動國家識別碼)。

16. MNC(行動網路識別碼)。

17. LAC(本地區域碼)。

18. A5 加密演算法(Ciphering)開或關。

19. 跳頻(Hopping)開或關。

20. DTX(非連續傳輸模式)開或關。

21. 基站限制的資訊。

　　除了以上的資訊之外，還可得到鄰近六個最強的基站的相關資訊(第七第八個的不能執行)。相關資訊如下：

1. BCCH 頻道編號。

2. C1。

3. C2。

4. 手機收訊強度。

5. 基站識別碼。

　　各畫面資料解讀

畫面 1 ：使用中基地台的資訊

|702 -70 xxx | |702 -69* 7| |CH RxL TxPwr|

|0 1 x xxxx | |6 1 0 20| |TS TA RQ RLT |

| 39 39 | | 39 39 | | C1 C2 |

| CCCH | | TEFR | | CHT |

- **CH** 　頻道編號，如果系統商有開啟跳頻功能，則會在頻道編號前加上 H 字樣以資識別，並可看到頻道編號不停的切換。
- **RxL** 　接收強度(單位：dBm)。
- **TxPwr** 如果手機發射訊號，會顯示出 TX 的功率等級，在 TX 值之前會有有＊符號。
- **TS** 　時槽，範圍 0～7。
- **TA** 　(Timing advance)，時間前置量，顯示手機和基站間距離。該數值乘以 500 可換算為公尺，範圍為 0～63。
- **RQ** 　通話品質，數值越大，通話品質越差，範圍 0～7。
- **RLT** 　(Radio Link Timeout)值，如果是負的值，則顯示 0。最大值為 64。當手機沒有在 TCH 上時，則會顯示 xx。
- **C1** 　手機選擇基地台的參考值，範圍−99～99。

- **C2** 手機選擇基地台的參考值，範圍−99～99。
- **CHT** 目前使用中頻道的類型。

　　※ AGCH：(Access Grant Channel)允許連結頻道。

　　　　　由網路到手機的單向頻道，安排專用控制頻道以完成連結上網。

　　※ SDCC：(SDCCH：Stand-alone Dedicated Control Channel)獨立專用

　　　　　控制頻道。

　　※ TXX： (TCH：Traffic Channels)業務用頻道。

　　　　　XX為通話中訊號編碼模式，分為 FR 和 EFR。

　　※ BCCH：(Broadcast Control Channel)廣播控制用頻道。

　　※ SEAR： 手機正在搜尋網路訊號。

　　※ NSPS： (No Service & Power Save)，無網路服務，手機處於省電模式。

　　　　　通話中CHT項變化：AGCH→SDCC→TFR→掛斷電話→CCCH。

　　　　　開機時 CHT 項變化：AGCH→SDCC→BCCH→CCCH。

畫面 2：更多有關使用中基地台的資訊

| NO 7 B57 | | NO 7 B57 | | NO 7 B57 |

| 16 x | | 16 x | | 16 1 |

| | |xxx xx xxx | |xxx 0 xxx |

| | |H = 0 xx xx | |H = 1 0 0 |

- **PM** 呼叫模式

　　NO ：一般呼叫

　　EX ：延伸呼叫

　　RO ：呼叫重組

　　SB ：和之前一樣
- **RAR** 隨機進入重新傳輸的最大值
- **Ro** 漫遊指示，數值為 R 或是空白
- **BC** BSIC 值，範圍 0～63
- **RelR** 最後來電解除(release)的原因
- **QLF** 通話品質，範圍 0～7

- **CRO**
- **TO**
- **PenT**
- **H**　　　跳頻顯示，1 為使用跳頻，0 為不使用
- **MAIO**
- **HSN**

※ QLF CRO TO PenT H MAIO H HSN 等項為 6150 才有

畫面 3 ：使用中基地台和鄰近兩個訊號最強的基地台的資訊

```
|683 38 -71 39| |704 20 -90 22| |701 13 -95 16| |SCH C1 rx C2 |
|685 34 -77 35| |698 19 -92 19| |xxxxxxxxxxxxx| |1CH C1 rx C2 |


|691 23 -88 24| |699 19 -92 19| |xxxxxxxxxxxxx| |2CH C1 rx C2 |
| N N | | N N N | | N xx xx | | 1N 2N |
```

- **SCH**　使用中基地台頻道編號
- **1CH**　鄰近訊號最強基地台頻道編號
- **2CH**　鄰近訊號最強基地台頻道編號
- **C1**　　$C1$ 值，範圍 $-99\sim99$，只有在待機模式下才會顯示。若是在通話模式下，則會顯示字母 B 和 BSIC 的值
- **rx**　　手機接收訊號的 dBm 強度
- **C2**　　$C2$ 值，範圍 $-99\sim99$
- **x**　　　如果基地台是在禁止使用的區域內，會出現 F，否則是空白
- **1x**　　B 表示限制，N 表示正常的優先順序，L 則表示低優先順序，其它情況則出現空白
- **2x**　　同上

畫面 4 ：鄰近第三、四、五個 cell 的資訊

```
|3CH C1 rx C2 | |6CH C1 rx C2 |
|4CH C1 rx C2 | |7CH C1 rx C2 |
```

|5CH C1 rx C2 | |8CH C1 rx C2 |

| 3N 4N 5N | | 6N 7N 8N |

1. row：第三個鄰近的資訊

2. row：第四個鄰近的資訊

3. riw：第五個鄰近的資訊

4. row，ef：第三個鄰近的資訊

5. row，gh：第四個鄰近的資訊

6. row，ij：第五個鄰近的資訊

- **aaa** 以小數顯示載波號碼
- **bbb** C1 值，範圍−99～99，只有在 idle 模式下才會顯示
- **ccc** RX 的 dBm 等級
- **ddd** C2 值，範圍−99～99
- **e，g，i** 如果 cell 是在禁止使用的區域內，會出現 F，否則是空白
- **f，h，j** B表示限制，N表示正常的優先順序，L則表示低優先順序，其它情況則出現空白

畫面 5：鄰近第六、七、八個 cell 的資訊

|3CH C1 rx C2 | |6CH C1 rx C2 |

|4CH C1 rx C2 | |7CH C1 rx C2 |

|5CH C1 rx C2 | |8CH C1 rx C2 |

| 3N 4N 5N | | 6N 7N 8N |

1. row：第六個鄰近的資訊

2. row：第七個鄰近的資訊(無法執行)

3. riw：第八個鄰近的資訊(無法執行)

4. row，ef：第六個鄰近的資訊

5. row，gh：第七個鄰近的資訊(無法執行)

6. row，ij：第八個鄰近的資訊(無法執行)

- **aaa** 以小數顯示載波號碼

- **bbb**　　　C1 值，範圍 −99〜99，只有在 idle 模式下才會顯示
- **ccc**　　　RX 的 dBm 等級
- **ddd**　　　C2 值，範圍 −99〜99
- **e，g，i**　如果 cell 是在禁止使用的區域內，會出現 F，否則是空白
- **f，h，j**　B 表示限制，N 表示正常的優先順序，L 則表示低優先順序，其它情況則出現空白

畫面 6 ：網路挑選的顯示(network selection display)

```
|46697 46693|
|xxxxx 46601|
|xxxxx 46692|
|xxxxx 46688|
```

　　這個螢幕會顯示出最後一個註冊的網路國家碼(network country code)，和網路碼(network code)，另外還會顯示四個禁用(forbidden)網路的密碼及前三個優先偏好(preferred)的網路。

1. row：最後一個註冊的網路−第一個禁用的網路
2. row：第一個優先網路−第二個禁用的網路
3. row：第二個優先網路−第三個禁用的網路
4. row：第三個優先網路−第四個禁用的網路

- **aaa**　　國家碼
- **bbb**　　網路碼

畫面 7 ： serving cell 的系統資訊

```
|E A H C I BR||E A H C I BR||Serving Cell|
|1 1 0 1 0 00||1 1 0 1 0 00||system info|
|ECSC 2Ter MB||||bits|
|0 0 0|||||
||||||
```

- **a** 如果支援緊急電話，則顯示 1；反之則為 0
- **b** 如果聯繫─分離─程序(attach-detach-procedure)是被接受的，則顯示 1；反之則為 0
- **c** 若有支援 1/2 速率的頻道(half rate channels)則顯示 1；反之則為 0
- **d** 如果 C2 值是被廣播的則顯示 1；反之則為 0
- **e** 如果系統資訊 7 和 8 被廣播，則顯示 1；反之則為 0
- **f** 如果有支援 cell broadcast 則為 1；反之則為 0
- **g** 如果有支援重新建立(re-establishment)則顯示 1；反之則為 0

畫面 10 ：顯示呼叫重複間隔的數值，**TMSI**，週期性位置更新的時間
   (periodic location update timer)，AFC，AGC

|TMSI 59E221D3| |TMSI(hex) |

|T321：2 /10| |T3212ctr/tim |

|PRP：6 45 90| |PaRP DSF AGC |

| - 11 685| | AFC Ch |

- **aaaaaaaa** 是以 hex 形式呈現的 TMSI 值
- **bbb** T3212 計算的現值(範圍 000～'ccc')，1 表示六分鐘。所以如果這個值比'ccc'小 2，則下一次的週期性位置更新會在 2×6 = 12 分鐘之內完成
- **ccc** T3212 計算的終值(範圍 000～240)，1 表示六分鐘。所以若是 240，則表示位置更新的期間為 240×6 = 24 小時。000 表示週期性位置更新功能並沒有被使用。這個值是從網路上接收下來的
- **d** 重複呼叫的值(範圍 2～9，當 paging 是每兩個 multiframe 時，手機比每九個 multiframe 接受更多的電流)
- **ee** 向下連結訊號失敗值(signalling failure value)。如果數值是負的，則會顯示出 0，最大值是 45。當手機是在 TCH 上時，會顯示 xx
- **ff** TCH/SDCCH 增加值，範圍 0～93
- **ggggg** VCTCXO AFC DAC control，範圍－1024～1023
- **hhh** serving cell 的頻道號碼

畫面 11：網路參數

CC：466 NC：97		CC：466 NC：97		MCC MNC
LAC：10101		LAC：2775		LocAreaCode
CH：683		CH：683		ServChannel
CID：12192		CID：2FA0		CellId

- **aaa**　行動國家碼的小數值
- **bbb**　行動網路碼的小數值
- **cccc**　位置區域碼的 hex 形式
- **dddd**　serving cell 的頻道號碼
- **eeee**　Cell Indentifier 的 hex 形式

畫面 12：密碼記載(ciphering)、跳躍式(hopping)DTX 狀態及 IMSI

CIPHER：OFF		CipherValue
HOPPINNG：ON		HoppingValue
DTX：OFF		DTXValue
IMSI：ON		IMSIAttach

- **aaa**　ciphering 值 A51，A52，或是關閉
- **bbb**　hopping 值，開或關
- **ccc**　DTX 值，開或關
- **ddd**　IMSI 連結，ON － IMSI attach on

OFF － IMSI attach off

　以上的這些值只有在 TCH 上才能更新

畫面 13：向上連結(Uplink) DTX 轉換的顯示

　　利用這頁顯示，如果 BS 允許 MS 決定的話，有可能可以改變 MS，使用 DTX。這頁顯示必須從 MENU 啓動以改變 DTX 狀態。若 MENU 沒有被啓動，而使用者利用上下鍵來尋找 field test display 時，DTX 狀態是不會被改變的。

| NOTALLOWED | | DTXMode |

| DTX(DEF)：ON | | DefaulDTXSta |

| DTX(BS)：NOT| | DTXValFromBS |

| | | |

- **aaaaaaaaa** 是轉換碼的狀態。這些數值為：

  DTX ON ： MS 使用 DTX

  DTX OFF ： MS 沒有使用 DTX

  DTX DEF ： MS 使用 DTX 的預設狀態

  NOTALLOWED ： BS 不允許 MS 去決定使用 DTX 與否

- **bbb** 是 DTX 的預設狀態，顯示為 ON 或 OFFag=P-A ccc

  是來自 BS 的 DTX 值。這些數值為：

  MAY ： BS 允許 MS 決定是否使用 dtx 向上連結

  USE ： BS 控制 MS 利用 dtx

  NOT ： BS 控制 MS 不能利用 dtx

畫面 17 ：轉換 BTS_TEST 狀態

| BTS TEST | |Use menu to |

| OFF | |toggle BTS |

| | |test ON/OFF |

| | | |

　　若螢幕出現 BTS TEST ON，表示手機指會搜尋單一頻率，鄰近 cell 的測量 (measurement)尚未完成。若出現 BTS TEST OFF，則表示手機目前是正常狀態，鄰近的測量已完成。

畫面 18 ： online help 畫面

| | | Use menu to |

| LIGHTS | | toggle |

| OFF | | lights |

| | | ON/OFF |

用以控制背景燈光的開關

1. 使用方法：進入 18 畫面後再離開，重新進入 Net monitor，輸入 18，以控制燈光開關。

2. 注意事項：該畫面預設值為 OFF，若開啟成 ON 後，燈光將一直開啟直到使用者將狀態改成 OFF。

畫面 19 ： cell 限制的狀態(toggle cell barred status)

| ACCEPTED | | REVERSE | | DISCARD |

| | | | | | |

| | | | | | |

若螢幕出現CELL BARR ACCEPTED，表示只有未限制的細胞可以使用；若出現的是 CELL BARR REVERSE，則表示只可以使用限制的細胞；而出現 CELL BARR DISCARD 時，是表示兩者皆可使用。

思 考 題

1. 試比較 VLR 與 HLR 差異性。

2. VLR 與 HLR 差別功用為何？

3. 基地台控制中心(BSC)與 3G 系統 RNC 功能為何？

4. 可能造成通話交遞(Handover)失敗的原因為？

5. 試述 GSM900/1800 頻帶在空中傳輸的差異性。

6. 在無線通訊過程中資料的加解密會影響傳輸速率嗎？

7. 何謂廣播頻道(Broadcast channel，BCH)，與乙太網路中廣播訊號有何不同？

8. GSM 手機數位訊號處理分為那些？

CHAPTER **3**

行動電話系統(二)

接續著上一章的探討，在本章節中主要針對行動電話系統中的基地台系統來做詳細的介紹以及相關的控制信號如，CCS 7 架構介紹、SIM用戶識別、GSM認證過程、GSM空中通話與資料保密、GSM 通話程序等相關技術，在後面也加入了最近較熱門的相關系統發展如 PHS、4G 發展、WCDMA、3G 等為大家做一個討論。

3-1　基地台系統介紹

在前面章節介紹完 GSM 系統架構後，本章節最主要要提到 BSS System，也就是在行動電話系統中的基地台系統，基地台系統(BSS)主要負責其服務區域內之行動台互相通訊，最主要包含三個部份：

1. 基地台收發站：(Base Transceiver Station，BTS)，基地台收發站內最主要配備有多組的無線電頻道，可構成一個或多個 Cell 頻率細胞，BTS 主要負責其服務區域內之行動台互相通訊所需的無線空中介面。

2. 基地台控制器(Base Station Controller，BSC)，一個基地台控制器(BSC)可控制一個或多個基地台收發站 BTS，負責管理 BTS 所有的無線電頻道資源，並提供建立、釋放呼叫時所需之功能，BSC 也負責行動台(MS)功率控制及 Handover 交遞、無線電路徑量測、所有管轄區域內 BTS 的 Handover 功能，並減輕 MSC 的負擔。

3. 轉碼器(Transcoder Unit，TCU)

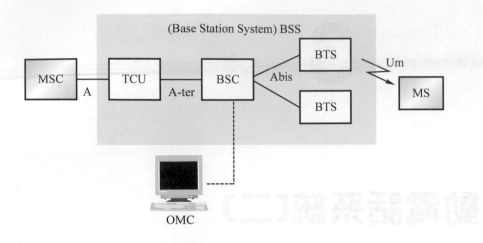

圖 3-1-1　BSS 方塊圖

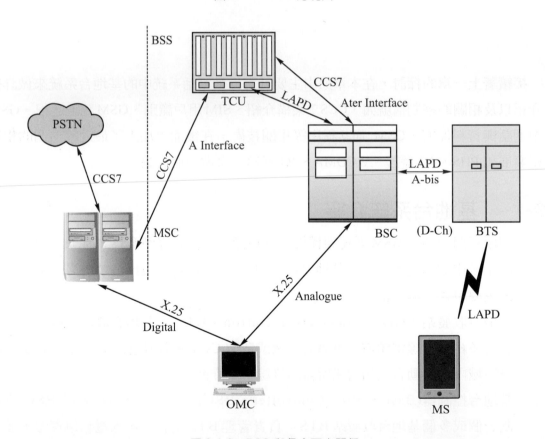

圖 3-1-2　BSS 與各介面之關係

　　轉碼器(Transcoder Unit，TCU)最主要負責各語音介面速率的壓縮與轉換，在 Ater 介面間可減少實體線路的使用及提高 TCH 頻道的使用效率。

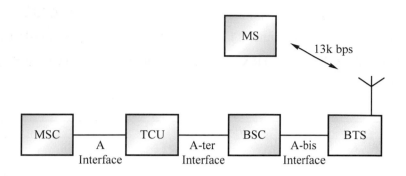

圖 3-1-3　GSM 各介面關係

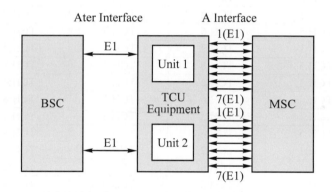

圖 3-1-4　Transcoder Unit

Transcoders TCU 主要功能為：

1.　將 16k 資料轉換為 64k 技術。

2.　減少 BSC 到 MSC 間實體線路。

3.　提高 TCH 話務頻道的使用效率。

TCU 功能在 GSM 系統內佔有重要的角色，如果沒有 TCU 單元在整體系統上會花費更多的資源，最主要整個系統的執行流程為手機將 16Kbps 的話務資料透過空中傳遞到基地台(BTS)，(BTS)再將(TCH)話務頻道透過 E1 線路傳遞到(BSC)這一端稱為 Abis Interface 然後 BSC 再透過 E1 線路將 TCH 彙整後傳遞至 TCU 單元稱為 Ater Interface，Ater 介面在全速率(TCH/F)頻道下最大可以有 120 TCH 話務頻道(16Kbps×4×30=120)，如為半速率(TCH/H)的狀況下可以到 240 TCH 話務頻道，Ater 介面再透過 TCU 單元將 Ater 介面壓縮的 TCH 頻道還原成每個單獨的 TCH 送往 MSC，所以在 TCU 與 MSC 間的 A Interface 會發現道實體線路會增多，下面將再對整個 GSM 系統的話務頻道至 TCU 單元轉換作更詳細的介紹：

在 BTS 這端 E1 線路經過傳輸介面卡後各個 Timeslot 的對應就如下表 3-1-5 所示。一般都將稱為 D-Channel，D-Channel 的 Timeslot 在這裡是以全速率編碼 16k bps 的方式分配給每個 TRX，正常來說一個 TRX 會佔用兩個 Timeslot 每個 TCH 在全速率的規劃下使用頻寬為 16k bps。

表 3-1-1　Transmission at BTS interface(D-Channel)

Time Slot	Bit								
	1	2	3	4	5	6	7	8	
0	Link Management								
1	TCH:1		TCH:2		TCH:3		TCH:4		TRX1
2	TCH:5		TCH:6		TCH:7		TCH:8		
3	TCH:1		TCH:2		TCH:3		TCH:4		TRX2
4	TCH:5		TCH:6		TCH:7		TCH:8		
5	TCH:1		TCH:2		TCH:3		TCH:4		TRX3
6	TCH:5		TCH:6		TCH:7		TCH:8		
7	TCH:1		TCH:2		TCH:3		TCH:4		TRX4
8	TCH:5		TCH:6		TCH:7		TCH:8		
9	TCH:1		TCH:2		TCH:3		TCH:4		TRX5
10	TCH:5		TCH:6		TCH:7		TCH:8		
11	TCH:1		TCH:2		TCH:3		TCH:4		TRX6
12	TCH:5		TCH:6		TCH:7		TCH:8		
13	TCH:1		TCH:2		TCH:3		TCH:4		TRX7
14	TCH:5		TCH:6		TCH:7		TCH:8		
15	TCH:1		TCH:2		TCH:3		TCH:4		TRX8
16	TCH:5		TCH:6		TCH:7		TCH:8		
17	TCH:1		TCH:2		TCH:3		TCH:4		TRX9
18	TCH:5		TCH:6		TCH:7		TCH:8		
19	TCH:1		TCH:2		TCH:3		TCH:4		TRX10
20	TCH:5		TCH:6		TCH:7		TCH:8		
21	TCH:1		TCH:2		TCH:3		TCH:4		TRX11
22	TCH:5		TCH:6		TCH:7		TCH:8		
23	TCH:1		TCH:2		TCH:3		TCH:4		TRX12
24	TCH:5		TCH:6		TCH:7		TCH:8		
25	TRXSIG1		TRXSIG1		TRXSIG2		TRXSIG2		
26	TRXSIG3		TRXSIG3		TRXSIG4		TRXSIG4		
27	TRXSIG5		TRXSIG5		TRXSIG6		TRXSIG6		
28	TRXSIG7		TRXSIG7		TRXSIG8		TRXSIG8		
29	TRXSIG9		TRXSIG9		TRXSIG10		TRXSIG10		
30	TRXSIG11		TRXSIG11		TRXSIG12		TRXSIG12		
31	SS#7								

A-bis

Transmission at BSC interface

D-channel 對應資料透過 E1 線路傳送到 BSC 的 Ater 介面，資料會被壓縮成 Ater 界面，所有 D-Channel 的控制信號會壓縮成 LAPD Channel 傳送到 BSC 再到 TCU 單元。

表 3-1-2

A-ter

Time Slot	Bit 1	2	3	4	5	6	7	8
0	Link Management							
1	LAPD		TCH:1		TCH:2		TCH:3	
2	TCH:4		TCH:5		TCH:6		TCH:7	
3	TCH:8		TCH:9		TCH:10		TCH:11	
4	TCH:12		TCH:13		TCH:14		TCH:15	
5	TCH:16		TCH:17		TCH:18		TCH:19	
6	TCH:20		TCH:21		TCH:22		TCH:23	
7	TCH:24		TCH:25		TCH:26		TCH:27	
8	TCH:28		TCH:29		TCH:30		TCH:31	
9								
10								
11								
12								
13								
14								
15								
16								
17								
18								
19								
20								
21								
22								
23								
24								
25								
26								
27								
28								
29								
30								
31	SS#7							

↑ A-bis

A-bis

Time Slot	Bit 1	2	3	4	5	6	7	8	
0	Link Management								
1	TCH:1		TCH:2		TCH:3		TCH:4		TRX1
2	TCH:5		TCH:6		TCH:7		TCH:8		
3	TCH:1		TCH:2		TCH:3		TCH:4		TRX2
4	TCH:5		TCH:6		TCH:7		TCH:8		
5	TCH:1		TCH:2		TCH:3		TCH:4		TRX3
6	TCH:5		TCH:6		TCH:7		TCH:8		
7	TCH:1		TCH:2		TCH:3		TCH:4		TRX4
8	TCH:5		TCH:6		TCH:7		TCH:8		
9	TCH:1		TCH:2		TCH:3		TCH:4		TRX5
10	TCH:5		TCH:6		TCH:7		TCH:8		
11	TCH:1		TCH:2		TCH:3		TCH:4		TRX6
12	TCH:5		TCH:6		TCH:7		TCH:8		
13	TCH:1		TCH:2		TCH:3		TCH:4		TRX7
14	TCH:5		TCH:6		TCH:7		TCH:8		
15	TCH:1		TCH:2		TCH:3		TCH:4		TRX8
16	TCH:5		TCH:6		TCH:7		TCH:8		
17	TCH:1		TCH:2		TCH:3		TCH:4		TRX9
18	TCH:5		TCH:6		TCH:7		TCH:8		
19	TCH:1		TCH:2		TCH:3		TCH:4		TRX10
20	TCH:5		TCH:6		TCH:7		TCH:8		
21	TCH:1		TCH:2		TCH:3		TCH:4		TRX11
22	TCH:5		TCH:6		TCH:7		TCH:8		
23	TCH:1		TCH:2		TCH:3		TCH:4		TRX12
24	TCH:5		TCH:6		TCH:7		TCH:8		
25	TRXSIG1	OMUSIG1	TRXSIG2	OMUSIG2					
26	TRXSIG3	OMUSIG3	TRXSIG4	OMUSIG4					
27	TRXSIG5	OMUSIG5	TRXSIG6	OMUSIG6					
28	TRXSIG7	OMUSIG7	TRXSIG8	OMUSIG8					
29	TRXSIG9	OMUSIG9	TRXSIG10	OMUSIG10					
30	TRXSIG11	OMUSIG11	TRXSIG12	OMUSIG12					
31	SS#7								

表 3-1-3　Transmission at TCU interface

							TCU			

A-ter1

Time Solt　　Bit

	1	2	3	4	5	6	7	8
0	Link Management							
1	LAPD		TCH:1		TCH:2		TCH:3	
2	TCH:4		TCH:5		TCH:6		TCH:7	
3	TCH:8		TCH:9		TCH:10		TCH:11	
4	TCH:12		TCH:13		TCH:14		TCH:15	
5			TCH:17		TCH:18		TCH:19	
6	TCH:20		TCH:21		TCH:22		TCH:23	
7	TCH:24		TCH:25		TCH:26		TCH:27	
8	TCH:28		TCH:29		TCH:30			
9			TCH:1		TCH:2		TCH:3	
10	TCH:4		TCH:5		TCH:6		TCH:7	
11	TCH:8		TCH:9		TCH:10		TCH:11	
12	TCH:12		TCH:13		TCH:14		TCH:15	
13	TCH:16		TCH:17		TCH:18		TCH:19	
14	TCH:20		TCH:21		TCH:22		TCH:23	
15	TCH:24		TCH:25		TCH:26		TCH:27	
16	TCH:28		TCH:29		TCH:30		TCH:31	
17			TCH:1		TCH:2		TCH:3	
18	TCH:4		TCH:5		TCH:6		TCH:7	
19	TCH:8		TCH:9		TCH:10		TCH:11	
20	TCH:12		TCH:13		TCH:14		TCH:15	
21	TCH:16		TCH:17		TCH:18		TCH:19	
22	TCH:20		TCH:21		TCH:22		TCH:23	
23	TCH:24		TCH:25		TCH:26		TCH:27	
24	TCH:28		TCH:29		TCH:30		TCH:31	
25			TCH:1		TCH:2		TCH:3	
26	TCH:4		TCH:5		TCH:6		TCH:7	
27	TCH:8		TCH:9		TCH:10		TCH:11	
28	TCH:12		TCH:13		TCH:14		TCH:15	
29	CELL BOARDCAST LINK (CBS)							
30	NMS-2000(X.25)-1							
31	SS#7							

A1 → / A2 → / A3 → / A4 →

A1

Time Solt　　　　　　　Bit

0	Link Ma.
1	TCH:1
2	TCH:2
3	TCH:3
4	TCH:4
5	TCH:5
6	TCH:6
7	TCH:7
8	TCH:8
9	TCH:9
10	TCH:10
11	TCH:11
12	TCH:12
13	TCH:13
14	TCH:14
15	TCH:15
16	SS#7
17	TCH:16
18	TCH:17
19	TCH:18
20	TCH:19
21	TCH:20
22	TCH:21
23	TCH:22
24	TCH:23
25	TCH:24
26	TCH:25
27	TCH:26
28	TCH:27
29	TCH:28
30	CELL BOARDCAST LINK (CBC)
31	NMS-2000(X.25)-1

A-ter=A1+A2+A3+A4
105=28+31+31+15 Traffic Channels

28 channels

表 3-1-4

A2		A3		A4	
Time Solt	Bit	Time Solt	Bit	Time Solt	Bit
0	Link Ma.	0	Link Ma.	0	Link Ma.
1	TCH:1	1	TCH:1	1	TCH:1
2	TCH:2	2	TCH:2	2	TCH:2
3	TCH:3	3	TCH:3	3	TCH:3
4	TCH:4	4	TCH:4	4	TCH:4
5	TCH:5	5	TCH:5	5	TCH:5
6	TCH:6	6	TCH:6	6	TCH:6
7	TCH:7	7	TCH:7	7	TCH:7
8	TCH:8	8	TCH:8	8	TCH:8
9	TCH:9	9	TCH:9	9	TCH:9
10	TCH:10	10	TCH:10	10	TCH:10
11	TCH:11	11	TCH:11	11	TCH:11
12	TCH:12	12	TCH:12	12	TCH:12
13	TCH:13	13	TCH:13	13	TCH:13
14	TCH:14	14	TCH:14	14	TCH:14
15	TCH:15	15	TCH:15	15	TCH:15
16	TCH:16	16	TCH:16	16	
17	TCH:17	17	TCH:17	17	
18	TCH:18	18	TCH:18	18	
19	TCH:19	19	TCH:19	19	
20	TCH:20	20	TCH:20	20	
21	TCH:21	21	TCH:21	21	
22	TCH:22	22	TCII:22	22	
23	TCH:23	23	TCH:23	23	
24	TCH:24	24	TCH:24	24	
25	TCH:25	25	TCH:25	25	
26	TCH:26	26	TCH:26	26	
27	TCH:27	27	TCH:27	27	
28	TCH:28	28	TCH:28	28	
29	TCH:29	29	TCH:29	29	
30	TCH:30	30	TCH:30	30	
31	TCH:31	31	TCH:31	31	
31　channels		31　channels		15　channels	

A2 (指向 Time slot 12、13)
A3 (指向 Time slot 20、21)
A4 (指向 Time slot 27、28)

　　在這裡看到所有的 Time slot 並沒有都被 TCH 話務頻道所佔用，是因爲在整個系統中還包括了 SS7 與 X.25 等控制訊號。

　　LAPD 是工作於第二層通訊協定主要負責傳送 A-bis 介面的訊息，其中訊息包括 BTS-software Downloads，Site configuration，Alarm and maintenance handling. TRX - call setup，maintenance and release，Power control，measurements 等等 LAPD 碼框格式如下圖：

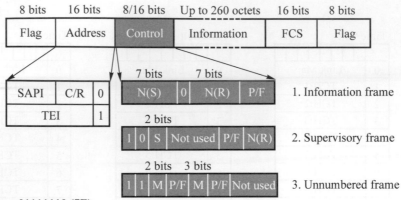

Flag：01111110 (7E)
FCS：Frame Check Sequence
Address：SAPI/TEI
Control：Sequence Number-N(S),N(R)

圖 3-1-5

　　這就是整個 TCU 單元的轉換過程，E1 線路中 Timeslot 是可以應用的當然不一定是上述的排列方式每個人規劃的方式是不同的，但是控制信號大部份都是固定的，再這裡最主要是要讓大家知道 E1 線路中所傳送的資料格式就是以此種方式來傳遞的。

　　BTS 採用的天線組態介紹：依現在的系統來說 BTS Antenna 架構都是由兩接收一發射的方式組成，因為此方式可以提高 Gain 3～6 dB。

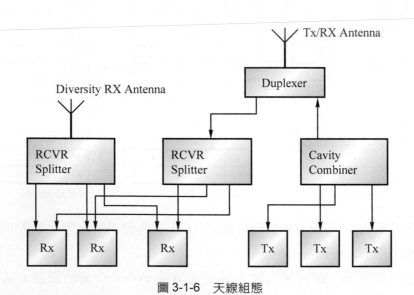

圖 3-1-6　天線組態

天線運作的基本條件需求如下：

1.　增益對頻率比應在規定的頻帶內 0.5dB。

2. 天線輸入端量得的駐波比在規定頻帶內應少於 1.5：1。

3. 對全方向性天線而言，水平的輻射形狀一般在全方向之＋／－ 1.5dB 內。

4. 天線任一部份在風速達到 30mph 時，不得偏斜超過一英吋，並於風速達到 125mph 時天線還能使用。

5. 輻射單元與電氣連接部份應於在所有氣候損壞效應下被保護完好。

6. 天線之增益要能夠在指定的服務區內使得 class 5 的(MS)能夠正常運作。

7. 在相關的 BTS 間，其採用的輻射方向扇形化之天線能保證工作正常。

8. Antenna 傳輸線應為 7/8 吋的泡沫介電式同軸電纜，且內外層之導體應為銅導體。

9. 天線所使用的傳輸線應符合下列需求：

   (1) 特性阻抗：50 歐姆。

   (2) VSWR：應小於 1.4：1，此值應超越指定頻帶，而末端接上電阻性負載。

   (3) 氣候驗證：傳輸線與接頭應於所有氣候條件下避免損害。

   (4) 天線與傳輸線皆應做好接地預防雷擊。

10. 結合器(combiner)必須具備，如此才有可能連接至少八個發射器至同一發射天線。

11. 接收器的多重耦合器必須具備(multi-coupler)，如此才有可能連接至少 16 個接收器到一共同接收天線。

BTS←→MS 功率控制原理

接下來介紹 BTS 到手機端的功率控制，最主要是要讓大家瞭解手機功率控制的流程步驟：

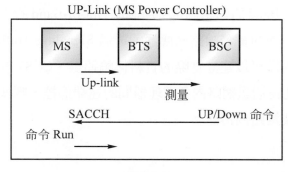

圖 3-1-7

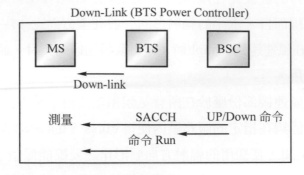

圖 3-1-8

在 GSM 系統中基地站的等級是以可輸出的 Power 也就是功率來做區分的
GSM 系統 BTS 等級基本上可分為以下等級：

Class 5 >= 43 dBm

Class 4 = 41 dBm

Class 3 = 39 dBm

Class 2 = 37 dBm

Class 1 <= 35 dBm

3-2　CCS7 架構介紹

在 GSM 網路中可以利用某一 MSC 當成中介點，與 ISDN 網路或 PSTN 網路做訊息溝通，一般來說與 ISDN 網路溝通可以使用 MSC 上的 ISUP 協定，而對 PSTN 則是使用 TUP 協定來做溝通，通常皆利用 CCITT N0.7(CCS7)通訊協定來做網路內及 PSTN 溝通之用，它是一種 Out-of-Band 的通訊協定，所謂的 Out-of-Band 的意義就是說它把訊號與使用者資料透過兩個不同的實體線路來傳遞，透過 Signaling Traffic 傳遞 SS7 的控制信號資料，使得 A 與 B 兩端可以建立實際的資料傳輸連線，CCS7 信號網路可作為通訊網路的共同信號鏈路，凡在通訊網路內各處理器間的遠端遙控、呼叫控制、資料庫擷取及維護等均可在同一信號鏈路內傳送。

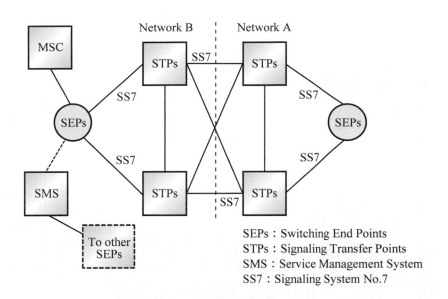

SEPs：Switching End Points
STPs：Signaling Transfer Points
SMS：Service Management System
SS7：Signaling System No.7

圖 3-2-1 共同通道信號網路架構

　　另一方面In-of-Band的通訊介面，如目前許多網路設備採用的ISDN(Interated Servicer for Digital Network)就是在同一條實體線路上區分 2B+D 的 Channel，一個 B Channel 提供 64 kbits/sec 的頻寬，而 D Channel 則提供 16 kbit/sec 或 64 kbit/sec 的頻寬，所以說一個 ISDN 的線路最多可以提供 2B+D=2*64+16=144 kbit/sec 的頻寬。就因為這樣的架構，所以 ISDN 網路是在一條實體線路上虛擬出 3 個 Logical Channel，雖然我們看上去是 2B+D，B 是拿來傳送使用者的語音或數據資料，D 是用來傳送控制的信號，不過這樣的方式其實是把 D Channel 的頻寬保留起來，使得我們可以在同一個實體線路上同時傳輸資料與控制信號。

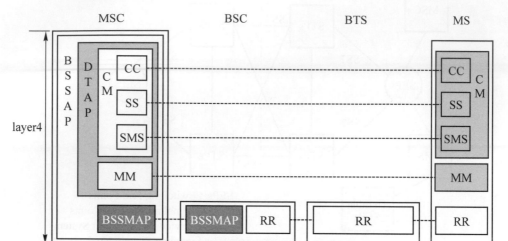

(Signaling Protocol in GSM)

BSSAP：BSS Application Part
BSSMAP：BSS Management Application Part
DTAP：Direct Transfer Application Part
MM：Mobility Management
CM：Connection Management
CC：Call Control
SS：Supplementary Services
SMS：Short Message Services

SCCP：Signalling Connection Control Part
MTP：Message Transfer Part
RR：Radio Resources
BTSM：BTS Management
LAPD：Link Access Protocol on the D channel
LAPDm：Link Access Protocol on the D channel modified

圖 3-2-2

圖為 SS7 之協定架構圖，以下介紹每一層之協定。

SS7 的架構

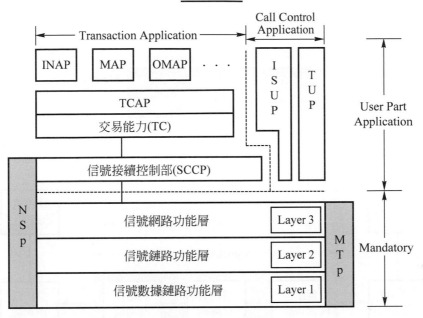

圖 3-2-3　SS7 架構圖

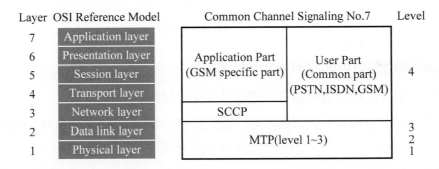

圖 3-2-4　CCS7 protocol stack vs. the OSI reference model

MTP(Message Transfer Part)

　　SS7 的第一層爲信號數據鏈路層(Signalling Data Link Level)又稱爲實體層(Physical Level)，它定義信號鏈路之實體、電氣與功能特性，以提供實體鏈路收送 SS7 信號。第二層稱爲信號鏈路層(Signalling Link Level)，它負責確保 SS7 信號訊息在實體層上收送的可靠度。第三層稱爲信號網路層(Signalling Network Level)，主要功能爲信號訊息處分及信號網路管理。以上三層合稱爲訊息轉送部(Message Transfer Part MTP)。

　　信號數據鏈路包含一雙向之傳輸鏈路(Transmission Link)，以及傳輸鏈路與第二層間之通訊介面，以提供兩信號點間信號傳送之一全雙工(Full Duplex)之實體通道。傳輸鏈路是由傳輸速率相同且方向相反之兩個傳輸通道組成，此傳輸通道僅能用來傳送信號，不可載有其他資訊。標準的傳輸速率為 64kbps。

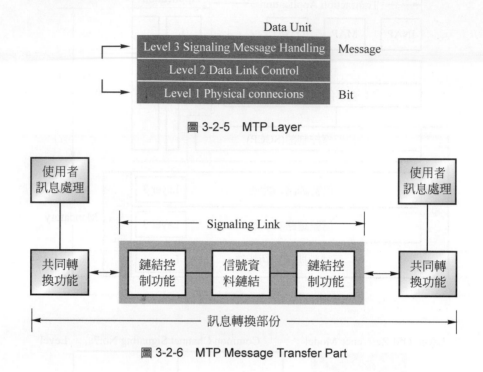

圖 3-2-5　MTP Layer

圖 3-2-6　MTP Message Transfer Part

SCCP(Signaling Connection control Part)

SCCP 係協助 ISUP 做端對端之交換，主要目的有四項：

1. 供 ISDN-UP(ISUP)建立端對端的信號接續(Signalling Connection)。
2. 供網管、維護中心與各交換局間(有 SP 功能者)建立信號接續。
3. 供將來用戶(User)(如帳務中心)與各交換局(SP點)間建立信號接續，可直接傳送帳務資料，而不用再運送磁帶。
4. 供將來其他用戶部(User Part)建立信號接續使用。

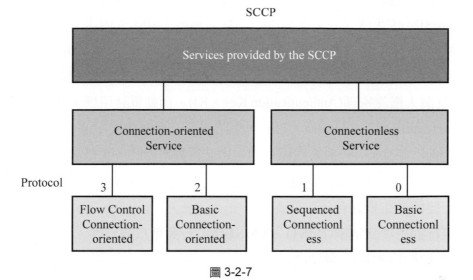

圖 3-2-7

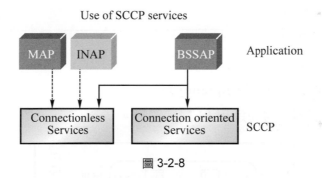

圖 3-2-8

TCAP(Transaction Capabilities Application Part)

交易能力(Transaction Capabilities；TC)或稱交易能力應用部(Transaction Capabilities Application Part；TCAP)，在SS7網路中是屬於應用層(Application Layer)中的一個應用服務元件(Application Service Element；ASE)。其目的在於提供SS7網路中之信號節點對信號節點之間非電路接續相關訊息的傳送，並為它們之間的各種應用提供一般性的服務。例如交換機與交換機間非電路接續相關訊息的交換；交換機對網路服務中心資料庫作號碼翻譯(例如 080 服務號碼)皆可由 TCAP 所提供的服務來達成。

3-3　SIM 用戶識別

SIM 稱為用戶識別模組，一般來說 SIM 卡可分為 IC 卡式 SIM 卡與 鉗入式 SIM 卡，IC 卡式 SIM 卡為一獨立式 IC 卡，可藉由此 SIM 卡插入第三者之行動電話機內來撥打電話，通話費用會自動轉入 SIM 卡用戶本人之帳戶內，而不會轉到第三者之帳戶。鉗入式 SIM 卡將 SIM 卡半永久性裝置於用戶話機設備內，SIM 卡內含有微處理器可執行密碼運算功能，如 SIM 卡內含有 A3 鑑識算數運算器(Authentication Algorithm)及產生 A8 暗碼鍵之運算器(Algorithm for cipher Key Generation)。此外 SIM 可儲存用戶個人相關資料如 IMSI 及個人鑑識密碼(Authentication Key，Ki)，行動電話用戶可藉由用戶個人識別碼(Peersonal Identification Number，PIN)，來防止第三者非法使用個人之 SIM 卡，PIN 碼可由 4 至 8 個數字組成，一般來說用戶初次申裝行動電話時，電信公司可為用戶輸入個人識別號碼但用戶於開始使用時可隨時更改自己所需的 PIN code 達到保護的功能。SIM 卡內含之記憶體最主要儲存了下列資訊：

1. 國際行動用戶識別碼(IMSI)、TMSI 臨時行動用戶識別碼。
2. SIM 卡密碼(PIN)、解鎖碼。
3. 認證密碼(Ki)、加解密密碼(Kc)。
4. SIM 卡狀態、序號。
5. 簡撥號碼及短訊息。
6. 區域識別碼(LAI)。
7. 指引頻率清單(Beacon Frequency)。
8. PLMM 禁用資料、優先選用 PLMN 資料。

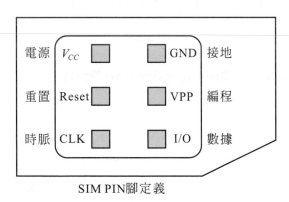

SIM PIN腳定義

圖 3-3-1

IMSI 國際行動用戶識別碼(International Mobile Subscriber Identify)

國際行動用戶識別碼(IMSI)：為能在全世界 GSM 行動電話無線電路上正確識別每一位 GSM 用戶，每一位用戶在登記時，系統均須指配一全世界唯一之行動用戶識別碼(即 IMSI)給每一位用戶，被指配之 IMSI 號碼被儲存在 HLR 系統內，亦被燒錄在該用戶之 SIM 卡內。根據 GSM 建議，IMSI 之長度最多應不超過 15 碼。當使用者漫遊到其他業者的網路時，目前使用者所在的網域可以透過要求使用者的 IMSI 號碼，來辨認出使用者所屬的 HLR。因為 IMSI 是唯一的，所以 HLR 可以透過搜尋 IMSI 號碼，來傳回使用者的基本資料與其他相關資訊。

IMSI 主要由以下幾個部分所組成：

MCC + MNC + MSIN

MCC(Mobile Country Code)：行動電話國碼，共 3 個 10 進位數字。如台灣的 MCC 為 466。

MNC(Mobile Network Code)：行動電話網路碼，共 2~3 個 10 進位數字。用來識別使用者所歸屬的無線通訊網路。例如：中華電信(Chunghwa)為 92、遠傳電信(Far Eas Tone)為 01、台灣大哥大(TWN GSM 1800)為 97。

MSN(Mobile Subscriber Number)：移動用戶識別碼，最多不超過 10 個 10 進位數字。主要用來識別無線通訊網錄中的使用者。

MSISDN 行動台 ISDN 號碼(Mobile Subscriber ISDN Number)

行動台 ISDN 號碼(Mobile Station ISDN Number，MSISDN)：MSISDN 是 PSTN/ISDN 網路中識別行動用戶之號碼，亦即 GSM 行動用戶被呼叫的行動電話號碼或電話簿號碼。根據 ITU 建議：此 MSISDN 之碼長不可超過 15 碼。MSISDN 主要是儲存在各系統業者所屬的 HLR(Home Location Register)，IMSI 可以用來辨認唯一的使用者身分，而 MSISDN 可以讓同一個使用者擁有一個以上的手機電話號碼，可以用來進行不同的系統服務。

MSISDN 主要由幾個部分所組成：

CC + NDC + SN

CC(Country Code)：國家碼，最多不超過 3 個 10 進位數字。譬如：美國為 1、芬蘭為 358、台灣為 886。

NDC(National Destination Code)：國內地區碼，通常為 2 或 3 個 10 進位數字。由國家級的主管機關分發給各個系統業者，例如中華電信擁有 0932、0933、0937.......等等，國內地區碼，以便分發給申請行動電話的用戶。

SN(Subscriber Number)：用戶號碼，最多不超過 10 個 10 進位數字碼，例如某人電話為 xxxx958328。其中，958328 共有 6 個 bytes，就是台灣目前使用者所使用的用戶號碼。

TMSI 臨時行動用戶識別碼(Temporary Mobile Subscriber Identity)

臨時行動用戶識別碼(Temporary Mobile Subscriber Identity，TMSI)的目的是爲保持 GSM 國際行動用戶識別碼(IMSI)之機密性，只有在 GSM 行動用戶第一次進接 GSM 行動電話網路時，IMSI 才會經由無線電空中界面傳送給系統，並指配一個新的 TMSI 給用戶後，GSM 行動用戶均改由 TMSI 向系統表明自己的身份，而系統便以此 TMSI 來呼叫行動台或行動台呼叫系統。

TMSI 的碼長較短，由系統經營者自訂，但最長不得超過 4 個字組(Octets)32 bites，而 IMSI 最長可爲 15 碼(可編爲 9 個字組)，所以利用 TMSI 來建立呼叫將使系統的控制頻道在一個信息內同時呼叫較多個的 GSM 行動用戶。

TMSI 是一臨時性的識別碼，且 TMSI 號碼在所屬的 MSC/VLR 業務範圍內必須是唯一的只在同一位置區內(Location area)或同一 VLR 服務區內有效，當行動用戶漫遊另一新的位置區或 VLR 服務區時，系統將重新指配新的 TMSI 識別碼。位置區識別碼(LAI)與 TMSI 兩者均被儲存在用戶 SIM 卡之非破壞性記憶體內，即使手機關機或將 SIM 卡取出，資料也不會遺失。

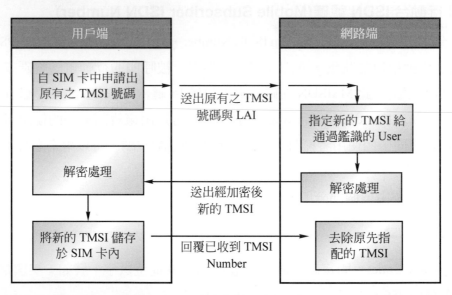

圖 3-3-2　指配 TMSI 給 MS 之程序

IMEI 國際移動設備識別碼(International Mobile Station Equipment Identify)

IMEI 號碼是獨一無二的，用來識別移動設備的號碼。IMEI 主要是由設備製造商所指配給的，並且儲存在行動電話系統業者 EIR(Equipment Identify Register)。可以用來監控被竊取的手機或是透過 IMEI 號碼拒絕對特定的手機提供服務。

IMEI 主要由幾個部分所組成：

TAC + FAC + SNR + SP

TAC(Type Approval Code)：型號批准碼，共 6 個 10 進位數字，由歐洲型號批准中心分配。像是 Nokia 與 Motorola 就會被分配到不同的批准碼，同一家公司所生產的不同型手機也會有不同的型號批准碼產生。

FAC(Final Assembly Code)：最後裝配碼，表示手機最後的生產工廠或是安裝完成的地點，均由各廠商負責編碼，共 6 個 10 進位數字。

SNR(Serial Number)：序號碼，共 6 個 10 進位數字。由各手機製造商負責分配編碼，具有唯一性，同一個廠牌的手機的 SNR 號碼不可能重複。

SP(Spare)：備用碼，共 1 個 10 進位數字，一般都為 0。

LAI(Location Area Identity)

LAI 亦稱為位置區域識別，一個位置區(LA)是由數個(Cell)細則服務區所組成，也就是說各(Cell)是必須在同一 MSC/VLR 服務區內，每一個 LA 皆有一位置區域識別碼主要作用在於確定行動電話所處的位置，LAI 區域識別碼與 TMSI 碼兩旁都儲存於用戶 SIM 卡記憶體內，LAI 的格式如下：

LAI = MCC + MNC + LAC

MCC 與 MNC 與 IMSI 之 MCC 與 MNC 是相同的

MCC(Mobile Country Code)：行動電話國碼，共 3 個 10 進位數字。如台灣的 MCC 為 466。

MNC(Mobile Network Code)：行動電話網路碼，共 2～3 個 10 進位數字。用來識別使用者所歸屬的無線通訊網路。例如：中華電信(Chunghwa)為 92、遠傳電信(Far Eas Tone)為 01、和信電訊(KGT-ON LINE)為 88。

3-4　GSM 認證過程

由於社會進步，行動電話受到一般民眾的歡迎，同時為了改善類比式行動電話通話內容遭人竊聽的問題，行動電話用戶號碼及話機序號在空中傳送時被第三者截取，製造拷貝機，造成用地無故的損失，GSM 行動電話在系統設計上針對以上缺點而加強行動電話用戶及網路經營者之安全保密，其主要有幾項措施可歸納：

1. 重要之用戶個人資料不經由空中介面傳送，如用戶個人鑑識密碼 Ki，而經由空中傳送的只有隨機亂數 RAND，驗證響應 SRES 等跟用戶沒有直接關聯之比次串列(bit stream)，經由 RAND，SRES 兩號碼及 A3 算數運算器得到用戶個人鑑識密碼 Ki，幾乎是不可能的。

2. 需用來鑑識用戶身份之用戶資料，儘量減少來自空中傳送的機會而是使用另外一暫時性號碼取代，譬如 IMSI 只在用戶初接進系統時或在特別情況時才會傳送，其他需要鑑識用戶身份時則使用 TMSI 號碼來取代，而且 TMSI 號碼隨時都在更新，並將此更新之 TMSI 號碼予以加密，然後再傳送給行動電話用戶，以供下次鑑識用戶身份時使用，所以更不容易追蹤。

3. 通訊內容和用戶個人資料都需經過加密處理後，再透過空中介面傳送，加密程序首先須產生暗碼運算鍵 Kc(為構造三元組之一元素，由 Ki 與 RAND 兩輸入參數經 A8 算術運算器產生)然後與 TDMA 碼框號碼(一次循環共有超過 270 萬個 TDMA 碼框號碼，約三個半小時循環一次)利用 A5 暗碼算數運算器，將用戶通訊內容和用戶相關資料經加密處理後再傳送出去，其間經過兩次精密之算數運算器 A8 與 A5，對用戶通訊內容和用戶相關資料如 IMSI、IMEI、發話內容、受話用戶號碼等資料都有很大的保障。

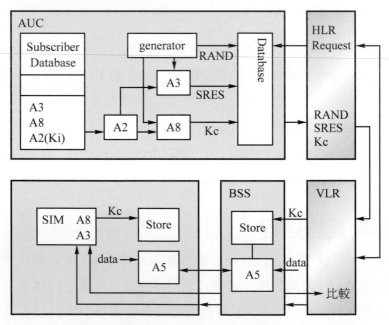

圖 3-4-1　GSM 認證流程圖

1. AUC 資料庫存有行動台識別及與之對應並經過 A2 演算法的認證密碼 A2(ki)以及 A3 和 A8 演算法的版本號碼，AUC 軟體再透過 A3 與 A8 演算法計算出 Kc 和 SRES 連用 RAND 存放在參數資料庫供認證時取用。

2. 當 VLR 欲對漫遊於其管轄範圍內之行動台執行認證時，會透過 HLR 要求 AUC 提供行動台認證參數(RAND 與 SRES)。

3. 因為認證密碼(Ki)同時存於行動台之 SIM Card 內所以行動台(MS)可依據此加上 VLR 送來之 RAND，經過相同於 AUC 中的 A3 演算法計算出 SRES，再送到 VLR，VLR 將之與 AUC 送來的 SERS 相比較如果一樣則表示手機通過認證程序。

4. 當 VLR 完成對行動台的認證後，就會指派一個 TDMA 的號碼給該用戶並記錄於 SIM 卡內，自此行動台所有的通訊都依靠此 TMSI 直到行動台離開此 VLR 服務區域。

3-5　GSM 空中通話與資料保密

　　GSM 系統在無線電空中介面的保密一般來說可分為用戶資料保密與信號訊息保密兩大部份來說明。

1. 用戶資料保密又可以分為實體連接之用戶資料保密(Confidentiality on physical connections)跟與連接無關之用戶資料保密(Connectionless user data confidentiality)，實體連接之用戶資料保密功能是保護行動電話用戶與另一用戶做語音或數據通訊時，用戶資料必須要先行經過加密處理後再將之透過空中介面傳送，避免被第三者竊取，當然此項保護措施只有針對最容易被第三者竊聽的部份無線電空中傳遞的部份做加密的處理，並不包括有線的傳輸網路部份，也就是說系統對用戶資料的加密處理並不包括端點至端點全部。

　　　　與連接無關之用戶資料保密功能是有關於點至點之訊息服務(Short Message service)，其中所傳的訊息最多 160 個文字與數字並予與加密處理，而在細則廣播部份的服務(Cell Broadcast service)及最多傳送 93 個文字與數字之短訊息給某一個區域內之行動電話用戶，該短訊息則沒有予以加密處理。

2. 信號訊息保密(Signaling Information elements confidentiality)

　　　　信號訊息保密功能是為了確保行動電話相關用戶資料訊息在空中介面傳遞時皆有加密保護措施，以免被竊取，因而造成損失，而須做保密措施的用戶個人資料有：國際行動電話機設備識別碼(IMEI)、國際行動電話用戶識別碼(IMSI)、主叫用戶號碼、被叫的用戶號碼，在開始執行加密處理步驟之前，行動電話與基地台間的訊號交換，並還沒進行加密程序，一直到開始執行加密處理步驟後，所有的語音與非語音通訊及信號訊息，都予以加密保護。

再來說明資料加密與解密的程序(Enciphering/Deciphering)：為了達到資料加密與解密的目的一開始是必須先產生暗碼運算鍵(Cipher Key，Kc)，網路將隨機亂數 RAND 傳送給行動電話用戶，則該用戶會利用儲存在SIM卡內之A8算術運算器，將用戶個人鑑識密碼 Ki 與隨機號碼 RAND 當作輸入的參數，再來產生一暗碼運算鍵 Kc(為 64 bit)，然後儲存起來，Kc暗碼會一直儲存於用戶的 SIM 卡內，一直到下次執行用戶身份鑑識時，又會新產生一組新的 Kc 碼，而舊碼將被取消。用戶與網路利用相同之輸入 Ki 與 RAND，在同一時間分別利用A3 與A8 算術運算器，來產生驗證SRES用來確定用戶是否可以進接系統中，以及暗碼運算鍵Kc以備於空中介面將相關通訊內容及信號做加密之用。

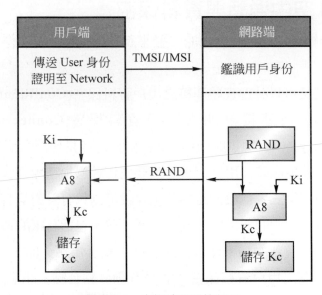

圖 3-5-1　產生暗碼運算鍵 Kc

利用先前之步驟產生 Kc 與 TDMA 碼框號碼(Frame Number)，再經過 A5 加密算術運算器可以得到 114 位元長之加密方塊(但所需時間須少於-TDMA 之碼框時間，也就是少於 4.615)與同樣長度之未加密用戶資料，經驗module-2 加法器處理後得到加密之用戶資料，再經由無線電空間介面傳送，於接收端經相同程序予以還原為原來之用戶資料。

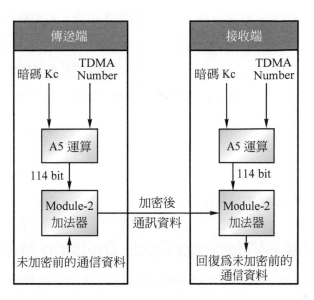

圖 3-5-2　加解密程序

TDMA 碼框結構範圍從 0 到 2，715，647，每一次的循環共需 3 小時 28 分 53 秒 760 毫秒，TDMA 碼框號碼(Frame Number)長度為 32Bit，主要是用為加密與解密步驟之同步信號。

3-6　GSM 通話程序

GSM 通話程序如圖 3-6-1 所示，當有一個人從市話要打電話給行動電話使用者時就是透過下圖的程序來進行建立溝通的路徑。

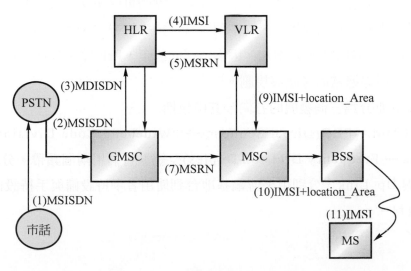

圖 3-6-1

　　經由市話或公共電話撥號給手機就如一般撥號一樣，MSISDN 號碼透過公眾網路 PSTN 後會被轉送到送到 GMSC 因為 PSTN 並無法處理 MSISDN 號碼，MSISDN 透過 GMSC 的解讀後會得到 HLR 之位址，並送出一訊息到 HLR 查詢手機的位置，當 HLR 收到查詢訊息時會從手機的記錄可找到手機所在的 VLR 位址，並要求 VLR 回覆手機的路由位址資料。

　　再來當 VLR 收到查詢要求時，會找到該手機的漫遊號碼 MSRN，並將 MSRN 經由 HLR 回送到 GMSC，MSRN 以指示手機所在的 MSC 位址，GMSC 收到 MSRN 後會根據其資料建立通話路徑即可與手機通話。

3-7　WCDMA(Wideband Code Division Multiple Access)

　　WCDMA(Wideband Code Division Multiple Access)為第三代無線通訊技術的 WCDMA 服務之所以可以提供更高的頻寬，以符合各式多媒體與高速無線寬頻需求，所著重的一點就是它比起原本的第二代 GSM 行動無線通訊系統來說，已大幅改進了無線傳輸部分的多工技術，使得我們可以在有限的無線通訊頻寬中，透過更新的無線傳輸技術來提供更為豐富與大量的使用者資料及速度。3GPP R99 核心網路與 GSM/GPRS 核心網路是可以存在同一個架構下的，主要的原因還是在於可以保有 GSM/GPRS 系統業者原有的投資，並且沿用了現在最為穩定的核心網路架構，減少系統過渡到 3G 通訊系統時，所產生的諸多相容問題。在無線網路的環境中，我們會透過基地台來傳送與接收使用者手持設備的資料，不過無線網路的頻道資源是有限的，在有線的網路環境中，如果我們需要更多的頻寬，可以透過更多的實體線路來提昇兩端點的可用頻寬，可是無線網路的環境裡，因為實際的傳輸媒介為我們生活的空間也就是無線的方式，而這部分的資源並不會因為我們需要更多的頻寬而無限增加。因為這樣的因素，所以每個基地台無線電波所涵蓋的範圍就必須經過適當的考慮與規劃。

　　WCDMA 主要分為三個發展的方向，其中包括

1. DS-WCDMA-FDD(Direct Sequence — Wideband Code Division Multiple Access — Frequency Division Duples)：總共會佔用兩個頻帶，分別為 Down Link 與 Up Link，分別用來傳輸基地台到使用者手持設備與手持設備到基地台端的資料。

2.　DS-WCDMA-TDD(Direct Sequence — Wideband Code Division Multiple Access — Time Division Duples)：只會佔用一個頻帶，透過分時多工技術在同一個頻帶上面，利用不同的時槽分別傳輸 Down Link 與 Up Link 的資料。

3.　MC-CDMA(Multi Carrier - Code Division Multiple Access)：可以透過一個以上的頻帶來傳輸使用者資料，如果使用者需要更高頻寬就會透過組合一個以上的頻帶來滿足需求。

由於日本與歐洲所定義的 CDMA 版本比起美國所採用的 cdmaOne 使用了更寬的頻寬，所以才加入了"Wideband"的稱呼，因此我們通稱為 WCDMA。

WCDMA-FDD(Down Link 使用了 2110～2170MHz，而 Up Link 使用了 1920～1980MHz)，WCDMA 的 Chip Rate 為 3.84Mcps，所以實際上使用的頻寬為 3.84MHz，不過為了預防彼此間的干擾，所以配合所需的 Guard Band，共需要 5MHz 的無線頻寬。而整個 WCDMA Uplink 與 Downlink 分別可使用的頻帶為 60MHz，所以基本上共可以細分為 12 個可供系統業者用來傳輸的頻帶(Up Link 與 Down Link 為一組，每組雙向都需要 5MHz 的頻寬，因此為 12 個)。

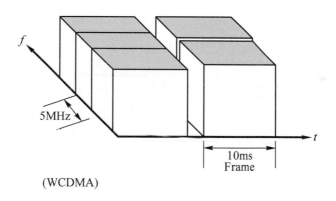

(WCDMA)

圖 3-7-1　WCDMA

表 3-7-1　WCDMA 的特性整理

多重擷取技術	DS-WCDMA(Direct Sequence-WCDMA)
全雙工技術	TDD/FDD(Time/Frequency Division Duplex)
Frame Length	10 ms
Chip Rate	3.84 Mbps
Carrier Frequeny	5MHz
UpLink-Modulation	BPSK(Binary Phase Shift Keying)
DownLink-Modulation	QPSK(Quadrature Phase Shift Keying)

WCDMA 主要是透過展頻(Spread Spectrum)的技術，透過無線的介面來傳送與接收資料，雖然透過展頻的技術會使得傳輸時需要更寬的頻寬，不過因為它具備了抗干擾與更佳的資料保密性，可以允許多個使用者在同一個頻帶上同時傳送資料，並減低了資料被竊取的機會，因此相對於GSM的系統來說具備了相當不錯的優勢。展頻碼(Spreading Code)，之所以可以允許不同的串送端同時在一個頻帶上傳送，主要就是透過不同的展頻碼彼此正交的特性，如果接收端所收到的資料並非正確的傳送端所傳送的資料，那計算出來的結果則為 0。如下表 3-7-2 所示

表 3-7-2　正交碼(Orthogonal Code)

	(1,−1,−1,1)	(1,−1,1,−1)	(1,1,−1,−1)	(1,1,1,1)
(1,−1,−1,1)	4	0	0	0
(1,−1,1,−1)	0	4	0	0
(1,1,−1,−1)	0	0	4	0
(1,1,1,1)	0	0	0	4

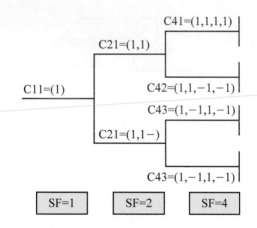

Code-Tree for generation of Orthogonal Variable Spreading Factor Codes

圖 3-7-2

由於展頻碼(Spreading Code)的數目是有限的，所以為了讓不同的Cell之間的展頻碼可以重複使用，所以WCDMA還加入了擾碼(Scrambling Code)的技術，在傳送資料的一端透過擾碼(Scrambling Code)(長度與 Chip Rate 一樣同為 3.84Mbit)來對所傳送的資料作擾亂的動作，而在接收的一端再用同樣的擾碼來解回原資料，如此一來即使相鄰的兩個Cell使用同樣的展頻碼，也不會發生資料錯誤的問題了，由於擾碼是隨機產生的，且保證相鄰的Cell是不會有重複的擾碼，因此我們可以確保相鄰的Cell資料傳輸的正確性。

因為 DS-WCDMA-FDD 的 Uplink 的數位調變方式為 BPSK 而 Downlink 數位調變方式為 QPSK。所以說在傳送資料時，Uplink 1 個 bit 的 Symbol 代表 1bit 的資料，而 Download 1 個 bit 的 Symbol 則可以代表 2 bit 資料。

3-8　IMT-2000

隨著無線通訊市場在全球各地的發展，3G 無線通訊標準也成為一重要的主題，在無線通訊發展成熟的國家和世界知名的各大通訊廠商，無不積極參與此標準的制訂和發展。

一九九七年國際電信聯盟(ITU)將此 3G 無線標準命名為 IMT-2000(International Mobile Telecommunication for the 21st Century)，經過各家系統提案、整合，最後出現五組無線介面標準草案，分別為：

1.　IMT-2000 Direct Spread(CDMA-DS)，或稱 Wideband-CDMA(W-CDMA)；而它也有另外一個熟悉的名字-UMTS(Universal Mobile Telecommunication Systems)的 FDD 模式(Frequency Division Duplex mode)。

2.　IMT-2000 Multi Carriers(CDMA-MC)，或稱 CDMA2000；它是以現存 IS-95 CDMA 標準為發展基礎演變而來。

3.　IMT-2000 CDMA TDD(CDMA-TDD)；即 Time Division Duplex 模式。

4.　IMT-2000 TDMA Single Carrier，或稱 UWC-136。

5.　IMT-2000 FDMA/TDMA，或稱 Digital Enhance Cordless Telecommunication (DECT-2000)。

在現有 2G 業者期待能順利地升級至 3G 並且減少額外花費，無不卯足全力促使別人能追隨自己的標準，因此，所有支持 CDMA-DS 的團體便組成一個組織 3GPP(Next Generation Partnership Project)，集合所有力量來發展 CDMA-DS 標準和技術規範。當然，支持 CDMA-MC 的團體亦組成另一個組織 3GPP2，以發展及制定 CDMA-MC 的標準和技術規範為宗旨。由於兩大組織的強勢主導，許多人預測未來全球 3G 標準將出現此兩套不同標準且無法整合的情形。

另外，中國大陸為了能走向通訊自主化，並培養自己的通訊產業及通訊人才，自行發展一套 3G 標準 TD-SCDMA 系統。TD-SCDMA 仍然有許多發展空間。IMT-2000 重要的概念為下圖中系統家族的組成，在不同的系統間可能都為不同的無線電介面，當使用者手機為單模式手機時就只能與一種系統進行通訊，如果手機為多模式手機則可以選擇最適當的系統來使用。

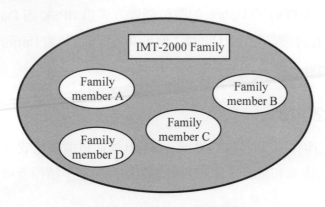

圖 3-8-1 IMT-2000 系統家族

IMT-2000 系統在室內時使用者手機可能透過微細胞來通訊，傳輸速率最快可以達到 2M bps，越往戶外環境傳輸速率將降至 384～512 kbps 左右，到了更郊區傳輸速率會降低至 114～384 kbps，直到沒有涵蓋訊號時就可能漫遊透過衛星來進行通訊。

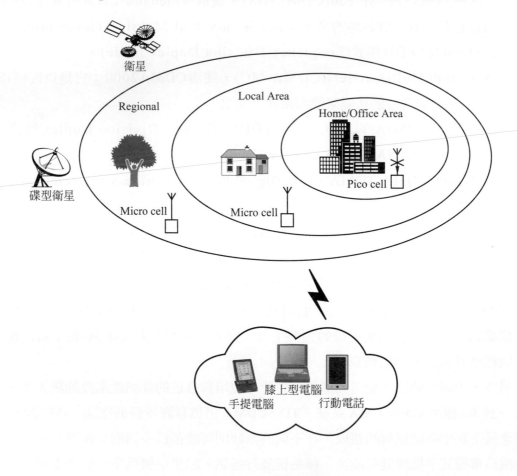

圖 3-8-2 IMT-2000 示意圖

2. 第二層可分爲兩個子層：

　　介質接取控制層(Medium Access Layer；MAC)是負責隨機接取程序、實體連線控制、錯誤修正及將第二層頻道對應(Mapping)到實體層。而無線連接控制層(Radio Link Control；RLC)則是負責邏輯連線控制和確認數據傳輸。

3. 第三層是無線資源控制層(Radio Resource Control；RRC)：

　　是負責協調控制所有訊號與數據、監控流程、基地台與手機的功率控制、測量報告、及發佈控制功能等。

　　爲了清楚瞭解整個無線接取介面的流程，有一組邏輯頻道(Logical Channels)被定義而來描述RLC與MAC之間的工作，並且被對應到運輸頻道(Transport Channels)。同理，運輸頻道是被定義而來描述MAC與實體層之間的工作。

　　在邏輯頻道中，有些是用來傳遞控制信號。分析如下：

(1) 廣播控制頻道(Broadcast Control Channel；BCCH)：主要是下行(downlink)傳送網路一般訊息。

(2) 呼叫控制頻道(Paging Control Channel；PCCH)：主要是當系統不知道手機所在地時，或者手機在睡眠狀態(Sleep Mode)時，下行傳送呼叫訊息。

(3) 指定控制頻道(Dedicated Control Channel；DCCH)：當手機建立起 RRC 機制後，用此頻道在手機與基地排之間點對點傳送控制訊號。

(4) 一般控制頻道(Common Control Channel；CCCH)：此頻道爲雙向溝通(downlink & uplink)，手機還沒有建立RRC(Radio Resource Control)連線時，用此頻道傳送控制訊息。

　　同理，也有一些邏輯通道用來傳送話務或數據，如：

① 一般交通頻道(Common Traffic Channel；CTCH)：主要是基地台藉此頻道將話務或數據傳送給多個手機(Point-to-Multipoint)。

② 指定控制頻道(Dedicated Traffic Channel；DTCH)：此頻道是負責雙向傳送基地台與手機之間的話務或數據。

　　在運輸的頻道，亦被劃分爲兩種，一種是一般運輸頻道(Common Transport Channels)，另一種是指配運輸頻道(Dedicated Transport Channels)。一般運輸頻道包括：

❶ 呼叫頻道(Paging Channel；PCH)：對應到邏輯頻道中的呼叫控制頻道。

❷ 廣播頻道(Broadcast Channel；BCH)：對應到邏輯頻道中的廣播控制頻道。

(5) 轉送接取頻道(Forward Access Channel；FACH)：主要是當系統知道手機所在地時，基地台下傳訊息至手機之用。

(6) 隨機接取頻道(Random Access Channel；RACH)：當手機進入網路系統時，靠此頻道由手機傳送訊息至基地台，要求在手機與基地台間建立一個通道。

(7) 一般封包頻道(Common Packet Channel；CPCH)：此頻道是負責話務或數據的傳送。

(8) 下行分享頻道(Downlink Shared Channel；DSCH)：基地台藉此頻道，傳送訊息或數據至幾個不同的手機。

至於指配運輸頻道，則包括指配頻道(Dedicated Channel；DCH)、快速上行訊號頻道(Fast Uplink Signaling Channel；FAUSCH)等。

最後，必須將上述各種運輸頻道，一一對應到實體頻道(Physical channel)，而藉此在實體層中順利傳送。當然，根據不同的運輸頻道、上行或下行等，也將實體頻道區分成許多不同的形式。

接取介面的資源管理：

在無線資源(Radio Resource)有限的情況下，業者必須充分利用頻道資源，並作最經濟、最有效率地發揮。換言之，網路系統將根據用戶端不同的服務要求、用戶的所在地與環境、及系統負載等因素，做資源有效的分配或調整。

如此一來，不但可降低用戶間的干擾問題、提升服務品質、並可減少資源的浪費。這種機制，則稱為無線資源管理(Radio Resource Management；RRM)。在無線資源管理計劃中，包括交換控制(Handover Control)、負載控制(Load Control)與封包數據控制(Packet Data Control)，其中內容分析如下。

1. 交換控制：

無線通訊中最重要的特性之一，就是用戶能夠在系統中任意移動而不會影響服務品質。也就是，手機會不斷地離開舊有基地台覆蓋的服務區域，而進入另一新基地台所服務的區域，這種放棄舊有連線，並建立新連線的過程，即是交遞(Handover)。「交遞」程序無時無刻地在網路中發生，但是，在交遞的過程中使用者卻不知道自己已被換到另一個基地台，這叫做無感交遞(Seamless Handover)。在手機與 UTRAN 之間這種建立或放棄一個或一個以上的連線，是必須發生在

UTRAN知道手機位置和建立RRC機制之後。手機會依據所接收到不同基地台的功率，而將此功率量測結果回報給系統。如此，系統即可知道手機即將離開目前基地台，而會進入鄰近新的基地台，此判定是依照對手機的功率接收強度來量測。其中，交換有三種形式為，軟體交遞(Soft Handover)，即手機在同一載波(Carrier)下，同時與數各基地台建立連線，並作交換；硬體交遞(Hard Handover)，即手機在不同載波下作交換；系統間的交換，即 UMTS 與 GSM 之間的交換。

2. 負載控制：

當系統因同一時間高負載而發生不穩定時，或者手機不單單在自己的基地台內發生干擾現象，還有來自其他鄰近站台干擾時，亦或者因為數據速率或延遲等服務品質(QoS)要求下，造成系統資源消耗時，負載控制機制即來解決此「超負載」(Overload)的情形。

負載控制中包括三部份為，電話許可控制(Call Admission Control；CAC)，其功能是准許或拒絕新進用戶，以控制系統負載；擁擠控制(Congestion Control；ConC)，其功能是監控、探測及處理超負載而造成擁擠的情形；機動負載控制(Dynamic Bearer Control；DBC)，其功能是機動安排、協調負載情形。

3. 封包數據控制：

封包數據服務，是 3G 系統中最耀眼的特色。故封包數據的傳輸成為重要的議題。封包數據控制即是完成此一艱鉅任務的機制，其中包括機動調整封包數據傳輸功率和頻寬、資源頻道分配等。

3-9 PHS(Personal Handy-phone System)

數位式的無線電話PHS(Personal Handy-phone System)又別稱PHP是日本主要數位無線電話系統，日本於 1989 年 1 月開始發展 PHS 系統，郵政省於 1992 年 10 月成立研究組織進行 PHS 的應用與研究，也開始在 Sapporo、Tokyo、Osaka 與其他的城市進行設備與服務的實驗，並發展出較行動電話便宜的優點在PHS中，可攜式基地台(Portable Stations；PSs)必須處理在不同區域間移動之通道。此涉及兩個重要程序：偵測通道移出通訊區域與決定新的區域，第一個程序依據通訊品質選取通道以決定是否移出原區域，然後依據演算法與期間得到之評估結果。第二個程序則比較在先前定義的期間中所有基地台控制通道的接收水準，然後再選取合適的基地台。下文將對這些程序作進一步的探討。

表 3-9-1　各種數位無線電話的標準

	CT2	CT2+	DECT	PHS	PACS
Region	Eurpore	Canada	Eurpore	Japan	U.S
Duplexing	TDD	TDD	TDD	TDD	FDD
FrequencyMHz%	64～868	944～948	1880～1900	1895～1918	1850～1910
Carrier spacingkHz	100	100	1728	300	300
Number of carriers(pairs)	40	40	10	77	16
Channels per carriers(per pairs)	1	1	12	4	8
Channels bit rate(kb/s)	72	72	1152	384	384
Modulation	GFSK	GFSK	GFSK	$\pi/4$ DQPSK	$\pi/4$ QPSK
Speech coding	32 kb/s	32 kb/s	32 kb/s	32 kb/s	32 kb/s
Avg.handset TX power	5 mW	5 mW	10 mW	10 mW	25 mW
Peak handset TX power	10 mW	10 mW	250 mW	80 mW	200 mW
Frame duration	2 ms	2 ms	10 ms	5 ms	2.5 ms

　　PHS 使用的是微細胞基地架構，不過有效的距離半徑為 100～300 公尺，在電源部分，因為所需的傳輸功率較少，可以用在較小的和較輕的手持機上，這樣的優點可以使得長時間的對談和待機時間都比細胞系統來的優秀。

　　一般 WLL 的系統的架構上，它包含了無線終端(或有限用戶端設備)、無線基地台，交換傳輸系統部分，依系統的不同，可能包含遠端交換機、數位用戶迴路載波機(Digital Loop Carrier；DLC)、控制器(Concentrators)或多工機(Multiplexer)等設備。

　　PHS 在 WLL 的設計上大致是電話主機和手機之間是全雙工的無線通訊，因此各佔用一個無線發射頻道，而目前世界各國分配給類比無線電話的頻率範圍很窄，它的通道數目有限，及使用者的容量有限，所以常發生話機密度較大的時會出現距離過近而產生互相干擾的或被盜用的情況。

　　PHS 相關之共通空中介面(Common Air Interface；CAI)為日本之無線系統研發中心所制定的，亦包括兩手機之間無線對講的功能。CAI包括了三大方面，一為無線介面，主要規定了數據調變載頻的詳細標準或其工作方式。二為三層信號。三為語音編碼及傳輸計劃。PHS 的工作頻段是在 1895～1918.1MHz，有特定的控制頻道，較低頻的 40 個頻道作為住宅或辦公室等環境之應用，另外的 37 個頻道則指定為公眾通訊之應用。PHS 係以 PSTN 或 ISDN 等公共網路作為系統連接之主幹。如與 ISDN 相連接，PHS 的語音通道傳輸數率可以達到 32kbit/s。

PHS是一個行動通訊系統，主要依據可攜式基地台、家中與戶外使用的數位無線電話的觀念來規劃設計。PHS 服務區域是由一些類似於行動電話系統的無線電區域所組成，當進入新的區域時所維護的通訊鏈路必須有「交遞(Hand-Over)」或區域交換(Zone Exchange)，此處之鏈路是在有效區域內移轉。

以下將描述偵測邊界通訊區域的方法，並據以決定新的區域，這些方法將降低噪音量與減少信號中斷的時間。

PHS優勢有兩點：經濟的通訊(Economical Communication)與自我控制(Self-controlled)的技術。經濟的通訊係經由使用公眾ISDN設備所完成；自我控制的技術則包括PHS手機與基地台技術。PHS 的架構，PHS 是自我控制的系統，並使用公眾 ISDN，本網路係由標準的基地台與 ISDN 設備所組成。

PHS的終端呼叫控制係藉由同時的轉送終端呼叫訊息以達成，此外，在網路上經由使用數學的模型以表示再轉送終端呼叫訊息的優點。其次，考慮無線環境的安全性危險，例如隱私的欺詐使用或侵犯；因此網路必須提供終端呼叫充份的的安全控制方法，以避免欺詐的進入與使用(Fraudulent Access)。

PHS所提供的多媒體服務，包括介於個人電腦、傳真機、文字處理機與其它設備之間的通訊。PHS 的一個明顯的好處是能提供高達 32kbps 的速度。與現有的依據傳統技術的行動通訊相比較，PHS 將促使客戶以低行動成本使用無線多媒體服務。如 PHS 的無線介面將可使用個人電腦國際介接記憶(PCMCIA)卡，將此卡插入具有無線存取能力的可攜式資訊終端設備當中。

PHS同樣可以作為無線交換系統的應用，系統中包括個人手機、基地台與無線交換機，其中個人手機與基地台之間的介面同樣由ARIB制定相關標準，基地台中含有空中界面(A Interface)，與線擴充界面(B Interface)進行與用戶之終端、交換系統互相連結。不論是在都市環境中的新鋪線功能，或是在人口較少的地區舖設纜線的困難度與成本而言，WLL 均可提供迅速及較廉價的解決方法，同時也造成公眾電話的營運者及私人競爭者的影響。PHS 也可以應用在個人的筆記型電腦上 Internet 以及 SOHO 族的應用，不管是在家裡或辦公室，都非常方便。

3-10　無線通訊分類

在本章節我們來談談，在無線通訊方面的細項分類狀況，最主要是要讓大家對無線的架構有一個深刻的概念，我想借由流程圖的方式讓您來瞭解無線通訊是最好的方式。

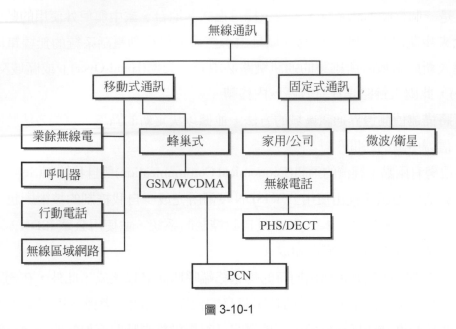

圖 3-10-1

移動通訊一般來說最主要是以在通訊時完全是一直在移動的無線通訊為區分且沒有一定的區域限制，業餘無線電最主要是民間大眾只要通過電信總局的考試合格就可以使用 144MHz 與 432MHz 兩個頻段的無線電設備來進行通訊，享受無線通訊的樂趣。

圖 3-10-2　業餘無線電

呼叫器系統是屬於廣播型的通訊方式，早期呼叫器系統只有單向的通訊方式到了這幾年來已經有雙向的傳呼系統，使用者只要在訊號涵蓋範圍內就可以收到對方透過PSTN或Network所傳給他的訊息，雙向的傳呼系統在應用上可以做為平常如電錶，水錶設備的度數回傳功能這樣能更節省人力的浪費。

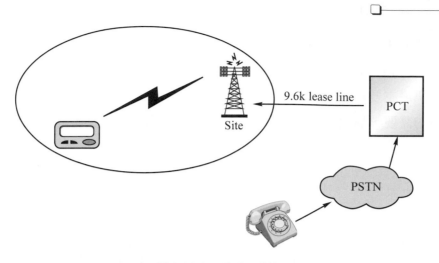

圖 3-10-3　呼叫器系統

　　無線區域網路，指的是利用無線的方式，提供網路使用者，隨時隨地可以使用的網路環境，有別於有線區域網路，經由纜線來傳送資訊。主要的優點有不需要施工佈線與網路規劃，可以節省成本與時間，便於行動中與特殊人員使用(如大型倉儲人員、及業務人員)由於無線區域網路的技術，一般的筆記型電腦僅需要一張薄薄的無線網路卡，再搭配一台無線基地台(橋接器)就可以使咖啡廳變成行動辦公室，而大型倉儲中心的管理人員，更是可以利用無線區域網路技術，連上公司網路，隨時做存貨盤點及管理工作，醫院中醫療人員也可以透過無線網路系統隨時監看及瞭解病人的生理狀態。根據目前無線區域網路發展來看，無線區域網路的確有潛力成為未來無線上網的主流。

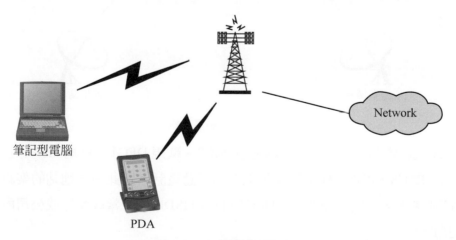

圖 3-10-4　無線區域網路

　　行動電話大家都知道可分為類比式與蜂巢式行動電話，兩者最大的差別也就是保密功能蜂巢式比類比式行動電話好，使用頻率效能也高，GSM 技術發展到現在可以說相當成熟了，也為我們的生活帶來很大的便利。

在固定式通訊方面最主要可分為微波通訊、衛星通訊、家庭或公司結合交換機一起使用的低功率行動電話。

微波通訊最主要是在自由空間兩點之間沒有物體阻擋的通訊方式,其建設速度快如果有移動性的需要,無論軍用或是商用微波通訊裝備架設起來都十分方便,且通訊效率也相當高。

圖 3-10-5　微波通訊

衛星通訊,所謂衛星通訊是利用在太空中的人造衛星來達到通訊的目的,一般來說都是應用在長距離通訊及無線電波無法直線傳播的地方。

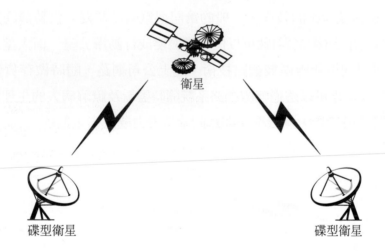

衛星

碟型衛星　　　　　　　　　　　　碟型衛星

圖 3-10-6　衛星通訊

低功率行動電話的一種,可分為美規 PACS、歐規 DECT、日規 PHS 等三種不同的規格,由於 PACS,PHS,DECT 屬於低功率行動電話,因此在基地站的架設比高功率系統的 GSM 密集。一般來說 PHS,DECT 可以與 ISDN 結合當成家庭或公司內部的無線電話來使用。

表 3-10-1　數位細胞式行動電話世界標準

DIGITAL CELLULAR TELEPHONES				
STANDARD	IS-94	IS-95	GSM	PDC
Frequency rang(MHz)	RX：869-894 TX：824～849	RX：869-894 TX：824～849	RX：935-960 TX：890～915	RX：810～826 TX：940～956 RX：1429～1453 TX：1477～1501
Multip Access Method	TDMA/FDM	CDMA/FDM	TDMA/FDM	TDMA/FDM
Duplex Method	FDD	FDD	FDD	FDD
Channel Spacing	30kHz	1250kHz	200kHz	25kHz
Modulation	$\pi/4$OQPSK	BPSK/OQPSK	GMSK	$\pi/4$OQPSK
Bit Rate	48.6 kbps	1.2288 Mbps	270.833 kbps	42 kbps
Number of Channels	832	20	124	1600

3-11　行動網路服務之應用

　　隨著行動上網服務與行動電子商務之趨勢越來越普遍在終端產品多元化的壓力下業者也必須跟進腳步為 User 提供行動數據的服務，個人化行動定位服務將是加速行動網路發展的最大推手，根據市場調查公司的最新研究報告顯示，在未來的五年內，歐洲行動定位服務市場產值將超過美金 8 億元。有專家題出，行動定位服務將會在 2003 年普及化，所有的系統業者及有意跨足行動通訊領域的 IT 業者，都將在未來的幾年內，積極投入研發個人化行動定位服務；同時 WAP 手機易於使用的介面，將使得行動定位服務受到消費者的青睞。預料將會有越來越多的行動定位加值服務出現，如找尋離您所在地最近的餐廳、找尋朋友或取得您所在地的一切相關資訊。

　　目前市場上已有很多行動定位應用服務，透過應用服務，可經使用無線終端機，下載所在地及目的地的地圖資料，也是行動定位可以提供的服務之一。同時，計程車及物流業者對下載導航地圖亦顯示高度興趣，這樣將使得他們能夠更有效率的分發車輛或基於安全考量，進行追蹤，確定車子的所在地。目前在台灣的電信服務業者所推出的服務是根據手機現在所在位置，不需指示，基地台會自動精確地定位並搜尋客戶地理位置，提供正確最適合的鄰近餐廳、美食、文化古蹟、醫院、銀行等地址、電話號碼、簡介、推薦服務和費用等，讓客戶不用費心帶任何資料在身上，直接透過手機就可搜尋鄰近地點美食、泡湯等資料。其中服務並與一些傳播業者合作，提供大型醫院、捷運站、連鎖加油站、郵局、銀行和連鎖 KTV 等資料。

行動定位這個名詞是隨著行動電話的普及，由通訊業者提出；不過，就如同行動網路，真正能吸引消費者的行動定位服務則是取決於內容及應用，因此就更突顯 IT 業者在未來行動通訊發展的重要性。

傳統的網路內容及資訊服務，已不能滿足現代消費者對於即時取得資訊的需求；行動定位服務的應用，除了可以提供個人化的行動定位服務外，商用化的加值服務亦潛在著無限商機。為了能拉大與競爭對手的距離，IT 業者當然不能自外於行動通訊相關的軟硬體開發。唯有即早投入行動定位服務內容及應用的開發，IT 業者才能在這競爭日益白熱化的行動通訊時代，提供消費者多樣化服務，提高企業競爭力，從中找到獲利模式以增加營收。

所謂行動定位服務在使用電話通訊之初，透過架設有線電話，可以依據地理環境，建構一個網路，人們在撥電話時，可以知道這電話是打到哪個地方，即使並不盡然知道電話那一頭是誰。而普遍被視為個人財產的行動電話，則完全顛覆這個規則；在使用行動電話時，人們可以很清楚知道接電話的人會是誰，卻沒辦法知道對方現在所在的位置。某種程度看來，行動電話的普及，讓人們失去了地域感。

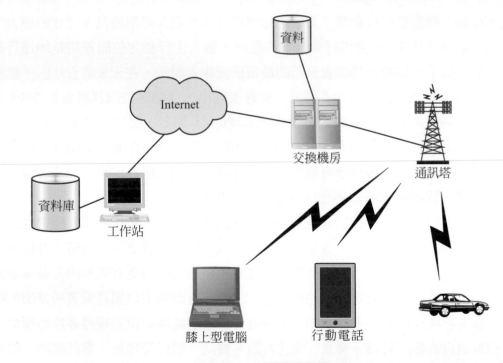

圖 3-11-1 　行動通訊應用

而行動定位服務的產生，大大改變了這個現象。無疑地，透過行動電話找到人們所處的位置，可以為使用者帶來更大的便利。任何和「行動」有關的服務，都可以讓使用者透過行動定位服務系統得到好處。在行動定位服務產生後，之前從未被想過的任何便民服務，在這個時代，都變成可能。

同時，行動定位未來的市場發展，將會同時兼顧到法律及商業上的考量。現今已有政府立法或即將立法要求緊急救援單位採用行動定位系統，以確保能在最快的時間內追蹤到打 119 求救電話的人所在的位置。一般而言，藉由與網際網路的整合，行動定位的應用可以落實在大眾市場；而可以提供的服務範圍非常廣泛，以下是幾個例子：

當你到達一個陌生的地點，途中才發現汽車油量不足，現在只要利用手機撥一通電話，就能透過行動定位服務，即便是對當地環境不熟悉，一樣能輕易地找到距離最近的加油站，在人們日常生活中，還有很多地方可以被廣泛應用。

當百貨公司業者透過定位服務系統，當消費者正在百貨公司附近時，也可主動地傳送電子訊息到消費者的手機中。

外出旅遊途中迷路了，只要透過手機問路，幾秒之內，就能透過手機接收地圖及自動導向服務，找到想到的地點。應用在緊急救援服務全球每年有數以千計的人播打 119 求救電話尋求緊急救援，但其中有些人已無法清楚地表達自己所在的位置，因此無法告知救援人員相關位置延誤救援的時間。行動定位服務在緊急時刻，就能救回一條命，這項優點就是最好的證明。

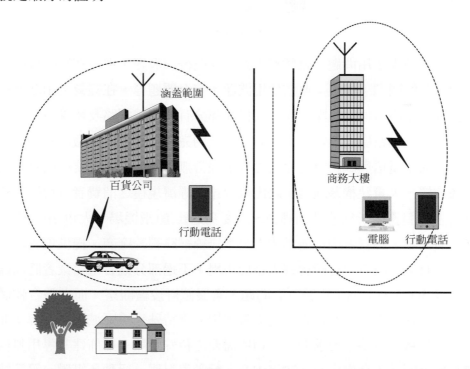

圖 3-11-2

　　當你想一個人自助旅行時，透過行動定位服務，手機就變成一個貼身導遊了，方便遊客隨時找到所處國家、城鎮的所有相關資訊，要找到投宿的旅館，不再是一件麻煩的事情。營運規模龐大的物流業者，在規畫貨車收件及送貨路線上所費不貲。爲能正確掌握公司貨車所在位置，方便管理貨車，以規畫出最符合經濟效益的貨車路線，達到降低成本，物流業者將會是最普遍利用行動定位服務的企業。

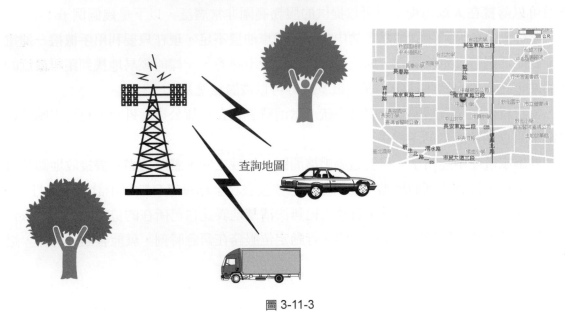

查詢地圖

圖 3-11-3

　　在無線區域技術應用問題上雖然無線區域網路後市看好，但是在實際技術應用上，還是遇到相當多的問題，例如：電波使用問題，安全問題等，在經營上由於無線區域網路具備有彈性及架設方便的優點，將取代目前部分有線區域網路及無線電的市場，建構一個完整無線區域網路服務，並非單一廠商就能夠完成，需要電信廠商及網際網路服務廠商的投入，除了電信與網路整合服務之外，經營無線區域網路服務廠商也可能如同過去電信廠商一樣，大量建構基地台，藉由收取達到經濟規模之消費者月費而存活。這類經營廠商的主要服務場所爲連鎖咖啡廳、主要交通要道(飛機場、火車站…等)地區，消費群則爲一般大眾，經營者則可能爲獨立公眾無線網路經營廠商、提供現有場地的實體廠商、當然既有電信業者也可能會進入這塊市場，不過部分既有電信業者將面臨無線區域網路與本身 3G 行動上網業務競爭的問題，發展值得後續觀察。而在整合軟體專案開發方面由於行業經營上的特殊需求，將大量出現因應特殊無線區域網路的專案開發及軟體設計，這類的廠商主要被要求開發公司所需要之特殊軟體，並佈建其專用無線區域網路，主要應用範圍爲：倉儲中心、物流中心、行動資料庫、行動多媒體…等等特殊專門行業及特殊專業需求人群。

3-12　4G 淺談與 LTE 基本架構

　　整體經濟的趨緩、電信業不景氣、3G 系統一再延宕啓用時程，使得業界對新一代無線通訊系統顯得興趣缺缺。然而在面對 3G 龐大投資無法順利回收、全球電信業縮減開支之際，包括易利信、摩托羅拉、朗訊、北電網路、AT&T、日本的 NTT DoCoMo 等廠商卻紛紛加速 4G 系統的研發腳步，第四代行動通訊系統(4G，或稱 Beyond 3G － B3G)。第三代行動通訊系統主要是以 CDMA 爲核心技術，第四代行動通訊系統技術則以正交多工分頻技術(Othogonal Freqency Division Multiplexer;OFDM)最受重視，特別是有不少專家學者針對 OFDM 技術在行動通訊技術上之應用，提出相關的理論基礎，例如無線區域迴路(WLL)、數位音訊廣播(DAB)等，都將在未來採用 OFDM 技術，而第四代行動通訊系統則計劃以 OFDM 爲核心技術，提供加值服務。在人們的構思下無線寬頻生活讓人們可以使用一個搭載影音傳輸的小型終端設備撥打電話、收發電子郵件、下載多媒體資訊、進行遠距教學。

　　如果說 3G 是實現多媒體傳輸的平台，那麼 4G 就是實現眞正寬頻無線傳輸的技術標準。在 3G 遲遲無法實現的現在「將無線技術眞正普及到生活中」的同時，開發一套比 3G 更先進而且夠統一的無線系統，當然是必要的解決方案，因爲 3G 的時程已拖延太久，選擇 OFDM 作爲第四代行動通訊的核心技術，其主要理由包括無線電頻率使用效益高、抗雜訊能力相當高、適合高速數據傳輸等因素，因而受到無線通訊專家的青睞。

　　4G 行動技術將支配整個無線通訊市場，新的設備也將取代許多傳統的無線基礎設施。

　　一個整合式的終端能讓用戶在全球各地以一組個人密碼登入任何無線空中介面，其無線傳輸模塊完全以軟體定義、配置及編程。這個全 IP 的無線網路能保證端對端的直接信令傳輸與 QoS 服務。其網路層的整合將爲 4GMobile 架構出一個開放的寬頻無線超級引擎。

　　在 4G 無線網路系統中，移動管理是非常重要的一部份，它通常伴隨無線使用者漫遊在不同的網路區段中。連接層的機動性支援在連結同質網路時通常會受到限制。網路層可提供任何類型網路的機動支援，而網路機動支援則是當前網路技術的主要發展趨勢。當行動節點在網路間移動時，網路必須隨時更新行動節點的位置與它的路徑。

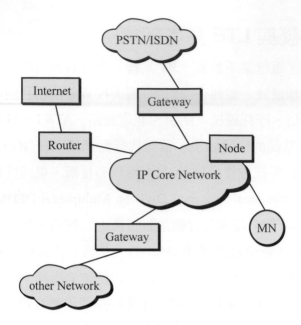

圖 3-12-1

　　因此，業界曾有人提出一種分散式的無線傳輸系統。該系統是藉由密度極高的大量小型基地台，使攜帶式無線裝置的傳輸功率得以分散發送至多個接收站之中，再由這些站台以大功率發射至其他的站台。這種架構非常適合非即時性的 TCP/IP 封包傳輸，同時可解決 4G 網路因為高頻段而產生的衰減問題。

　　這種架構看起來與 WLAN 很相似，但做為可覆蓋全球的行動通訊系統，4G 需要許多呼叫控制功能、分散式資料庫管理以及迅速且穩定的連接能力，這些需求較類似以 TCP/IP 協議為主的專線式網路架構。網路化是 4G 最重要的特徵之一，先進的 4G 架構必須能夠負擔大容量的多媒體傳輸、全球漫遊，並能涵蓋其他不同的網路系統。

　　在 4G 的概念中，語音資料能以 TCP/IP 封包方式傳輸，具體實現的結果就是所謂的 Voice over IP，但在實現此種無線封包傳輸系統之前，還必須先面對一些技術問題，如 TCP/IP 的無線封包傳輸、寬頻隨機多路存取系統所採行的技術、以及無線通訊系統在前向與反向連結時的非對稱傳輸技術等。

　　因此，與其說 4G 是 WLAN，不如說它是可將 WLAN 包含在內的一種整合型系統。在它的的發展藍圖中，WLAN 與 Wireless ATM 這類能夠為行動通訊系統提供多媒體服務的技術都可能被涵蓋在整個 4G 核心網路之中。

　　目前為止，4G 仍是許多研發者以當前所掌握的技術勾勒出的願景，正確的 4G 系統必須待 ITU 正式討論後才有可能定案。由於普遍預計 4G 的費用將遠比 3G 便宜，而且應用面也比較廣，因此有業者預估未來它在無線通訊市場上的影響力將超越 3G；但實際上它將成為一統市場的標準。

OFDM (Orthogonal Frequency Division Multiplexing)正交頻率多重分割，是一種展頻技術用正交頻分再使用。採用一個不連續的多音調技術，將不同頻率之載波中的大量信號合併成單一的信號，而完成信號傳送。由於此技術具有在雜波干擾下傳送信號之能力，所以常常會被利用在容易外界干擾，或者是抵抗外界干擾能力較差的傳輸介質中。OFDM 技術的推出乃是為了提高載波的頻譜利用率，或者是為了改進對多載波的調製用的，其特點是各子載波相互正交，於是擴頻調製後的頻譜可以相互重疊，因而減小了子載波間的相互干擾。OFDM 技術可實現在 5.15GHz 到 5.35GHz 頻段可靠的高速數據傳輸。可利用保護時間階段來解決多徑效應產生的碼間干擾，以及藉由時序同步來避免接收和發射之間的頻率誤差，實現可靠正交傳輸。目前許多類型的網路系統正在使用。OFDM 除符合數位電纜、DSL、數位化電視和輸電線聯網產品之使用需求，也符合已經建立起來的 IEEE 802.11a 無線區域網(WLAN)標準，和推薦使用的 IEEE 802.11g 無線區域網標準。OFDM 同時也被考慮用在 4G 蜂窩系統，在無需執照的 5GHz 頻段上工作的晶片組可使無線傳送的數據速率高達 54Mbps。在這方面，包括美國、歐洲和日本的標準化組織已經制定了若干標準，其中包括 IEEE 802.11a、歐洲電訊標準化協會(ETSI)的 Hiperlan2 以及 MMAC 無線乙太網路標準。這些標準推進了在 5.15 至 5.35GHz 頻段進行高速數據傳輸的發展。

LTE (Long Term Evolution)為 3GPP 所制定的新一代 4G 無線行動寬頻通訊系統，其主要定義在 2008 年公佈的 3GPP Release 8 以及之後的版本，LTE 向下相容(HSPA 以及其他 3GPP 的技術)，是朝向高移動性以及高速無線網路為目標的新技術。

LTE 的網路架構主要分為無線部分 E-UTRAN (Evolved Universal Terrestrial Radio Access Network)與核心網路部分 EPC (Evolved Packet Core)，使用者設備稱為 User Equipment(UE)，而所連接的基地台設備稱為(Evolved Node B)eNB，在 eNB 後面又連接兩個設備，分別是 MME 及 S-GW，其 MME 為一個 Control plane device，主要為管理控制訊息，而 S-GW 則負責資料傳輸，EPC 則是核心網路的部分，為了降低核心網路的複雜度及符合未來趨勢，EPC 在設計上改採(All-IP)的架構，並無電話線路交換服務僅保留數據封包交換網路。

LTE 網路的基本組成有幾個重要部分：

1. eNB：evolved Node B(基地台)。

2. MME：Mobility management entity(核心網路的管理)。

3. S-GW：Serving gateway。

4. PDN-GW：Packet Data Network Gateway 負責的外部連線(Internet)。

eNB 間可以透過 X2 介面來相互連接可透由 S1 介面與 EPC(Evolved packet core)連接。而 EPC 基本上是由 S-GW 及 MME 所組成。

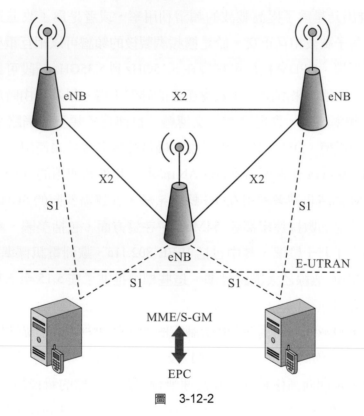

圖 3-12-2

上圖 3-12-2 為 LTE 網路架構圖，而圖 3-12-3 是為整體 LTE 網路系統 protocol stack 功能面示意圖，如下所示

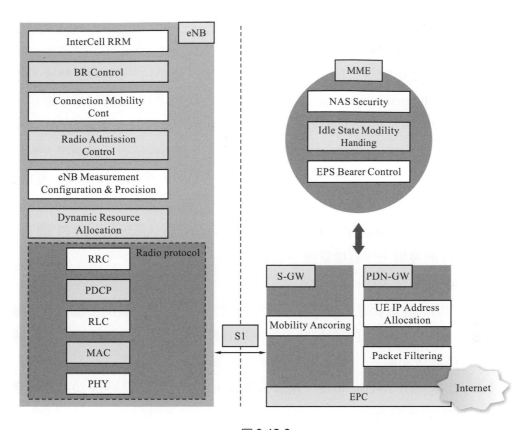

圖 3-12-3

在圖 3-12-3 中上半部可分為控制方面相關的協定與 Radio protocol 層,裡頭包含有:

1.　PHY (Physical layer):PHY 支援 TDD 與 FDD 的運作模式,主要使用到的技術是 OFDM。

2.　MAC (Medium access control):主要提供 HARQ 與 multiplexing 功能。

3.　RLC (Radio link control):主要提供封包分割與重組功能。

4.　PDCP (Packet data convergence protocol):主要提供標頭壓縮、重傳、加密等功能。

5.　RRC (Radio resource control):Radio protocol 的核心,管理所有的無線區塊資源。

　　PDN-GW (Packet data network GW)是與外部 Internet 連接的 gateway。

　　LTE 設計為多重網路存取的系統架構,能兼容 3GPP 原有系統以及其他標準的通訊系統。因此 LTE 在許多 4G 標準中,已成為新一代無線通訊系統主流。

3-13　Wi-Fi 介紹

Wi-Fi，其實就是 IEEE 802.11b 的另一種稱呼，1999 年是由一個名為"無線乙太網相容聯盟"(Wireless Ethernet Compatibility Alliance，WECA)的組織所發佈的業界術語，中文翻譯為"無線相容認證"。是一個建立於 IEEE 802.11 標準的無線區域網路(WLAN)的設備，它是一種短距離的無線傳輸技術，能夠在數百英尺範圍內接受互聯網接入的無線訊號。隨著技術的發展，以及 IEEE 802.11a 及 IEEE 802.11g 等標準的出現，現在 IEEE 802.11 這個標準已被統稱作 Wi-Fi。在應用層面上，要使用 Wi-Fi，首先要有 Wi-Fi 相容的用戶端裝置。WECA 2002 年 10 月，正式改名為 Wi-Fi Alliance。Wi-Fi 聯盟(Wi-Fi Alliance)在 Wi-Fi 的發展上一直擔當著主導的角色。

802.11a、802.11b 及 802.11g 的比較：

採用不同標準的無線網路，會使用不同的頻段來使用，所支援的傳輸速率也會不一樣。所以在選擇用戶端接收裝置設備時，應注意該裝置和相連接之無線網路在傳輸規格上是否相容以免無法使用。

802.11b/g 都是使用 2.4GHz 頻段，兩者也相容，市面上也都已經是 802.11b/g 雙模網卡與 802.11n 的網路最為普及。

表 3.13-1

規格名稱	802.11g	802.11b	802.11a
運作頻段	2.4 GHz	2.4 GHz	5 GHz
最高傳輸速率(理論/實際)	54Mbps(22Mbps)	11Mbps(5Mbps)	54Mbps(22Mbps)
傳輸距離(約)	400m	400m	30m
優勢	相容 802.11b	較低成本	電波不易受干擾、同時可使用多個頻道以加快傳輸速度
缺點	電波易受干擾	電波易受干擾、速率較慢	涵蓋範圍小、與 802.11b / g 都不相容

從上表比較可看出，802.11b 及 802.11g 都使用 2.4GHz 的公用頻段，802.11b 使用 2.4～2.4835GHz 頻段，802.11g 使用 2.4～2.4835GHz 頻段 所以可以相容使用，但由於 802.11a 使用了 5GHz 的公用頻段 5.150～5.850GHz，所以與其餘兩者無法相容。但是由於低成本的因素，前些年 802.11b 標準最為普遍。雖然 802.11a 及 802.11g 的最高傳輸速度皆可到達 54Mbps，但由於前者使用的 5GHz 頻譜目前干擾比較少，所以實際的傳輸速度會較快些。由於 802.11a 比其餘兩者提供更多的非重疊頻道，所以傳輸速度應可進

一步提升，現在 802.11g 也已成為主流產品。甚至最新的無線網路標準 802.11n (54～300Mbps)的標準，也已讓無線區域網路也能超越有線網路主流的速度 100Mbps，而 802.11n 最大的不同點在利用空間多工，使系統能在一個頻率上同時傳輸一個以上的空間數據串流提升傳輸速率。

　　Wi-Fi 網路涵蓋範圍有限。一個典型的 Wi-Fi 無線路由器使用 802.11b 或 802.11g 與儲蓄天線可能有一個範圍室內 30 米室外 95 米左右。在 802.11n 可以超過這個範圍兩倍的距離。其範圍也隨頻率的波段調整。Wi-Fi 在 2.4 GHz 的頻率範圍區塊在某些環境下稍微好比 Wi-Fi 在 5 GHz 的頻率區塊好些。室外範圍 - 通過使用指向性天線 - 可以提高與天線數公里或以上的範圍當然也要考慮到回傳終端的發射傳輸能力。

(a) 標準型天線　　　　　　　　　　(b) 指向性天線

圖 3-13-1

　　為達到無線區網的應用要求，比起其他一些標準 Wi-Fi 相當的耗電。其他技術如藍牙技術提供了一個更短的傳輸範圍距離約 10 米，因此具有較低的耗電量。耗電較大的 Wi-Fi，使移動的設備電池持續力受到關注。

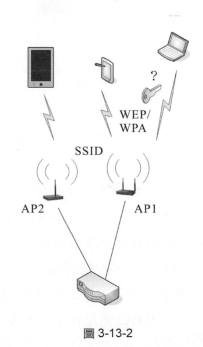

圖 3-13-2

　　Wi-Fi 的設置至少需要一個 Access Point – AP 和一個或一個以上的 client 終端。AP 每 100ms 將 SSID(Service Set Identifier)經由基地站封包廣播一次，基地站封包的傳輸速率最低是 1 Mbit/s，並且長度相當的短，所以這個廣播動作對網路效能的影響很小。因為 Wi-Fi 規定的最低傳輸速率是 1 Mbit/s，所以確保所有的 Wi-Fi client 端都能收到這個 SSID 廣播封包，client 可以藉此決定是否要和這一個 SSID 的 AP 連線。使用者可以設定要連線到哪一個 SSID。Wi-Fi 系統總是對用戶端開放其連接標準，且支援漫遊，這就是 Wi-Fi 的優勢，由於 Wi-Fi 透過空間傳送訊號，所以和非交換乙太網路有著相同的特點。

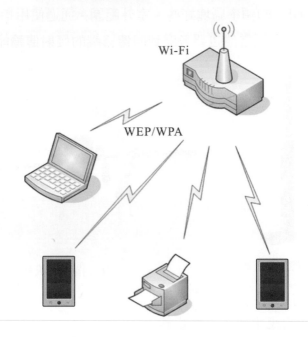

圖 3-13-3

　　另一要點是安全問題，Wi-Fi 的加密防護機制就提出時程依序有 SSID、WEP、WEP2、WPA、WPA2(IEEE 802.11i)，今日幾乎任何 Wi-Fi 裝置都具 SSID 與 WEP，但只有部分進一步提升至 WPA(Wi-Fi Protected Access)的支援，WPA(Wi-Fi protected access)則是 WEP 的加強版，也是 802.11i 標準的一部份；802.11i 和 WPA 最大的不同是增加「先進加密標準」安全機制，可支援 128、192 及 256 位元金鑰的編碼，建議如果要選購無線網路設備時，可以先考慮加入具有 802.11i 規格的產品，避免日後擴充延伸網路的困擾。

　　WPA 在 2003 年時取得 Wi-Fi 聯盟支持。簡單來說，加入 WPA 的目的是讓 WLAN 在 WEP 之外多了一層加密保護。WEP 的金鑰是屬於靜態不變的，但 WPA 在連線過程中，會有動態的方式產生不同加密金鑰碼，在傳輸過程中會不斷改變，比較不容易被破解竊取資訊，WPA2 更是在少，支援 WPA、WPA2 也要付出代價，由於 WPA/WPA2 用上 AES 的加解密演算，有些已售出的 Wi-Fi 裝置雖可透過韌體升級方式來支援 WPA，但原有裝置內的處理器運算力有限，雖實現了 WPA 但也犧牲降低了無線傳輸效能這是必須衡量的。

3-14　WiMAX 存取技術

　　WiMAX(全球微波存取互通介面)是以 IEEE 802.16 為基礎的乙太網路介面通訊技術標準，就像 Wi-Fi 是 802.11 乙太網路的標準一樣。這些年來，WiMax 已經成為無線網路界流行的專用名詞。它可作為替代有線寬頻服務的另一種選擇提供無線通訊最後一哩的寬頻網路，WiMAX 可以提供固定式的，漫遊性的、可攜式的和移動性的無線寬頻連接，在 WiMAX 發展之前非被標準化的無線寬頻接取(Broadband Wireless Access；BWA)技術也被考慮成為 xDSL 和纜線的取代方案之一。不過它有些許的缺點：非標準化設備的在使用上有些其界面無法共通、設備的價格問題、涵蓋範圍較小、適用於人口稠密的區域、與傳統的電纜線服務相較之下沒有特別明顯的差別開發技術因而轉向 WiMAX 技術。

　　WiMAX 的作法仿自過往的 Wi-Fi(Wireless Fidelity)成功模式，Wi-Fi 以 IEEE 802.11 標準為基礎，由業者聯合成立 Wi-Fi 工作小組，負責 IEEE 802.11 的設備、裝置之互通測試，凡通過相容測試則可取得 Wi-Fi 認證標誌，如此消費者、用戶可安心購買不同廠牌的 IEEE 802.11 產品，並可跨越廠牌設備相容互通使用，如此使 IEEE 802.11 的採用意願、市場規模迅速擴展開來，所以成為今日 WLAN(無線區域網路)的主流規格，當然 WiMAX 依然建立在以 IEEE 802.16 為基礎的技術上。

　　一旦 WiMAX 普及，則居家的 ADSL 數據機連通至公眾網路的一端就不再是實體線路，將變成 WiMAX 無線天線，甚至更進一步的，在室內就直接行動無線上網，不需要任何的固接性寬頻連接。它可提供高速雙向網際網路連線，把資料傳到數公里至數十公里的服務範圍，是現今 WLAN 數十倍。它比固接的數位用戶迴路(DSL)和纜線寬頻網路更靈活，而且由於是 IP-based 的技術，比 3G 技術更適用於資料傳輸。

　　WiMAX 具有以下優點：(1)傳輸距離較遠：無線信號傳輸距離最遠可達 50km，並能覆蓋半徑達 1.6 公里的範圍，是 3G 基站的 9～10 倍。(2)傳輸速率高：可實現高達 74.81Mb/s 的傳輸速度。(3)頻寬容量高：WiMAX 的一個基站可以同時連接數百個遠端用戶站。(4)可變的頻寬：WiMAX 能在頻寬和連接用戶數量之間取得平衡，其頻寬度由 1.5MHz 到 20MHZ。(5)QoS 功能：可向用戶提供具有 QoS 功能的數據、視頻、語音等業務。(6)保密性：支援安全傳輸，加密等功能。

　　Quality of Service，QoS 是一種控制機制，而是依據應用程式的需求以及網路管理的設定參數來有效的管理網路頻寬，它提供了針對不同使用者或者不同資料流採用相應不同的優先順序，提供穩定、可預測的資料傳送服務。

　　網絡體係架構 WiMAX 網絡體係如圖 3-14-1 所示，包括：核心網路、用戶基站(SS)、基站(BS)、中繼站(RS)、用戶終端設備(TE)和網管。

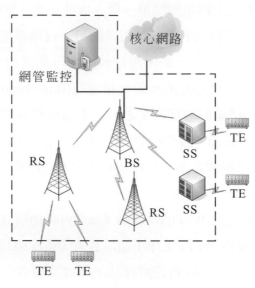

圖 3-14-1

WiMAX 網路體系基本架構：

1.　核心網路：WiMAX 連接的核心網絡通常為傳統交換網路。WiMAX 提供核心網絡與基站間的連接，但 WiMAX 系統並不包括核心網路。

2.　基站：基地站通常採用扇形/定向天線或全向天線讓用戶基地站與核心網路之間做連結，可靈活的運用子通道部署與配置能力，並根據用戶整體狀況提升擴展網路。

3.　用戶基地站：屬於基地站的一種，提供基地站與用戶終端設備間的中繼連結，通常是用固定天線，並被安裝在室外。基地站與用戶基站間採用動態性信號調製模式。

4.　中繼站：在點到多點體系架構中，中繼站通常用於提高基站的覆蓋範圍。

5.　用戶終端設備：WiMAX 系統定義用戶終端設備與用戶基地站間的連結，用戶終端設備本身也不屬於 WiMAX 系統。

6. 網管系統：用於監視和控制網路內所有的基站和用戶基站狀態監控、軟體下載、系統參數配置等功能。

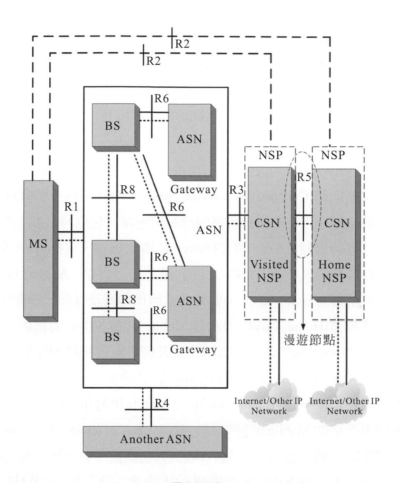

圖 3-14-2

網路參考模組圖 3-14-2 將端對端系統分為三個合乎邏輯的部份：

WiMAX網絡的參考模組可區分為非漫遊模式和漫遊模式兩種，其功能邏輯組，包括移動用戶台(MS)、存取服務網路(ASN)、連接性服務網路(CSN)和應用服務提供商(ISP)網絡。漫遊模式主要增加了 CSN 之間的 R5 參考節點。另外，WiMAX NWG 規範不定義 CSN 和 Internet/ISP 之間的網路。

1. 存取服務網路(ASN)：是由一個或多個基地台組成並且由一個或多個 ASN Gateway 閘道，共同形成無線存取服務網路 ASN。

　　存取網路服務(Access Service Network，ASN)為多個網路功能的集合，目的在於提供 WiMAX 用戶端(Subscriber)無線訊號存取的任務。包含在 BS 和 MS 之間建立 WiMAX Layer 2 連接、傳送 WiMAX AAA 代理伺服器的訊息、WiMAX 網路服務供應商(NSP)的選擇、協助高層與 MS 轉送建立 Layer3 連線、無線訊號移動管理、及建立與連結服務網路(CSN)間的通道連絡。ASN 可能被分解為一個或更多的基地台(BSS)以及一個或更多的 ASN Gateway，ASN 處理所有無線界面的功能，讓 MS 與 BS 建立第 2 層 Layer 2 的連接關係、讓 MS 尋找及選擇其所要存取網路並找出適當的 CSN/NSP 的網路、接替在 MS 和 CSN 之間建立的 IP 連接的功能性、無線資源管理(RRM)與分配基於 QoS 政策，或者從 NSP 或者 ASP 那裡請求、支援對 ASN 之間的漫遊給予外來裝置行動IP的功能不過當然都是在IEEE 802.16e 為基礎下執行。

2. 連接性服務網路(CSN)：提供 IP 的連接和所有 IP 網路核心的功能。

連結服務網路(Connectivity Service Network，CSN)為多個網路功能的集合，提供使用者IP網路連結的服務給終端分配IP地址。包括MS端的 IP 位址、Internet 的存取、代理伺服器 AAA、決策(Policy)及權限控管、支援 ASN 和 CSN 的通道建立、用戶計費以及結算、CSN 之間的漫遊通道建立、ASN 之間的移動性管理及 WiMAX 相關的服務。CSN 主要分成本地代理器及外部代理器兩個部份。

本地代理器(Home Agent，HA)是 Mobile IP 裡其中一個角色，負責維護行動節點(Mobile Node，MN)的位置資訊，以及轉送要通往給 MN 的封包至 MN 所在的網路區域。在 WiMAX 架構裡 HA 的位置是建立在 CSN 裡。

外部代理器(Foreign Agent，FA)也是 Mobile IP 裡重要的角色，負責監視及轉送 MN 所發送出的 Mobile IP 註冊封包資訊。HA 會和 FA 建立一條通道路徑，並經由這條路徑封裝封包至FA，待FA收到封包之後，會作解封裝的動作，再將封包轉送至 MN 上。在 WiMAX 架構裡，FA 通常是建立在 ASN- GW 裡。

3. 基地台(BS)：提供訂戶去存取網路。

基地台(Base Station)控制實體層和多媒體存取層兩者與 MS 之間的界面。基地台使用 R6 界面與 ASN-GW 交換無線使用者的訊號以及連線程序排程。

在 WiMAX 存取網路中，基地台被一個區段和一個指定頻率所制定。在這樣的情況下，一個區段可以有多重的指配頻率，也就是說單一區段內就可以包括多個基地台 BS，而每一個基地台均屬於不同的指配頻率。這與 3GPP UMTS 或 3GPP2 網路很類似。基地台(BS)也可能也可以連接到一個以上的ASN-GW，可作為負載平衡負擔或當備援線路的衡量規劃時使用。

各個連接端口的定義和空中介面端口定議模型功能解釋如下：

(1)　R1：MS 端與 ASN 端之間的連接。

(2)　R2：MS 與 CSN 之間的邏輯端，提供認證、授權和 IP 主機配置等服務。可能還包含管理和承載平面的移動性管理方面資料。

(3)　R3：ASN 和 CSN 之間互操作的連接，包括一系列控制和承載平面的協議資訊。

(4)　R4：用於處理 ASN Gateway 間移動性相關的控制和平面協議資訊。

(5)　R5：拜訪 CSN 與屬於 CSN 之間互相操作的一系列控制。

(6)　R6：BS 和 ASN Gateway 間的互操作連接，屬於 ASN 內的連接，由一系列控制和承載平面協議資訊組成。

(7)　R7：該 Gateway 屬於 ASN Gateway 內部連接，不過有些具體定義還在討論之中。

(8)　R8：BS 之間的連接，用於快速無間斷的 Handover 切換功能，由一系列控制和平面協議資訊組成。

　　WiMAX 的應用模式 從技術特點來看，可作為固網寬頻業務的應用在家庭網路方面寬頻作為 xDSL 方式的互補。由於 WiMAX 設備成本呈現逐漸下降的趨勢，且用戶連網速率較高，安裝較方便，同時具有一定的可攜能力，因此運營商可利用 WiMAX 技術取代光纜和銅纜，WiMAX 可以作為數據網路業務擴展的一個有力的輔助，可以通過蜂窩組織網方式覆蓋較大區域。

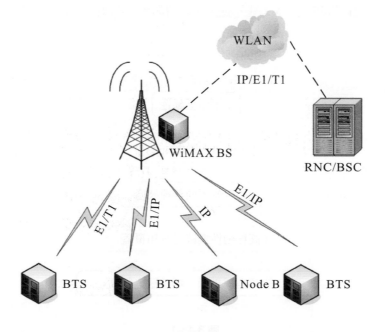

圖 3-14-3

在這種應用下可以將 WiMAX 看作一種無線區域網路、多點基地站互相聯網路和SDH 區域網路更可應用在 3G、3.5G 行動通訊的聯網通訊上。

3-15　5G 與行動通訊未來發展

第五代行動通訊技術 5G 標準尚未確定只是許多進行 5G 實驗都在超高頻頻段下進行試驗，目前的手機網路訊號大約是在 700 到 3500 MHz，高頻訊號的優勢是能提供速度極快的檔案速度，缺點則是它們傳輸的距離會因為衰減比較快會短上許多。

這代表，可能必須佈設大量的基地台設備，例如：路燈、公車站、地下道、建築物、住宅，甚至每個房間裡，放置數萬甚至數百萬個迷你基地台Cell。為了滿足現代大量的串流數據、快速的高畫質傳輸數據、大眾雲端存取、大量感測感知器生活應用、物-物相聯的物聯網構思目標(Internet of Things，IoT)，第 5 代行動通訊技術或許會以補足 4G 訊號為主，而非以直接取代 4G 為主要目標。

在建築物裡和人群多的地方，5G 或許能加快網路速度，但當你開上高速公路時處於快速移動時，4G 可能還是大家唯一的選項。再來就是智慧型手機製造商和晶片廠商需跟得上，且必須能研發出收發 5G 訊號晶片並符合相對的成本期待。

在 IoT 物聯網時代，手機、冰箱、冷氣、桌子、電錶、體重計等物品變得「有意識」且善解人意，這些例子都需要高速寬頻網路來建構與支持。雖然 5G 標準還不是非常明確，但是可以預期的是，5G 基本應具備之特點，如圖 3-15-1 所示。

1.網路低延遲

2.連結物聯網(IoT)

3.相容於不同無線技術

4.高移動性無縫漫游和覆蓋

5.能源消耗更低、網路穩定性高

圖 3-15-1

　　在 5G 未來網路裡初期甚至長期，高、低頻訊號將可能同時使用，6GHz 頻段以上部份頻段應用在 5G網路中機會極高，但因電波特性有所差異，低頻訊號衰減較低，所以低頻段會做為訊號涵蓋之主要用途如(700MHz、900MHz)，用於大細胞Cell架構，提供傳遞系統指令、終端設備移動性管理 control 或小資料量傳輸等用途。高頻段訊號衰減較快，但其同頻訊號間的訊雜比(S/N)會較低頻段佳，因此高頻段訊號較適用於小細胞(Small Cell)與微細胞(Micro Cell)架構，提供高容量訊息話務如圖 3-15-2 所示。

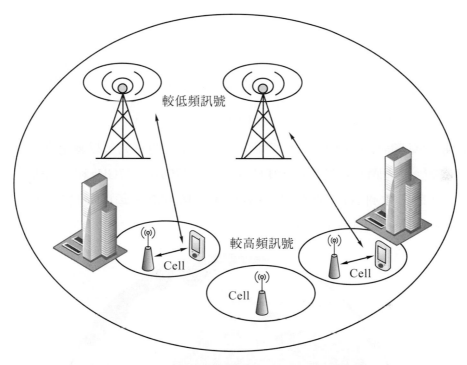

圖 3-15-2

　　大規模多重無線多輸入多重輸出(Massive MIMO)是一個 5G 無線研究領域重點，採大量天線大規模 MIMO 為 5G 目前之技術，在基地台(BTS)收發站採用大量的天線，能夠大幅提升無線資料傳輸速率和連結的穩定性，MIMO 在上行和下行鏈路之間使用分時雙工(TDD)，藉此管理大量天線負載。與現有標準的BTS架構之差異為現有是採用分區拓撲，最多也只有八支天線。大規模MIMO和傳統的拓撲主要差別在於配置大量的BTS天線，能夠同時和多個(UE)使用者終端通訊如圖 3-15-3。

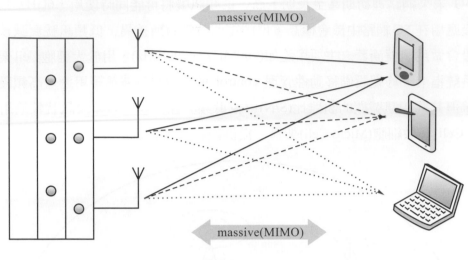

圖 3-15-3

　　各國測試 5G 頻譜相對不同，大家都正在進行深入的研究，以確定哪個頻段可以被用於 5G，例如：美國聯邦通信委員會(FCC)目前為 28GHz、37GHz 和 39GHz 三個頻段，24GHz 以上頻段是歐洲 5G 潛在頻段，但是 3400-3800MHz 頻為歐盟 2020 年前歐洲 5G 部署的主要頻段，示意圖如 3-15-4。

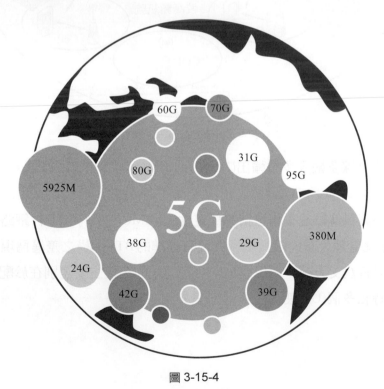

圖 3-15-4

IMT 規劃預計於 2020 年時，5G 網路將開始商轉服務。

目前各國 5G 釋出的進度概況如下：

1.　美國：當地兩大電信營運商 2016 年展開測試(AT&T)，預計 2017 年進入商業部署。

2.　韓國：電信營運商 SK 電訊和 KT 電信，計畫在 2018 年前間啓用 5G。

3.　日本：NTT -DOCOMO 規劃在 2020 年東京奧運時展開營運。

4.　中國大陸：2016 年宣布啓動 5G 技術研發實驗，目標爲 2020 年商業運轉。

5G 網路傳送資料速度快，可以同時開啓各項新服務，像是遠距離遠端健檢手術或無人駕駛車輛等，讓用戶輕易享受影視和虛擬實境(VR/AR)，能讓許多科技化眞實呈現。

行動通訊未來發展：

大量數據已無可避免串並聯出現在你我的生活，發展智慧物流、智慧交通、健康照護、智慧機器人，以及智慧城市，IP 網路協定IPv4，所能提供物聯網IoT 裝置的網路位址也已不敷使用，未來將改由 IPv6 來接替，IPv6 採用 128 位元長度，能提供的 IP 位址，遠遠超過 IPv4 的數量，所以非常適合用來支撐百億級裝置連接網路所需的大量 IP 位址需求。

無線通訊不再侷限於行動基地台 3G/4G/5G，WiFi 也將是以後的重點，WiFi 技術最大的缺點在於缺乏移動性，移動 WiFi 收訊熱點會中斷 TCP 網路連線，新熱點分配新IP 位址並重新設 TCP 連線，用戶被迫中斷原有應用服務而需再重新登入，這種缺乏連線狀態移交(handoff)機制使用者無法延續原有服務，無法滿足使用者對(行動通訊)的基本要求。

已有網際網路標準機構注意到這個問題，並提出 Multi-path TCP(MPTCP)技術，Multipath TCP 技術在通訊兩端使用邏輯 TCP session，路徑(IP)變動或增加更多路徑不會影響邏輯 TCP session，這種技術架構使得應用服務得以持續運行於高彈性與高速的網路環境並可能與其他網路環境整合。

MPTCP 它繼承網際網路核心精神：各階層獨立並充分發揮最大彈性，無論電信公司或服務供應商使用何種通訊技術(WiFi、 4G、 5G、藍芽等)，或是同時導入多種通訊技術彙整總頻寬，使用者都不會因爲 IP 重新配置影響或中斷原有應用服務。

它對電信市場的意義，系統自動搜尋優先網路或彙整異質網路總頻寬連上網，讓消費者無感於異質網路間的移動切換。

行動通訊未來發展除了持續研究更快更穩定的通訊技術外，整合是必然的**趨勢**

　　傳輸不外乎只透過無線電波，另一光波傳輸也是一個穩定的傳輸技術，只是應用的環境不同而已它也將提供一定佔比的市場，打破不同頻域的連結已成為可能與可行的技術構面，目的只在於傳輸大量數據給處理中心做智慧型的運算，再傳遞給 UE 使用者，雙方是互動的相向快速傳遞，如圖 3-15-5。

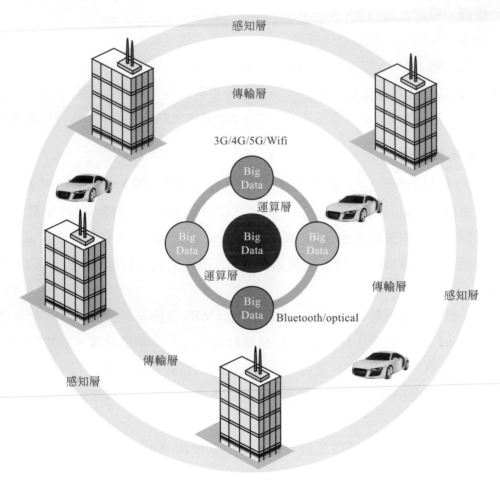

圖 3-15-5

　　一個更完整更具大的傳輸網路即將再次被整合與提升其效率，當需求更加強烈時，相對的硬體供應商、軟體開發商，更需要提供可應用於不同階層的介接需求功能，不管是軟體或硬體，如果想要贏得商機最基本的利基必須從人出發，移動只是一個代名詞，科技仍需要來自於使用者，創新是為了讓使用者更便利、生活更科技化，現今的市場上已佈滿許可感知設備在豐富你我的生活，只是尚未達到物物相聯且未完全智慧自動化，但技術已在進步中，眾多的數據將再次透過大數據分析，產生原本我們未發現的模型，並將它再次分析導入商業模式中，它將更方便你我的生活，也將更為智慧。

思 考 題

1. 基地台系統(BSS)最主要包含那三個部份？

2. LAPD 通訊協定主要負責那些工作？

3. 何謂 D-Channel？

4. 天線運作的基本條件為那幾點？

5. 何謂 Out-of-Band 與 In-of-Band？

6. SCCP 係協助 ISUP 做端對端之交換，主要目的為何？

7. SIM 卡內含之記憶體最主要儲存那些資訊？

8. GSM 系統在無線電空中介面的保密一般來說可分為那幾種？

9. WiMAX 系統的 IP 分配架構包含那些部份與什麼系統觀念類似？

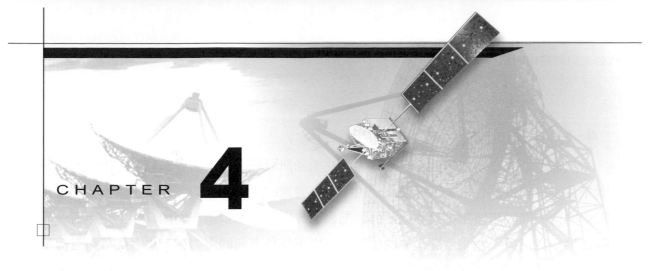

CHAPTER 4

微波通訊

微波通信在行動通訊中佔有很重的地位在這一章節主要針對電磁波與天線原理、天線的電場強度與效率、微波天線原理、微波天線與導波管、導波管的截止頻率、饋送裝置、電磁波的衰減與吸收、微波鏈路計算規劃及 LMDS 系統架構及組成來跟大家做介紹讓您在微波跟電磁波方面有基本的認知。

通訊微波設備 ←

圖 4-0　微波架設

4-1　電磁波與天線原理

　　無線電通訊之所以稱為無線，是因為在兩通訊設備間是不需要靠有線電纜來連接，而是透過無線電波也就是電磁波來經由空中來傳遞的，電磁波的產生可由兩片金屬板相對中間留一間隔再將電池接到此兩面金屬板上，則在金屬板上一面則會聚集正電荷一面則會聚集負電荷，在兩金屬電極間便產生了由正往負方向的電力線，再者如果將直流電源改為交流電源，由於交流電源正負頻率的改變，其電力線的大小跟方向也跟隨著改變，當交流信號頻率升高時，其最初產生的電力線並未消失後續的電力線又跟著產生，因而最初所產生的電力線將被擠往兩電極板外的空間，成為電波輻射而出謂之電磁波。電磁波的發現者赫茲(Henirich Hertz)證明了電磁波的存在與特性，指出電振動在空間以波的方式向外擴張就像光的特性一般能折射、反射及偏極化影響現代科技甚遠。

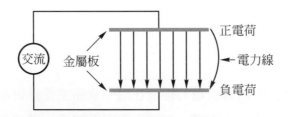

圖 4-1-1　電磁波的產生

　　天線的基本原理可由單純的信號在導線中傳播來說明，當信號在導線中傳播時，如果導線另一端為開路狀況，部分的信號波就會在導線的開路兩端產生輻射效應(即為天線的基本型態)，部分則成為反射波以相位差 180°的方式往回行進成為駐波。如將導線的兩端向外擴張甚至成 90°角的方式，就會讓信號波輻射效率大為提昇往外輻射，此類輻射又稱為偶極輻射。

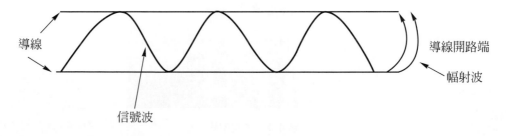

圖 4-1-2　傳輸線輻射型態

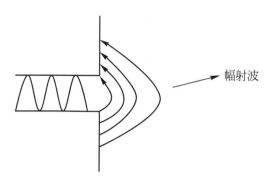

圖 4-1-3　傳輸線成 90°時之輻射

　　偶極輻射：又可稱為λ/2 或λ/4 偶極天線，λ/2 即為波長的 1/2 也就是半波長偶極天線，其特性為在偶極的兩端為高阻抗，反射到與導線的連接處為低阻抗相對的在偶極的中心即為電流(I)的最大處，在兩端最高阻抗即為電壓(E)的最高處因而產生最大的輻射效果。

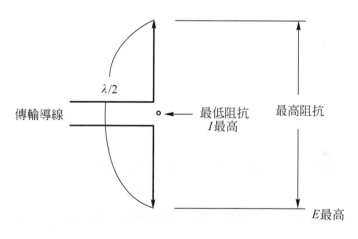

圖 4-1-4　半波偶極天線

4-2　天線的電場強度與效率

　　一般為了要表示天線在空間中輻射的效能，通常以單位長度上的電壓來表示。如 V/m 也就是說例如以一公尺的天線在某處量測到該信號的電壓值，稱之天線的效率是以η來表示：

η＝輻射功率/輸入天線功率

輻射電阻＝天線輻射功率/天線饋送電流

天線的極化(polarization)，頻寬，波柱寬

天線的極化所指的是天線在空間中輻射時電場的前進方式，一般可分為水平，垂直，圓形及橢圓極化等方式。

天線的頻寬是指天線可工作的信號頻率範圍，也就是可響應的頻率區段。

天天線的波柱：θ夾角為所謂的波柱寬度

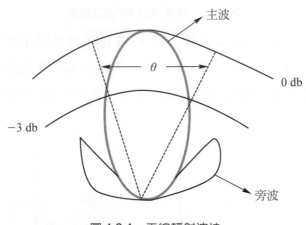

圖 4-2-1　天線輻射波柱

天線的指向性

天線的指向性(directivity)是指各種型式的天線在某一方向輻射較其他方向為大電力，或較其他接收方向電場強度為高的特性稱為指向性。

其定義為輻射源的指向性等於最大輻射強度與平均輻射強度之比即為：

D(指向性)$= V_m/V_a =$最大輻射強度/平均輻射強度

4-3　微波天線原理

所謂微波是指頻率大過於 1GHz 的電波，微波天線在現今的行動通訊上使用極為普遍，天線形式不外乎是利用拋物線的幾何原理在一碟形圓盤上依幾何原理的特性，在拋物線上，任意點上到焦點的距離與其至準線的距離之和為一常數。

各個輻射波經由碟面反射後，到達準線的行徑距離都為相同，因而波形的相位也相等能量在 x 軸方向集結成高增益的方向性，輻射波前進就如同光波的同相性特質。

一般來說天線碟盤越大輻射增益也就越大，也就是可以使用在更長的距離鏈路中，例如在 6GHz 的微波系統中使用反射碟盤爲 2 尺的天線，因天線本身就有 29dBm 的增益，一般來說十公里上下的微波傳輸鏈路都不成問題。

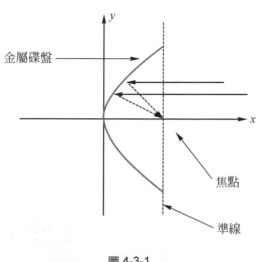

金屬碟盤

焦點

準線

圖 4-3-1

微波傳播的類型可分爲兩種，一是自由空間傳播(Free Space Transmission)，也就是在收發二地之間沒有任何阻隔，也沒有其它的影響包括反射、折射、繞射、散射或吸收，另一種則是視線傳播。當然如果是在完美的狀況下，視線傳播與自由空間傳播並無顯著的差別，不過因爲視線傳播有將大氣層折射與地面物反射等因素列入考量，所以在現實的環境中使用時就會與自由空間傳播產生極大的差異。

4-4　微波天線與導波管

微波經過反射器的反射後，需將聚集在焦點處的能量傳遞到微波接收機需透過導波管來完成，由於信號頻率高於 1G Hz 以後，往往會因爲輻射效應與集膚效應的原因，一般的平行電纜與同軸電纜都將無法有效的傳遞電磁波能量，此時就必須透過導波管來傳遞電磁波能量。

一般來說導波管的內部管壁都爲良導體常見的有銅，導波管的內部管壁是做爲電磁波的反射面，內部管壁就像光纖原理般有限制能量的作用，只是一個是限制光波一個是限制電磁波，讓該能量在充滿介質的環境下行進達到傳遞的目的。

導波管傳播模式因電場、磁場，傳播方向三者是相互垂直的，如果將電磁波以在空氣中傳播的方式也就是橫電磁 TEM 模式導入導波管中，電磁能量會因電場會被管壁所短路而無法傳遞，所以必須讓傳播模式以反射的方式傳遞，避免產生平行電場行成短路。

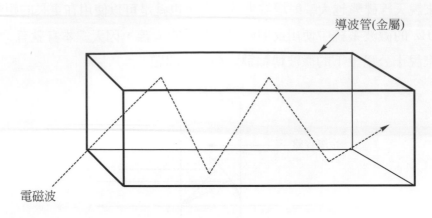

導波管(金屬)

電磁波

圖 4-4-1

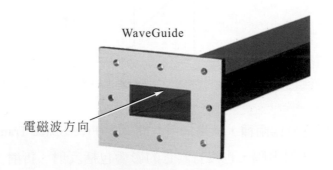

WaveGuide

電磁波方向

圖 4-4-2　WaveGuide

一般來說微波天線都會有下列的一些規格：

表 4-4-1

ANT Size	Gain(dB)	Bandwidth(3dB)
1ft	21	NA
2ft	29	6°
4ft	35	3°
6ft	38	2°
8ft	41	1.5°

天線增益(Gain)與 Bandwidth(3dB)會因天線廠牌不同而有所不同。

而所謂的 Gain 簡單的說，就是信號經過某電路以後被放大，這個放大的倍數訊號就稱為增益。

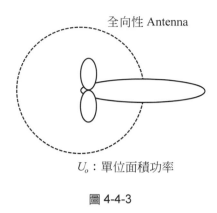

全向性 Antenna

U_o：單位面積功率

圖 4-4-3

Antenna Gain $= U_{\max}/U_o$

4-5　導波管的截止頻率(cut-off frequency)

　　導波管的截止頻率(cut-off frequency)也就是當信號頻率低於導波管工作頻率時將無法在導波管中傳遞，就像傳輸線上傳遞的信號頻率高過該傳輸線最高工作頻率時信號會產生極大的損失一般。

截止頻率 $f = c/2a$

c：3×10^8 m/sec

a：導波管截面之邊長

　　當信號頻率越大時入射到導波管的入射角 θ 也就越大當入射角越小也就代表信號頻率越低當 $\theta = 0$ 時信號將無法傳遞

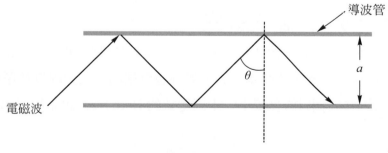

導波管

θ

a

電磁波

圖 4-5-1　電磁波入射情況($\theta \neq 0°$)

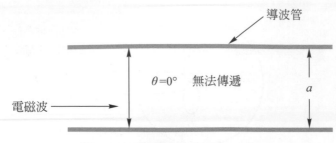

圖 4-5-2　電磁波入射情況 $\theta = 0°$

　　表 4-5-1 是微波通訊所使用的頻率範圍，微波通訊的頻寬比一般無線電頻寬高很多，所以在資料傳輸的傳輸量相對的高出很多。

表 4-5-1

Band	Frequency Ranges(G Hz)
Ka	26.5～40
K	20～26.5
K	18～20
Ku	124～18
X	10～124
X	8～10
C	6～8
C	4～6
S	3～4
S	2～3
L	1～2
UHF	0.5～1

4-6　微波收發與饋送裝置

　　饋送裝置為微波天線系統中的主天線置於反射器的焦點位置，也是輻射電磁能量中的主角以下為常見的 Horn feed 基本形式。另外也發展出平板天線以利環境的不同來使用只是平板天線的增益相對的會較小。不同型式的 Horn feed 如圖 4-6-1 及圖 4-6-2。

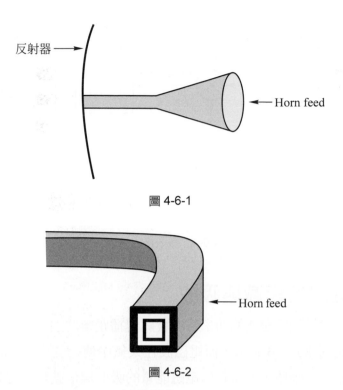

圖 4-6-1

圖 4-6-2

　　在這介紹微波的基本發射與接收電路原理，在發射端發射訊號經過 Baseband Filter
後再經由混頻器與本地振盪器做混頻後由功率放大單元經過傳輸線到達天線發射出去。
接收端經接收天線收下訊號後經由Low -noise 放大器後再經由混頻器解出基頻訊號後再
交由檢波器解出中頻訊號。

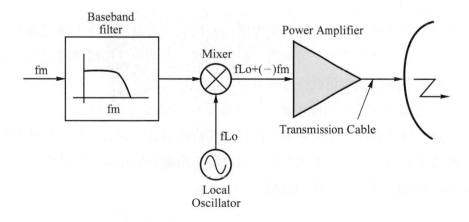

圖 4-6-3　微波發射單元

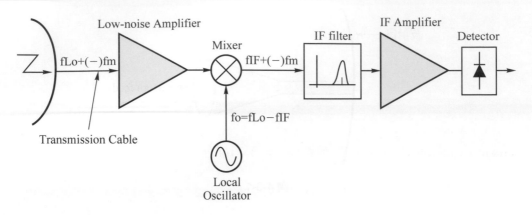

圖 4-6-4　微波接收單元

4-7　電磁波的衰減與吸收

　　依照逆平方定律得知電磁波的功率密度會隨傳播距離增加而快速消失，衰減與行進距離的平方成反比通常以 dB 表示，而電磁波在大氣中傳遞受到大氣的原子與分子的影響會有一部份的能量被吸收，大氣對於電磁能量的吸收與信號頻率有其關係在信號頻率高於 10GHz 後被大氣吸收的狀況會較顯著，若遇到濃霧下大雨時狀況會更明顯嚴重，如遇到此狀況時可加大微波系統的天線來改善此因素因為天線加大相對的整個系統的電磁波增益就會提高，不過只限於頻率較低的微波系統因當微波頻率高於 10G Hz 以上時相對的電磁波的波長會越短就越容易受大氣的吸收影響就算加大微波天線改善效果也是有限是值得注意的。

　　電波在介質中傳播其強度會隨著距離增加而減弱，若其以真空中傳遞強度相比所傳輸相同的距離的電波強度還弱，可稱為有輻射衰減；若使用傳輸線傳遞電波，理想的傳輸線其輸入訊號端與輸出端信號強度應當相同，但是這是理想值，然而實際上輸出端的信號強度一定比輸入端小，這種現象稱為傳輸衰減也就是線路衰減。

　　而在相同一種介質中，電波頻率愈高衰減的程度就愈大。也就是說較低的頻率比較高的頻率傳播來的遠，並且在使用的頻率越高時，傳輸線對電波的衰減程度也越大，所以 Waveguide 可以降低高頻訊號的衰減。

4-8　微波鏈路計算規劃

　　規劃微波鏈路需考慮到整個微波系統的可靠度，也就是說必須先知道當整個微波系統架設後的鏈路接收值是否在我們接收的範圍內，因架設環境不一我們可以先計算分析在進行架設。微波系統可靠度基本定義如下：

$$\text{Percent Availability} = \left(1 - \frac{\text{outage hours}}{8760 \text{ hrs. per year}}\right) \times 100 \, \%$$

例如某系統在一年內有 10 個小時無法使用則此系統的可靠度為

$$\begin{aligned}
\text{Percent Availability} &= \left(1 - \frac{10}{8760}\right) \times 100 \, \% \\
&= 99.885 \, \%
\end{aligned}$$

　　一般來說微波路徑特性雨霧等較無法預測，因此只能盡量提升系統設備的可靠度到達 99.99 % 以上。

微波 Bit Error rate(BER)

　　在微波系統中傳輸過程如果受到外在因素影響或設備固障有時會出現資料誤碼，一般來說微波誤碼率都必須小於十的負六次方：

$$(\text{BER}) = \frac{\text{Errored bits}}{\text{Total bits}} = 10^{-6}$$

　　首先要規劃一個微波鏈路，必須先建立一個微波鏈路路徑分析表，表中必須標明微波的頻率、鏈路距離、發射功率、天線規格、纜線長度及接頭損失等，以便分析整個微波系統的可靠度及收發情況，供在架設微波設備時的一個參考標準。

表 4-8-1　建立路徑分析表

Site	AAA				BBB
Radio Channel	0				1
Diplexer	A1				A2
Tx Reqiemcu, MHz	5735				5800
Path Length, km			1.50		
Free Space Loss, dB			111.2		
Absorption Loss, dB			0.0		
Obstruction Loss, dB					
Path Loss, dB			111.2		
Feeder Length, m	15.0				30.0
	2	[1]LdF2-50 [2]LDF4-50 [3]LDF4.5-50			2
	LDF4-50A	[4]LDF5-50A [5]EW52			LDF4-50A
Loss/100 meters, dB	21.3				21.3
Feeder Loss, dB	3.2				6.4
Connector Loss, dB	0.0				0.0
Component Loss, dB					
Radome Loss, dB					
Total Fixed Loss, dB	3.2				6.4
Total Losses, dB			120.8		
Antenna Type					
Antenna Size, ft	2.0				2.0
Antenna Gain, dB	29.0				29.0
Front/Back, dB					
Total Gains, dB			58.0		
		25.5		28.7	
Net Path Loss, dB			62.8		
Transmit Power, dBm	10.0	35.8	EIRP EIRP	32.6	10.0
Transimit Comb. Loss dB	0.0				0.0
Power Adjustment dB	0.0				0.0
Nom RSL(+/−2dB), dBm	−52.8				−52.8
Receiver Comb. Loss dB	0.0				0.0
Receiver Threshold, dBm	−88.0				−88.0
Min Rec. Power, dBm	−88.0				−88.0
Flat Fade Margin, dB	35.2				35.2
Threshold Degredation, dB	0				0
Adjusted Fade Margin, dB	35.2				35.2
Dispersive F.M., dB	53.0				53.0
Composite F.M., dB	35.1				35.1
One Way Path Reliability	99.999999%				99.999999%

基本的微波鏈路狀況如下：

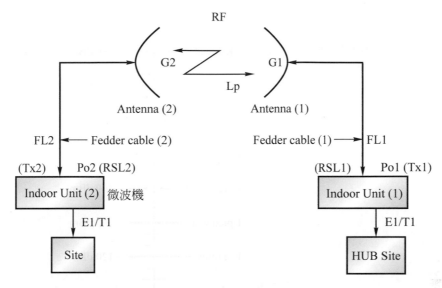

圖 4-8-1　基本微波鏈路圖

　　微波機由 Indoor Unit(1)Tx 發射輸出到達 Indoor Unit(2)接收(RSL)可計算出此鏈路的接收狀況，計算狀況如下

RSL：(單位 ：dBm)= Po1 － FL1 ＋ G1 ＋ G2 － FL2 － Lp

Lp：(單位 ：dB)=96.6 ＋ 20 log Freq ＋ 20 log D

Freq：Indoor Unit 工作頻率(例如 ：6GHz)

D ：自由空間的路徑距離(單位 ：miles)

Po1：Indoor Unit(1)微波機輸出功率

Po2：Indoor Unit(2)微波機輸出功率

FL1：feeder cable(1)傳輸線的損失

FL2：feeder cable(2)傳輸線的損失

G1：微波天線的增益

G2：微波天線的增益

Lp：自由空間的路徑損失

RSL ：Indoor Unit 微波機的接收值

功率單位的換算：

dB=10 log N

30dB=10 log 1000

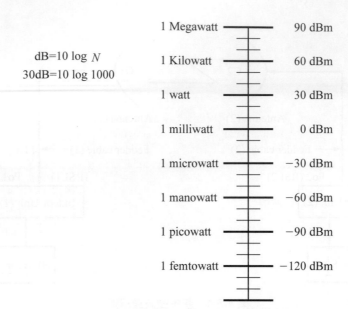

1 Megawatt	90 dBm
1 Kilowatt	60 dBm
1 watt	30 dBm
1 milliwatt	0 dBm
1 microwatt	−30 dBm
1 manowatt	−60 dBm
1 picowatt	−90 dBm
1 femtowatt	−120 dBm

$dB = 10 \log N$

$3dB = 10 \log 2$

N	dB
2	3
3	5
10	10
$4 = 2 \times 2$	$3 + 3 = 6$
$5 = 10/2$	$10 - 3 = 7$
$80 = 2 \times 2 \times 2 \times 10$	$3 + 3 + 3 + 10 = 19$

保護式微波鏈路架構(Protect)

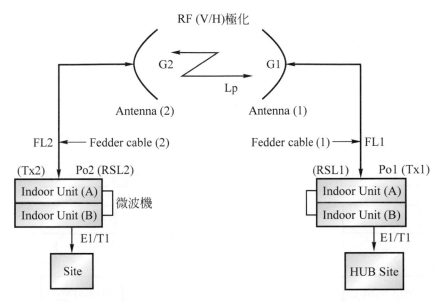

圖 4-8-2　Protect 基本微波鏈路圖

　　保護式微波一般都使用在大容量的鏈路上原則上系統上有兩部 Indoor Unit(A)與(B)
設備當有一設備故障時會自動切換到另一設備去工作達到保護的目的，在天線端通常會
將其設計成共用同一天線以減少空間的使用，不過會將其輻射波的極化以垂直跟水平極
化交錯來規劃使用以避免干擾。微波設備技術日新月異現在最新的微波系統以經可以到
達 DS3 或 STM-1 的頻道容量可以說是再無線載波上得一大進步一般 DS3 以上的微波設
備工作頻率都在 6GHz 左右，雨衰的影響較小，以經慢慢的取代低容量的微波系統，應
用再主幹線上的傳輸網路規劃是相當好運用的，不過成本較高，DS3 或 STM-1 的微波
系統在架構上與低容量的微波系統變化性不大只是它多了光終端控制單元，在終端處
IDU 設備是以光纖與多工設備連接再解多工成為 E1 頻道。如圖 4-8-3。

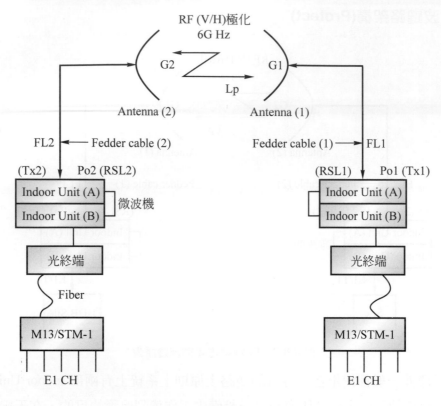

圖 4-8-3

4-9　LMDS 系統架構及組成

　　廣頻無線系統又稱為無線式的 Cable，如 MMDS(Multipoint Multichannel Distribution System)、LMDS(Local Multipoint Distribution System)、或 MVDS(Microwave Video Distribution System)，主要是高載容量的系統，以供電視頻道聲音、及資料的傳送。

　　Wireless Cable 的觀念從 1960 年開始就有人提出，其系統大概有下列三項：

1. MMDS(Multichannel Multipoint Distribution System)：2.5G～2.686GHz。

2. LMDS/LMCS(Local Multipoint Distribution/Communication System)：28G～29GHz。

3. MVDS(Microwave Video Distribution System)：12GHz或 40G～42GHz。

　　LMDS 的全名是 Local Multipoint Distribution Service，稱為區域多點分佈服務(或稱區域多點傳送系統、區域多點接取系統、區域多點分散式服務)，是一種以無線微波做點對多點(Point to Multipoint)傳輸寬頻信號的技術，LMDS 使用無線微波高頻帶頻譜技術，可以達到雙向及寬頻的互動，早期被引用作為無線有線電視(wireless cable)的傳輸方式之一。主要的應用包括提供雙向語音(Voice)、數據(Data)及視訊(Video)的多媒體服務。LMDS的系統架構是以蜂巢狀網路為基本架構向外擴展延伸，每個基地台的細胞涵蓋範圍半徑約為五至七公里。整體而言，其系統架構之組成如下：

1. 基地台：

　　基地台介於網路及用戶端設備之間，負責訊號的發射與接收。它由室內單元(IDU)及室外單元(ODU)所組成，其中室內單元主要提供用戶端與骨幹網路間連結的有線及無線網路介面，而室外單元則主要是由射頻的接收器與發射器所組成，通常室外單元被裝置在屋頂或高處，以取得電波直線傳送到用戶端設備的通訊環境空間。

2. 用戶端設備：

　　用戶端設備包含接收器、發射器、高指向性天線，此外亦具備網路介面單元(NIU)以進行信號調變、解調以及與用戶網路介接的各種功能。

3. 網管系統：

　　監視、設定、管理整個網路的運作，並針對系統運作的資源及頻道使用管理進行調配。

　　為了擴充傳輸容量，同一個基地台可以使用多個頻率，搭配高增益的方向性天線(譬如 15、22.5、30、45、90 度)的使用，將每個頻率所涵蓋的範圍加以區隔。在這種狀況下，每個喇叭狀區域由獨立的系統支援，而且延長了無線電波傳輸的距離，當然，這種做法也必須要與地形、地物的狀況互相搭配，以獲得最好的效果。在許多狀況之下，基地台會採用方向性天線，而用戶端則使用方向性及增益均非常高的天線，以降低訊號之間的互相干擾。此外，並允許相鄰基地台的涵蓋範圍可以相互重疊，以改善涵蓋範圍的問題。

　　在LMDS中，由基地台系統傳送到用戶端設備的傳輸方式為分時多工(TDM)，而其反向的傳輸則採用分時多工接取(TDMA)，這是為滿足在例如網路接取、隨選視訊等應用中，需要寬頻的下載資料及突發的上傳控制訊號，當然這也要配合頻譜的規劃與配置，才能發揮整體的系統效能。

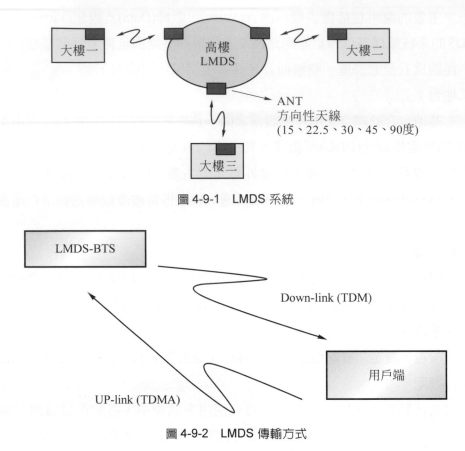

圖 4-9-1　LMDS 系統

圖 4-9-2　LMDS 傳輸方式

　　LMDS技術發展至今，第二代的全數位式技術已經可以提供全方位的互動式服務。在理論上，LMDS可以提供上載及下載相同等頻寬的服務，不過在實際應用上，因為需與現有有線傳輸系統配合，它提供下載的傳輸速率和現行 SONET(OC1～OC3)一樣是51.84M 至 155.52Mbps，而上載速率是和 T1 相同，為 1.544Mbps。除此之外，LMDS 的通訊協定也支援 ATM(Voice to Data)、TCP/IP 及 MPEG 2，所以它在整合各個不同應用將有很大的空間。

　　LMDS 系統通常要能夠提供語音、數據及影像的傳輸服務，分別說明於下：

1. 語音：

　　　　語音的通訊品質要能夠與有線電話相當或更好，而且用戶不能察覺語音傳輸的延遲。系統與現有的室內通訊系統如電話配線、電話機等必須相容，用戶可以使用傳統電話機並透過RJ-11 標準介面連上系統。除此之外，系統所提供的所有控制訊號，例如撥號音忙音等也要與傳統有線電話一致，以便所有傳統電話、傳真機等都可以照常使用，因而不用更換或增加任何設備。

2. 數據：

　　提供由低速的 1.2kbps 到高速的 155Mbps 各等級數據傳輸，以滿足各類型用戶的需求。在低速數據通訊時，可以透過語音通道傳送數據，用戶不需額外增購數據通訊設備，相當便利；而在高速數據通訊時，系統則需要提供很低的位元錯誤率(10^{-9})、鍵結層及網路層的通訊協定，譬如錯誤控制、TCP/IP 等，以確保有效率的數據傳輸。

3. 影像：

　　能夠提供一百五十個類比或數位的頻道，同時也能夠提供各種類型的視訊服務，包括公共電視、付費頻道、互動電視等，並且能夠加以銷碼，以劃分出不同的等級。

　　由於 LMDS 網路易於架設，而且具備寬頻傳輸能力的優點，使得透過它來提供用戶寬頻無線接取的應用已逐漸受到重視，然而其仍未大規模地提供商業服務，究其原因可能是國際標準並未完成、系統傳輸的可靠度仍待改進、直視傳輸的限制、系統成本仍高等因素，但相信一且這些因素一克服之後，LMDS 必然可以發揮其優異的性能，以提供高品質的傳輸服務。

LMDS 的優點：

1. 可使用頻譜較大目前 LMDS 可使用的頻帶至少有 1000MHz，其網絡的頻寬已經可以超過 4.8Gb/s，每個扇(天線端)區亦可以高達 200Mb/s。

2. 投入資金較小與傳統有線固網不同，LMDS 不必於早期投入大量的投資以用於掘地鋪光纖電纜，因此 LMDS 系統的很大部分資金可以轉移至用戶端設備(CPE)，這樣，營運者所需的初期投資較少，僅在增加用戶即有業務收入時才需再增加資金投入，降低了風險。

3. 服務提供速度快由於免除了掘地鋪光纖電纜的部份，因此可以迅速為用戶提供服務。

4. 可提供多種服務除可用於無線寬頻服務之外，更可以同時提供話音，視訊會議(Video Conferencing)、自選視訊服務(VOD)及作為蜂窩系統(PCS)基站之間的傳輸等。

LMDS 特性：

1. 傳輸頻寬高：在 27～28 GHz 之間，不易受到干擾；

2. 頻寬極大：每一區域可用頻寬高達 1～2 GHz，約 1298 條 T1 光纖電路；

3. 頻寬無限：同一頻段可以重複使用；

4. 細胞式結構：獨立型細胞性結構，可確保每位使用者獨佔頻寬，不同於同軸電纜受限於資源分享之樹狀結構。

因此，LMDS 最受人注視的地方，就在於其所具備的高頻寬及傳輸效能，在一般狀況下，LMDS 在通訊的可信度及傳輸效能方面甚至可媲美光纖。

LMDS 是在大氣電波當中以點對點形式把訊息送的以無線系統，毋需鋪設光纖固網，因此可望在短期內覆蓋較大地區。這技術上下載傳速度對稱，現在外國有關技術更已將速度升至約 38Mbps。LMDS 利用無線儲存格或基站(base station)，令覆蓋範圍達致 2-5 公里，而跟無線電話不同，LMDS 用戶的收發器安置在固定位置，大部份都以天線設計設於屋頂，在樓宇與樓宇之間形成骨幹，以求取得最佳接收效果。

由於考慮到成本和經濟效益等因素，LMDS 技術必須要在人口和用戶稠密私地區才會鋪設，但是這種技術也非百利而無一害的，外在環境因素如雨水，落葉，天氣等因素有機會影響到傳送效果，其中雨水可以影響頻率為 15GHz 以上的傳輸訊號，而強風可能會影響到基站與天線的傳送準確性及接收的效果。此外，當同一個地點安裝了基站時，用戶屋頂的天線很可能受到頻道干擾，影響接收效果，不過就建置成本與時間來看，由於建設 LMDS 網路只需要全方向的天線、區域化的基地台、用戶天線、機上盒 (Set-top Box)，以及一些網路設備，在用戶端只要花兩個小時即可裝設完畢，且日後用戶並不需要太多的維修費用。再加上具有高速的傳輸效能，還可依用戶數彈性增建基地台>對新進的固網業者來說，LMDS 這種末端科技無疑是競爭「最後一哩」的最佳利器。尤其更可以節省基礎建設的龐大成本，這是 LMDS 最主要的優點。但是，由於 LMDS 的無線傳輸路徑必須是直線傳輸，所以 LMDS 的傳輸路徑必須為直線而且不可有障礙物，例如過密的高樓大廈。不然無線微波信號在傳輸的過程中會減弱，因此傳輸距離不遠。

4-10　不可見光導波之應用

在我們生活的四周即充斥著不可見光波，它也同樣具有光的特性與可見光波一樣無法穿越不透光的物體如牆壁，木材之類的物體，它只是超出人眼的可視範圍所以我們稱它為不可見光但是不代表其他的生物看不到它，光線是一種輻射電磁波，其波長分佈自 300nm(紫外線)到 14,000nm(遠紅外線)，不過以人類的經驗而言，肉眼可見的光波域，即是從 400 nm (紫) 到 700 nm (紅) 可以被人類眼睛感覺得到的範圍，一般稱為「可見光域」，在大自然中如太陽光就包含了許多不可見光的波長再其中，我們所使用的燈具裡也會包含了些許的不可見光波長，然而我們當然可以利用不可見光波長來做一些時際上的應用，如通訊、攝影、控制照明溫室的花、蔬菜、自動控制、醫療、還有家中常見的遙控器等都是常見的應用，不可見光在資料的傳輸可以說相當快速且具有效率的，因為它前進的速度為光速，不過它也有一些缺點如: 在資料發送接收的兩端必須相互對準(即可以直視對方)才能進行較高可靠度的通訊，如果在於室外使用就容易受到下雨、或是霧氣、強光的干擾，行動通訊上對於可能常常移動位置的通訊模組而言，是比較不理想的，不過也可以使用一些調變技術與光導波管或是增加不可見光強度、場型來提高它的通訊可靠度補足其缺點。

不可見光導波優勢：

1.　可選擇控制特定波長來使用。
2.　與 LED 一樣使期間衰減少壽命長。
3.　為低耗電與低發熱光源。
4.　使用直流電，可配合太陽能或風力發電來運作。
5.　可透過調整電流電路控制光質量。
6.　體積小重量輕，光束指向性高。
7.　擴充性大，反應速度快。

　　光導波可視為無線電磁導波、原理相同但是控制的波導有著不同的型態，無線電磁波可透過不同的天線設計來展現達到不同的輻射場型達到良好接收的目的，光波基本上是直線前進所以可以透過光柵、透鏡、濾光片等來改變它的場型當然也可控制為垂直或水平極化之波導另加上編碼調變技術達到資料傳輸的保密性，但是它是必須在無阻礙的空間中作溝通傳遞才可行。

　　同時為了在空礦的空間如室外以及如雨霧氣較重的地方能實現良好的波導傳輸使用 PD(Photo Diode)陣列是一個可行的技術，再加上 Waveguide 傳遞光能量波就可以提高接收能力與控制接收角度範圍而達到資料封包可靠度提生的目的。

　　圖 4-10-1 與 4-10-2 為 PD 陣列與 Waveguide。

圖 4-10-1　PD 陣列

圖 4-10-2　光波 Waveguide

　　光感測二極體其工作原理是提供一個逆向偏壓於 PN 接面。PN 接面在逆向偏壓時會產生一層空乏區，其中有電場存在；因此當光子撞擊二極體，光子會被吸收而產生電子-電洞對；在空乏區產生的電子-電洞對被電場分離後，電子朝向逆電場方向移動，電洞則順著電場方向移動，如此就產生電流，流經外面電路。但是對於光電反應時間及光靈敏度兩方面探討，就會引申出兩種主流結構，PIN(P-layer、Intrinsic-layer、N-layer)及崩潰光二極體 APD(Advanced Photo Diode)兩種，兩者結構類似，PIN 中的光電反應類似 R-C 的充放電，因此電容的效應會限制其反應速率，但優點在於低雜訊、高線性反應度，而 APD 的結構因為在結構內部會產生二次電子、電洞對的放大作用，因此有較高的靈敏度及高的反應速度，但其缺點是雜訊較大些。不過在系統的設計上除 PD 本身的控制外也可借由濾光片來對光波做一些過濾引導將不需要的波段吸收或反射，維持某一特定波段光波穿透讓 PD 接收到比較固定波段的光波訊號資料進而提高系統的穩定度。如圖 4-10-3。

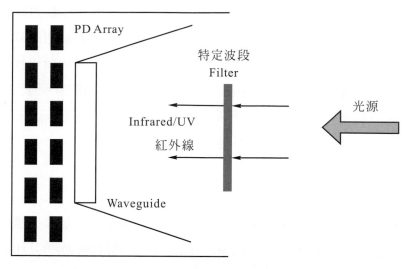

圖 4-10-3

　　本章的重點是光導波的傳遞在於與電磁波的輻射模式不一樣但是觀念及應用技術面是能相通的，Waveguide 一樣可以應用在 Microwave 與 Photo 領域，同樣是波導只是能量型態不一樣但是光波確有著光速的優點是電磁波無法比擬的。

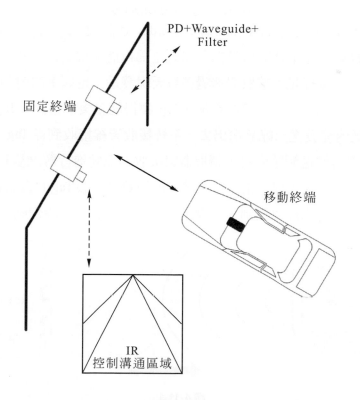

圖 4-10-4

如圖 4-10-4 當不可見光應用在通訊上時相對的終端是位於移動的狀態下時就必須要考慮到許多光的特性，說穿了就是該把光波的優點拿出來好好應用的時候，請記得當光波的發送與接收端是呈一直線時在資料的溝通上是最完美無缺的所以我們必須利用它的特性來設計系統提高可用性加上利用濾光片的幫助提高抗干擾性，因為我們必須考慮到大自然中一樣有許多光波長這就是干擾源之一，尤其是太陽光，而在固定端就可用 PD 與 Waveguide 來加強資料接收讓通訊過程更順利。

4-11　RFID 基本架構與應用

RFID (Radio Frequency Identification)是一種無線射頻識別，是非接觸的自動識別技術利用空間電磁感應或電磁傳播進行相關的通信，以達到自動識別的目的，將 RFID 標籤(Tag)安裝在被識別物體上如黏貼、置入、鎖附，以利讓讀取器(Reader)讀取並經由資料收集以達到識別與管理的意義。

最基本的 RFID 系統由兩大部份組成：

1. 標籤(Tag)：由耦合元件及晶片組成，標籤(Tag)含有內建天線，用於和射頻天線間進行通訊。

2. 讀取器(Reader)與天線(Antenna)：Reader 為讀取 Tag 標籤資訊的設備。天線功能為在標籤和讀取器間傳遞射頻訊號是為電能與幅射能轉換。

系統的基本工作流程是：讀取器透過發射天線發送一定頻率的射頻訊號，當 Tag 進入發射天線工作區域範圍時產生感應電流，Tag 獲得能量後被啟動，Tag 會將自身編碼資訊透過 Tag 標籤內建發送天線發送出去，系統接收天線接收到從 Tag 卡發送來的載波訊號，經天線調節器傳送到讀取器，讀取器對接收的訊號進行解調變和解碼 然後將資訊送到後端系統進行相關處理，主系統根據邏輯運算判斷該 Tag 的合法正確性，針對不同的設定做出相對應的處理與控制，再發出指令訊號控制執行設備動作。

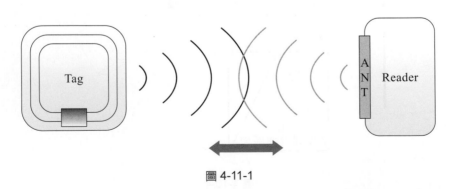

圖 4-11-1

RFID 耦合方式(電感－電磁)、通訊流程(FDX、HDX、SEQ)爲從 Tag 卡到讀取器的數據傳輸方法(負載調變、反向散射、高次諧波)以及頻率範圍等方面，不同的非接觸傳輸方法有根本的區別，但所有的讀取器在功能原理上，以及由此決定的設計構造上都很相似，所有讀取器均可簡化爲高頻介面和控制單元兩個基本模組。高頻介面包含發送器和接收器，其功能包括：產生高頻發射功率以啓動Tag卡並提供能量；對發射訊號進行調變，用於將數據傳送給 Tag 卡，接收並解調來自 Tag 卡的高頻訊號。

讀取器的控制單元的功能包括：與應用系統軟體進行通訊可透過網路，並執行應用系統軟體請求執行的命令；控制與 Tag 卡的通訊過程(主－從原則)；訊號的編解碼。對一些特殊的系統還有執行反碰撞演算法，對Tag卡與讀取器間要傳送的數據進行加密和解密，以及進行 Tag 卡和讀取器間的身份驗証等附加功能。

RFID 依架構工作型態分類：

1. 按照供電方式分爲有電源，無電源，半有源。

    (1) 有電源：是指 Tag 卡內有電池提供電源，其作用距離較遠，但壽命有限、體積較大、成本高，且不適合在惡劣環境下工作。

    (2) 無電源：內無電池，它利用波束供電技術將接收到的射頻能量轉化爲直流電源供給 Tag 內部晶片電路供電，其作用距離相對較短，但壽命較長且對工作環境要求比較不高。

    (3) 半有源：系統的標籤帶有電池而電池只對標籤內部電路供電，標籤不主動發射信號，只有被Reader讀取器啓動時，才透過電磁感應或電磁反向散射方式發送訊號 。

2. 按調變方式的不同可分爲主動式和被動式。

    主動式Tag用自身的射頻能量主動地發送數據給讀取器；被動式Tag卡使用調變散射方式發射數據，它必須利用讀取器的載波來調變自己的訊號，該類技術適合用在門禁或交通應用中，因爲讀取器可以確保只啓動一定範圍之內的 Tag卡。在有障礙物的情況下，用調變散射方式，讀取器的能量必須來回穿過障礙物兩次。而土動方式的Tag發射的訊號僅需穿過傳送障礙物一次，因此主動方式工作的 Tag 主要用於有障礙物的應用中，距離更遠，速度會更快。

3. 讀取器(Reader)發送無線信號時，所使用的頻率被稱爲工作頻率，

    基本劃分爲：

    (1) 低頻(Low Frequency, LF)：30～300kHz (特性爲讀取距離短較便宜讀取速

度慢)，可應用於存取控制動物識別、固定控制車輛、門禁管制和防盜追蹤。

(2) 中高頻(High Frequency, HF)：3～30MHz(特性為讀取距離短較便宜讀取速度中等)，可應用於存取控制智慧卡門禁之類應用、會員卡、識別證、建築物出入管理。

(3) 超高頻(Ultra Frequency，UHF)：300～3000MHz(特性為讀取距離長讀取時間短)應用於、工廠的物料清點系統、快速道路管理、高速公路收費系統ETC。

(4) 微波(Micro Wave)頻段 ：2.45～5.8GHz(特性為讀取距離長讀取時間短)應用於快速道路管理高速公路收費系統。

依標籤可讀寫分類：

唯讀、讀寫、一次寫入多次讀出，記憶體類型分三種：

1. 唯讀 Tag(Read Only)。
2. 可讀寫 Tag(Read/Write)。
3. 一次寫入多次讀出 Tag(Write Once Read Many)。

射頻辨識標準－ EPC：

要能廣泛應用RFID在全球各地區，必先有一套大家都認同且共同遵循的標準，這樣標籤在全世界的各個地方流通互聯時，才能夠準確的提供產品識別和品項分類的功能，就如同傳統的條碼一般，使用前同樣必須制定共通的標準。所以目前使用在 RFID 上的號碼，我們稱之為電子產品碼(Electronic Product Code；EPC)，產品電子碼也是獨一無二的號碼，可在供應鏈內識別特定單一物件，EPC 儲存在 RFID 的 Tag 標籤內，標籤內的組合有矽晶片和天線。一旦 EPC 從 Tag 標籤被擷取後，它便能與動態資料連結進入分析連動層面。

EPC是個可擴充的編碼系統，可應不同產業要求可作編碼上的調整設定，可讓物件是獨一無二的編碼。由目前已公佈的 EPC 標籤規格，標籤容量有 96 位元與 64 位元的分別，未來也會有 256 位元的編碼出現，使用者需要選擇標籤容量，隨容量大小，調整其編碼結構。其基礎編碼方式(General Identifier－GID)，可將EPC碼結構分為四區塊：

1. 標頭(Header)
2. 管理者代碼(Manager Number)
3. 物件類別碼(Object Class)

4.　序列號(Serial Number)，下圖為 96 位元的編碼系統原則。

表 4-11-1　96 位元的 EPC 編碼系統原則

01-	0303D4A-	816D8G-	0519AAE09C
X-	XXX-	XXX-	XXXXX
Header	Manager Number	Object Class	Serial Number
標頭	管理者代碼	物見類別碼	序列號
8 bits	28 bits	24 bits	36 bits

圖 4-11-2 為台灣ETC電子收費系統運用RFID感應收費實際運用面，一方面運用技術一方面改善交通提升便利性讓消費者都可感受到 RFID 實際的好處。

圖 4-11-2　RFID 台灣高速公路運用 E-Tag

圖 4-11-3　RFID 天線陣列

思考題

1. 何謂天線的輻射效應？

2. 何謂偶極輻射？

3. 何謂天線的極化？

4. 試說明微波天線的原理。

5. 試述導波管的原理。

6. 何謂導波管的截止頻率？

7. 試述 LMDS Uplink 與 Down-link 型態。

8. 試想如何提高光波在通訊運用上的可靠度？

9. 請試著畫出 RFID 之基本架構。

CHAPTER **5**

光纖基本原理

光纖技術的成熟為人類帶來很大的便利,大量的資料傳輸光纖取代了銅導體無法辦到的傳輸距離在這裡最主要讓讀者認識光纖的發展史、製造的過程、光纖的基本原理、光的基本特性、光纖的模態、光源與雷射光、光纖的損耗、光纖網路基本型態、光纖系統之設計與量測特性等等讓您充份瞭解光纖的優點及相關知識。

5-1 光纖通訊簡史

科技進步,也為人們帶來方便,在追求方便的同時,通訊資訊的速度也就成為其中一個最重要的因素,光纖在早期因價格及技術方面的問題並不普遍應用在資訊的傳遞上,近幾年來因資訊量大大的提昇,網路的普遍,相對的頻寬需求提昇,光纖也就快速的與我們的生活息息相關,成為生活中一項重要的技術,人們將其應用在網際網路,行動通訊系統中,各個主幹網路中,光纖提供給網路足夠的傳輸頻寬及速率,透過光纖我們可以達到以往銅纜無法達到的傳輸目標。

近代的光纖通訊發展於一九六〇年代,美國物理學家梅門(Theodore Harold Maiman)成功的使紅寶石震盪而產生雷射光,到了西元一九六六年,科學家高錕(Charles Kao)及George A.Hookham預測他們所製作的光纖能夠讓雷射光波,在光纖中傳遞一公里後還能保有原本光源能量的 1%,這樣光纖就可以像銅導體一樣當為傳遞資料的媒介,但在當時最好的光纖傳遞狀況卻是只能傳遞二十公尺左右，光能量就會衰減到原光能量的 1%，傳遞距離極短。

到了西元一九七〇年代，貝爾實驗室成功製造出可於常溫下連續震盪的半導體雷射 (Semi-Conductor-Laser)及康寧玻璃工廠製造出每公里衰減小於二十分貝的低損失光纖後，促進了光纖技術一日千里，進步快速。

5-2 光纖通訊系統概論

遠古時代人類為了溝通，利用聲音、光線、鏡子、煙火、記號來做通訊連絡，到了後來的電話，不外乎都是為了達到通訊的目的，光纖通訊系統亦是如此，如以無線電波傳遞容易受天氣變化，如下雨、雲霧的影響而造成通訊品質的降低，光纖通訊如在安全的怖線環境中通訊品質亦比無線電通訊來的安全可靠，因為它不易受氣候影響而影響通訊品質，也不受(EMI Electromagnetic Interference)電磁脈衝干擾，故光纖通訊終將為通訊中的主角。

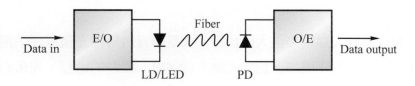

圖 5-2-1　光纖通訊系統基本架構圖

Electric/optical：(E/O)電訊號轉換為光訊號
(O/E)光訊號轉換為電訊號
LD：雷射二極體
LED：發光二極體
PD：檢光二極體

圖 5-2-1 是光纖通訊系統基本架構圖，由圖中可瞭解到 Data in 可以是 Voice 也可以是 Data 訊號也就是語音或資料訊號，經過電子電路的調變處理後轉換成光訊號由 LD 或 LED 輸出光訊號進入光纖中傳遞到遠端，光訊號傳遞到遠端後透過 PD 檢光二極體接收後再經過 O/E 電路處理解調變後，還原訊號為電訊號後輸出達到光纖通訊的功能，這是一個簡易的光訊號經由光纖傳輸的觀念，當然光源如果是使 LED 發光二極體相對的傳輸的光訊號距離最長也只能數公尺遠，只適合極短的通訊距離內的系統傳遞。

再來介紹光纖通訊系統中的多工處理運用方式，圖 5-2-2 是多工光纖通訊系統方塊圖，圖中說明了光纖多工的處理方式 CH1 與 CH2 經由截波器透過同步脈波的取樣收經過放大器，由 LED 輸出，再由 PIN 接收放大後經過同步解調後再輸出 CH1 與 CH2 信號完成資料的傳輸。

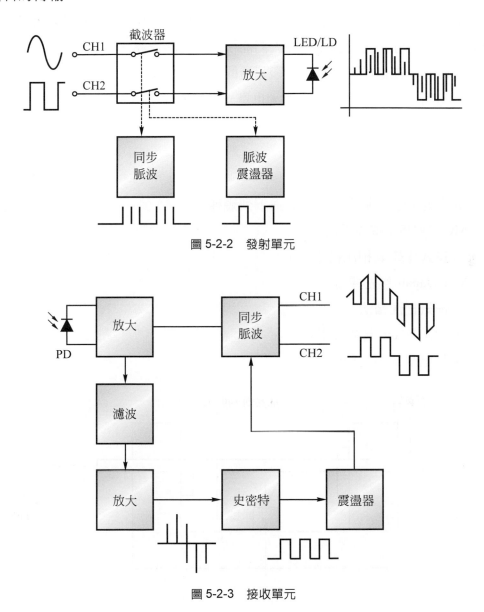

圖 5-2-2　發射單元

圖 5-2-3　接收單元

5-3　光纖基礎製造原理

　　前面提到光纖的發展史，瞭解到光纖通訊的演進時程再來本章節將繼續說明光纖的
基礎製造原理及特性，認想認光纖的人們能快速的認識光纖。

1.　首先瞭解光纖是如何製造，光纖製造的步驟如下：

　(1)　預型體，材料是為石英玻璃，也是光纖的放大型體。

　(2)　抽絲

　(3)　預鍍層

　(4)　被覆

2.　光纖的製造手法基本上也可分為下列幾種：

　(1)　MCVD(USA 首先採用)

　　　改良式化學氣相沈積法

　(2)　VAD(Japan 首先採用)

　　　垂輔氣相沈積法

　(3)　PCVD(Haland 首先採用)

　　　電漿化學氣相沈積法

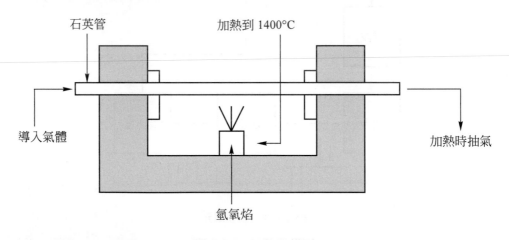

圖 5-3-1　MCVD 模型

1.　加熱使管內的氣體沈積於管子內部而改變光纖的折射率n。

2.　以導入氣體的不同來控制折射率n。

3.　加熱至 1800°C 時將管內的氣體完全抽光完成熔縮。

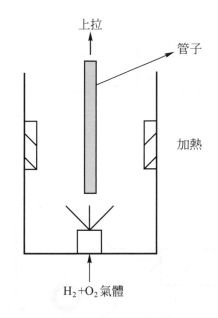

圖 5-3-2　VAD 模型

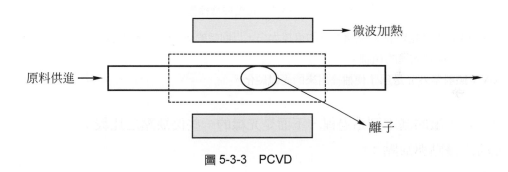

圖 5-3-3　PCVD

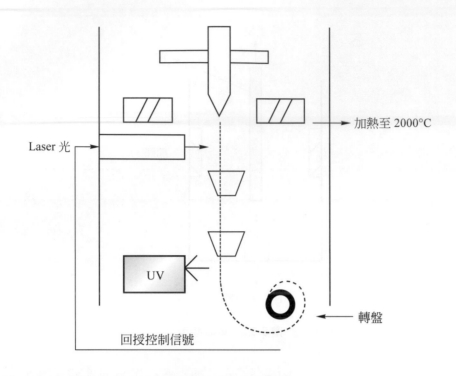

圖 5-3-4　光纖抽絲模型

LASER：使用光來 測定光纖抽絲的直徑大小，以回授的 control 信號來調整轉盤的速度，以
　　　　控制光纖的粗細。

UV：照射紫外光是為了使抽絲出來的光纖硬化。

上述是光纖的基本製造過程，下面是光纖的一些優缺點之比較：

光纖之優點與缺點：

1. 優點：
   (1) 頻寬大(可用於高資料傳輸率 Data Rate)
   (2) 體積小(重量輕，施工容易)
   (3) 信號封閉性好(無串音)
   (4) 不受 EMI 影響(EMI：電磁干擾)
   (5) 價錢低
   (6) 保密性高

2. 缺點：
   (1) 連接較費時間
   (2) 各應用領域缺乏標準(近幾年已陸續訂定)

5-4　光的基本特性

　　光是一種很特別的能源，以白話的方式來說，光像是一個具有雙重性格的人，因為光同時具有波動與粒子的特性，也就是光具有二相性。

　　光波之二相性為光波與光粒子，光粒子即為光源射出一種無質量微粒，以 3×10^8 m/s 的速度向四方發射，而波動的方式就是為常見到的電磁波方式形式傳遞。

　　在光學的領域中有兩大主題就是幾何光學與物理光學，而幾何光學所討論的也就是光的粒子特性，物理光學討論的就是光的波動特性。

　　幾何光學中光有粒子特性，一粒粒的光子匯聚成光線，多條光線再形成光束，光具有直線前進傳播的特性，而光在各介質中傳遞的速度可透過下列式子來表示：

折射率$(n) = C/V =$ 真空中的光速/介質中的光速

真空中光速$(C) = 3 \times 10^8$ m/s

空氣中的介質$(n) = 1$

　　也就是說只要我們知道各介質的折射率n，就可算出光在其介質中傳遞的速度了。例如水的n=1.33，光學玻璃的n=1.5 代入就可求出結果了。例如：

光在水中的光速$(V) = 3 \times 10^8 / 1.33 = 2.256$ m/s

　　何謂光學玻璃：玻璃是將矽砂，鹼金屬和一些氧化物混合加熱至 1400℃後，凝結而成的混合性質，而光學玻璃是其特別講究其純度和均勻等性質。

　　在這先提到光由兩介質中通過時會產生反射與折射，而其規則是為當光由疏介質行進到密介質時會發生外反射，由密介質行進到疏介質會發生內反射，而全反射是在密介質傳遞到疏介質時發生的更詳細的部份將在後面章節敘述。

　　物理光學論點中，光是電磁波的一種，有其特定的傳遞方向，而波的基本表示法可分為：

1. 平面波－波前為一平面之波

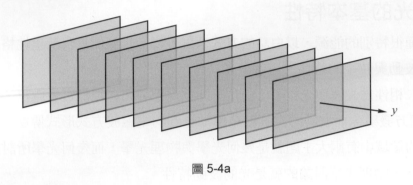

圖 5-4a

2. 球面波－波前為一球面波

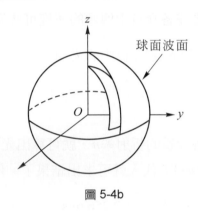

圖 5-4b

3. 柱狀波－波前為一柱面之波

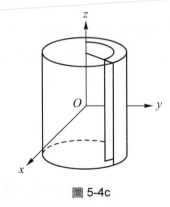

圖 5-4c

以上為光在幾何光導與物理光導論點中的光特性。

再來先介紹**何謂光電效應**，光在光纖中傳遞後最後總是要還原為電訊號，此時就必須經過光電轉換 O/E，而光轉電或是電轉為光都有所謂的光電效應。

光電效應：當光照射於特別金屬表面時，會有電子克服金屬對其束縛能脫離而出稱之。

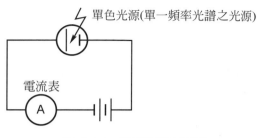

圖 5-4-1　光電效應表示圖

因為不同的光源頻率而改變輸出電壓其相關圖表如下：

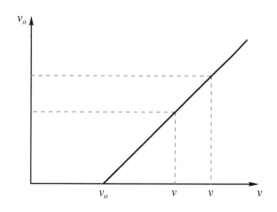

圖 5-4-2　光源頻率v與V_o輸出電壓關係圖

　　光粒子的能量可以以$E = h \times v$來表示。例如：有一入射光源λ(波長)＝ 486nm(藍光波長)，有一 Na 金屬物質W＝ 2.3 eV 則：

$v = C/\lambda = 3 \times 10^8/486 \times 10^{-9} = 617$ THz

$E = h \times v = 6.63 \times 10^{-34} \times 617 \times 10^{12} = 40.9 \times 10^{-20}$ J.S

T：10^{12}

h：浦郎克常數＝ 6.63×10^{-34} J.S

浦郎克常數：量子能量與頻率的比例常數稱之

C：光速＝ 3×10^8 m/s

5-5　光纖基本原理

　　下面是光纖的基本構造，主要是由石英玻璃當作心芯再以另一種不同折射率的石英玻璃當被覆在外層，光纖之外被覆最主要是減少光的損失，將沒有全反射的光再補收回來，在核心部份大約有 80%的光傳輸量，外被覆大約有 20%的光傳輸量，也就是光以全反射的形態在光纖中傳遞。

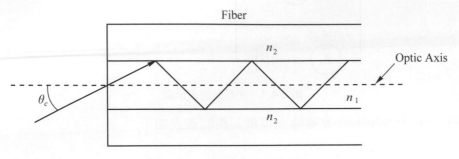

圖 5-5-1　光在光纖中傳遞之情況

n_1：光纖核心(Core)
n_2：光纖被覆(Cladding)
θ：入射角
C：光在真空中傳遞之速度

當光在光纖中傳遞時要達到全反射由 Snell's law 定律得知

$n_1 \sin \theta_1 = n_2 \sin \theta_2$

$n_1 \sin \theta_c = n_2 \sin 90°$

$\sin \theta_c = n_2/n_1$，$\theta_c = \sin^{-1} (n_2/n_1)$

也就是$n_1 > n_2$，n值為折射率，當$n_1 > n_2$時才能造成全反射。

光波長與折射率的關係為：光波長愈長，折射率就愈少，面折射率因而改變入射角θ。(各光波長折射狀況)

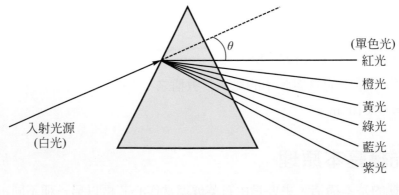

圖 5-5-2

　　單色光源光譜再經過稜鏡也不會再分光為的任何色光這種不能再分解的光，就稱做單色光，各種單色光有其一定的波長範圍，如下：

(光)顏色	波長範圍(Å)
紅	7800～6300
橙	6300～6000
黃	6000～5700
綠	5700～5500
青	5500～5200
藍/青	5200～5000
藍	5000～4500
紫	4500～3800

　　光波長較長如(紅光波長)經過透鏡反射的聚焦焦點較大光波長較短的如(藍、綠光)聚焦焦點就較小。

　　應用在光學讀取頭上，聚焦較小的藍光讀取資料的解析度就較高，而儲存媒體上因而也就可以以較高應密度的方式來存放資料跟讀取，現今的光碟機存取速度越來越快也是跟讀寫頭的光波長有相對的關係。

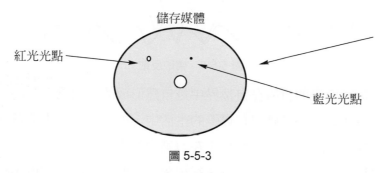

圖 5-5-3

1. 可見光的波長約在 380～780nm 而光通訊用的波長一般都在 800nm～1600nm，最常用的三個波長為 850nm、1300nm、1550nm。

2. 光的折射

　　　　當一光束從一種介質通過另一種介質，且在兩介質中，光的速率各不想同，也就是兩介質的折射率 n 不同，而造成光行進之方向角度與在某物質中速度之比率，而此現象將會依循司乃耳定律(Snell's law)。

3. 光的反射

　　　　光的反射又分為兩種：

(1) 界面反射：當光束從一介質照射到另一介質臨接的界面時有些部份的光線會被反射回到原來的界面中。

(2) 鏡面反射與擴射反射。

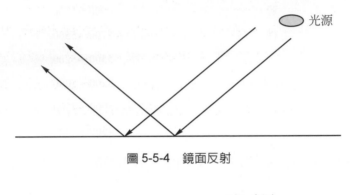

圖 5-5-4　鏡面反射

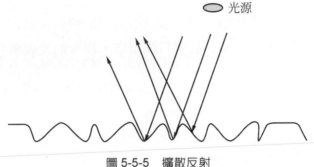

圖 5-5-5　擴散反射

　　　　光的折射與光的折射在自然界中是自然形成的，因為介質的不同面產生不同的現象，現在人們將其應用在實際的生活中，如利用反射來傳遞光源達到通訊的目的，這裡只是讓大家瞭解原來光在傳遞中的幾個現象是時時發生的，只是平常我未注意到而已，當然光也還有各種現象如吸收、散射這裡就不再一一提出，如有興趣可再參考色度學相關書籍。

4. 光的散射：光線在行進的過程中會受到其介質吸收，然後再向其它方向前進，此種現象稱為光的散射，而散射的強度與波長的四次方成反比，相對的較短波長的光較容易產生散射。

5. 光的色散：光在光纖中傳輸時在光纖中光脈衝之展寬下面圖示即為在不同光纖中傳遞的色散狀況。

輸入脈衝信號

1.單模階射率光纖輸出光脈衝　　2.多模階射率光纖輸出光脈衝　　3.多模斜射率光纖輸出光脈衝

圖 5-5-6

　　色散又可分為：

(1)　模態色散

(2)　材料色散

(3)　波導色散

　　模態色散主要是發生於多模態光纖中，而材料色散與波導色散主要是發生在單模光纖中。

6.　模態色散：

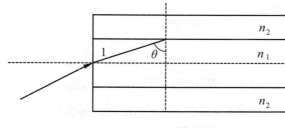

$Sin\,\theta = z/1$

$z = $ 光纖長度

圖 5-5-7

7.　材料色散：

$$\Delta t = -Z/C \cdot \lambda_0 \cdot d^2 \times n/d\lambda^2 \cdot \lambda_{3dB}$$

Z：光纖長度

λ_0：中心波長

λ_{3dB}：光源線寬

8. 波導色散：

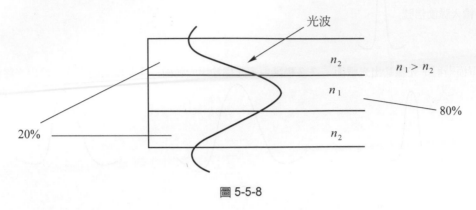

圖 5-5-8

光波在光纖中傳遞的狀況在n_2中有 20 %的光波，n_1中有 80 %的光波傳遞。

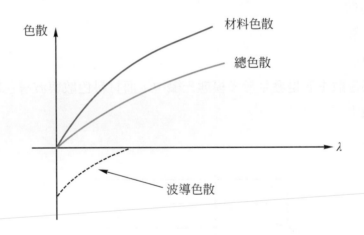

圖 5-5-9

　　當白光通過一狹縫(silt)而轉入一稜鏡(prism)，如圖 5-5-10 所示，則各色光因在稜鏡中的折色角不同而分散。故在鏡後的白屏上出現一列有色的光帶稱之為光譜(spectrum)。有色光帶各色光的鄰接處，並無明顯的分界，但是各顏色的順序為：紅(red)、橙(orange)、黃(yellow)、綠(green)、藍(blue)、靛(indigo)、紫(violet)等七色，而這樣的現象就是光的色散，這是由於不同波長的光在介質內行進的速度不同所造成。

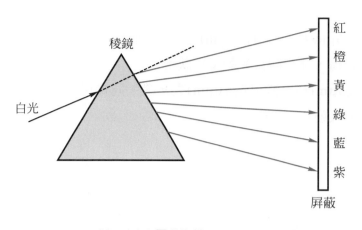

圖 5-5-10

5-6　光纖的模態

依光纖的類型來分：光纖可分為較常用的

1. 多模態階射率光纖
2. 多模態階射率光纖
3. 單模態斜射率光纖

單模光纖在傳遞時因只傳遞一個模態，通常適用於大容量長距離的光纖通訊，在骨幹光纖系統中需求量最大，多模態光纖在傳遞過程中是以多個模態在傳遞，傳輸性能較差，較適用於較短的區域網路建置使用。

模態：以一特定角度耦合入光纖，即以一特定之電場極化方向在光纖中行進，此一角度之光束即稱為一模態光。

歸一化頻率：(V值)描述在光纖中有多少個模態傳播。

定義：$V = 2\pi a/\lambda \cdot NA = 2\pi a/\lambda \cdot \sqrt{n_1{}^2 - n_2{}^2}$

$2a$　：光纖核心直徑

λ　：操作波長

NA　：數值孔徑

因當 $V < 2.405$ 時為單模態傳播，對於階射率多模光纖之模態數可以用下式估算：

$N = V^2/2$

模態實驗：

1. 首先用 4/125μm(核心為直徑 4μm)之光纖，使用 He-Ne 雷射光(波長λ=0.6328μm)
   耦合進入光纖，注意觀察光的輸出狀況。

2. 再用 10/125μm(核心直徑為 10μm)之光纖，同樣以He-Ne雷射光耦合進入此光
   纖，並微調入射條件，觀察輸出光之圖案。

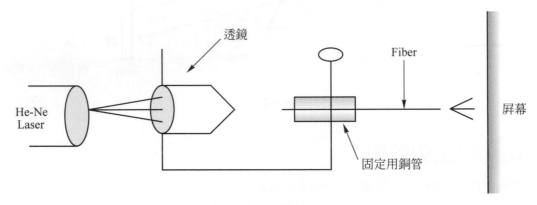

圖 5-6-1　實驗模型

3. 10 ／ 125μm 之光纖一般用為單模光纖但卻看到多模態分佈？

   結果：

1. 單模態光纖傳播除了V＜ 2.405 之條件，當光纖之核之直徑太小，也就是只有，
   單一光波長光源可以耦合進入光纖時就為單模態傳播，而光輸出是為一個點。

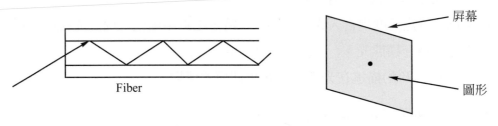

圖 5-6-2

2. 多模態之光纖如 4/125μm 和 10/125μm 光纖不同，使用He-Ne雷射λ＝ 0.6328μ
   m 打入兩光纖 4/125μm 會有單模態形式傳播，因此光纖則為多模態傳播。

   因$V = 2\pi a/\lambda \cdot \sqrt{n_1{}^2 - n_2}$

   n_1，n_2：為光纖介質

   λ：He-Ne 之波長

   a：光纖直徑

計算後He-Ne雷射之波長入剛好可以滿足 4/125μm 之光纖使之成為單模態傳播，因 $V < 2.405$，而 10/125μm 之光纖計算出來的V值卻大於 2.405，$V \gg 2.405$ 故不能行單模態傳播，而行多模態傳播。

10/125μm 因核心直徑較大，波長(λ)相同容許較多光射入而為多模態傳播。如欲使 10/125μm 之光纖行單模態傳播，則須改變λ，即為入射光波長，使其$V < 2.405$，因2a為固定。

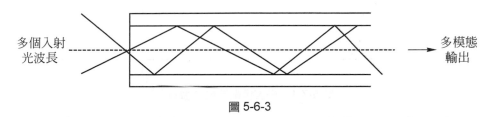

圖 5-6-3

10/125μm 多模態輸出狀況圖形：

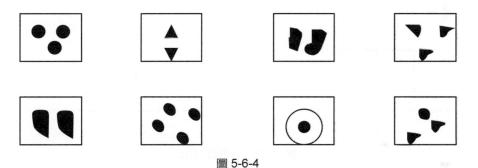

圖 5-6-4

5-7　光源與雷射光

前面對光纖有了基本的認識後，另一與光纖有密切關係的主角—光源，在這一章節做介紹。

光源與我們生活息息相關，相對的光纖沒有光源也是一點用處都沒有，良好的光源對一個光通訊系統而言是占很重的比數的，當然良好的光源也必須具備一些條件。

1.　光波長：良好的光波長必須使光波在光纖中的損耗與分散程度低，也就是此光波長適合在此光纖中傳遞，亦造成的損耗最小。

2.　可靠性：壽命長、穩定、再生性佳。

3.　發光效率：能提供系統所需的規格要求。

4.　功率效率：消耗功率低、低電源電壓下工作，降低熱的產生。

5.　聚焦效果：能有效率的聚焦於光纖，達到高效率的耦合。

6. 調制：能直接調制或容易外在調制。

7. 尺寸與成本：尺寸重量小、適合低成本、大量製造。

8. 光譜寬度：光波長寬、使光纖有最大頻寬。

在光源中色散會造成光脈衝的展寬，並不是損失，如下圖 5-7-1：

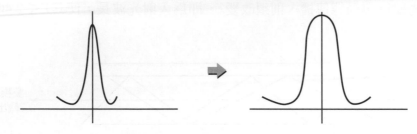

圖 5-7-1　光因色散造成之展寬

光源的損失是因光源因某種因素如耦合，接續，造成光振幅的變小。

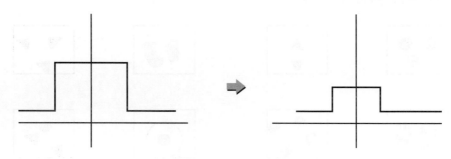

圖 5-7-2　光振幅變小

光頻譜的寬度 $\Delta\lambda$(nm)

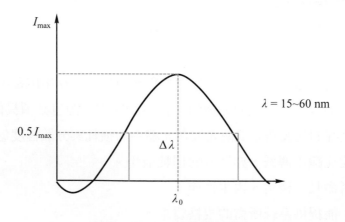

圖 5-7-3　LED 頻譜寬度狀況

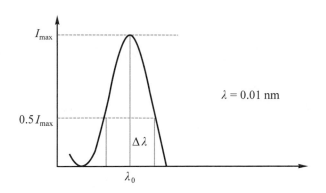

圖 5-7-4　LD 頻譜寬度狀況

　　LD 的發光頻型是為邊緣發光，LED 是屬於邊緣發光與表面發光，在相同的光功率下 LED 比 LD 耦合入光線的功率少，因為 LED 的發散角 θ 較大，LD 發散角 θ 較小。

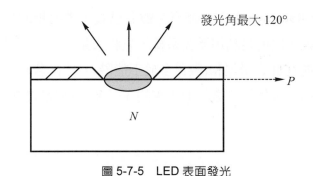

圖 5-7-5　LED 表面發光

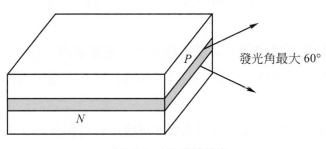

圖 5-7-6　LD 邊緣發光

　　一般而言使用的光源波長大約為 0.85μm 或是 1.05～1.6μm 之間，因為在這些波長下，光在光纖中傳輸的損耗較低，由其在 1.3μm 時，光纖的材料色散較低所以通常用來攜帶高頻寬的信號。

　　光源的可靠性目標一般都為幾百個小時，只是長效型光源的要求主要是因為為了減低光通訊系統的故障時間提高傳輸的穩定度，而對於光功率效率甚至 50 ％以上都是努力的目標，如果有一光的輸入功率是為 P_i 輸出光功率為 P_o 那其效率可表示為

$\eta_i = P_o/P_i \cdot 100\%$

當然要提高光功率的效率，也是要要求光源元件能在低電壓下操作，又能高效率使用。

再者光的聚焦效應，當透鏡將光點聚集愈小，也就越容易耦合到光纖中，提高耦合效率，光譜的寬度直接影響到傳輸頻寬的高低故一個好的光源將直接影響到網路傳輸頻寬，為了控制光的輸出信號調制方法也是重要的一環，不管是直接調制還是外在調制主要目的是要簡單而有效，因為它關係到一個系統的成敗，最後考量的才是尺寸與成本的因素，也是為了量產而考量的因素。

雷射光

「雷射」一詞是英文「LASER」的譯音，而 LASER 是 Light Amplification by Stimulated Emission of Radiation 等字的縮寫。顧名思義，雷射指的是光經由受激放射而放大的過程。簡單的說，雷射是利用激發系統，先將大量的電子提升至某一電子能待較久的高能階，讓電子能在此大量累積(數目多於下能階)，然後若有其能量恰等於電子躍遷的能階差的光子通過，會使得受激放射出來的光子多於被吸收的光子而產生增益，因而產生雷射。

雷射光束的特性

1. 平行性：擴散角小，可長距離傳播。可應用於定標準線、標準面、定位、測距及測徑。
2. 純色性：雷射光光譜純淨。可應用於分色、光譜量測、病理檢驗。
3. 干涉性：雷射光干涉效果明顯，因其同調性良好。可應用於精密量劃、測徑、測變形、流場測量、流速測量。
4. 高強度：一瓦級雷射光速可引燃木板。可應用於材料加工、人體加工、無模式型材料純化及雷射輔助化學鍍膜、軍事應用。
5. 雷射發光的機劑：受激放射。

放射的種類：

1. 自發放射：介質自動發射光子。
2. 受激放射：介質受激發射光子。
3. 光通過介質而衰減的主要機制：吸收。

4. 介質放大光子數的必要條件：放大→吸收。

光共振腔：

　　置於介質二端的反射鏡，光在有居量反轉的介質中傳播距離愈長。則放大的倍率愈高，是以利用兩面反射鏡使光來回通過介質，以逐次放大，反射鏡中的一面為部份透射，透射之光速即雷射之輸出。

雷射的分類：

1. 按波長分類：可分為紫外線雷射、可見光雷射及紅外線雷射等三種。
2. 按介質物態分類：可分為氣態雷射、液態雷射及固態雷射等三種。
3. 按輸出功率分類：高功率雷射、中功率雷射及低功率雷射等三種。
   對於雷射光源的驅動功能要求要點如下：
1. 提供偏壓直流。
2. 提供調變信號電流。
3. 提供限流保護。
4. 提供溫度補償功能/溫度控制。
5. 提供功率補償功能/控制功能。
6. 提供反相電壓與電流保護。

5-8　光纖的損耗

　　光纖的損耗關係到光在光纖中的傳遞效率，也關係到一個光系統的優劣，一般來說光耦合入光纖中傳遞，一開始就有所謂的偶合損耗而一般來說光纖的損耗可分為兩大因素：

1. 內在因素：內在因素意味著是本身光纖製造完成後自身對光的一些損失，可分為另收損耗與散射損耗，吸收損耗又可分為本質吸收與異質吸收，本質吸收如UV、IR 吸收異質吸收如銅、鐵之類的吸收，因為這些雜質附著於光纖中影響光的傳遞散射損耗，又可分為端立散射與波導散射，而吸收損耗和雷利散射損耗是光纖材料中最基本的損耗。
2. 外在因素：光纖的外在因素損耗可分為彎曲、傷害、接續損耗，一般損耗的單位都是以 dB/km 來表示像是彎曲損耗值大可由 0～dB/km 傷害損耗 0～dB/km，接續損耗 0.1dB/km 光纖的彎曲損耗由核心大小以及彎曲半徑來決定，所以光纖

在施工時須多注意其彎曲半徑以免造成光的損耗，接合損耗是最重要的，當光纖
一段段的投合起來時就必須考慮到光的損失，熔接不完整造成光纖軸線誤差，角
度誤差，以及偏移誤差將成光的損耗，也是須持別注意的。

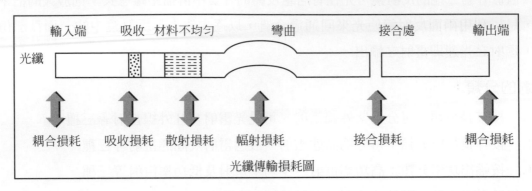

圖 5-8-1

5-9 光纖網路基本型態

光纖的網絡型態依需求的不同可分為下列幾種不同的型態，依網路架構來分：

1. Mesh 複示網路

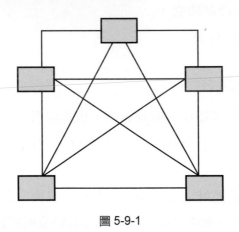

圖 5-9-1

2.　Star 星狀網路

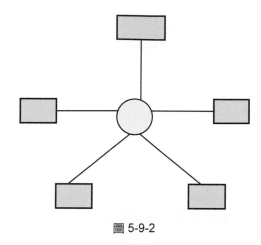

圖 5-9-2

3.　Tree 樹狀網路

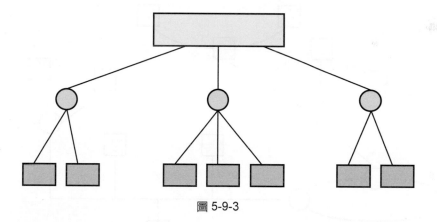

圖 5-9-3

4.　Bus 幹道形網路

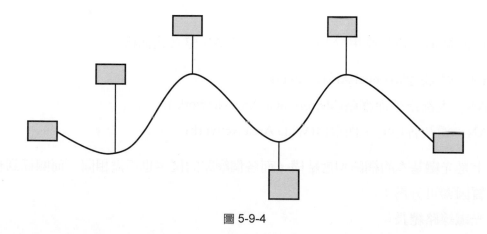

圖 5-9-4

5. Ring 環狀形網路

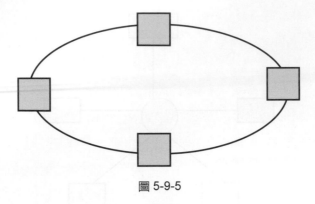

圖 5-9-5

6. (Hierarchical Structure)分層式結構網路

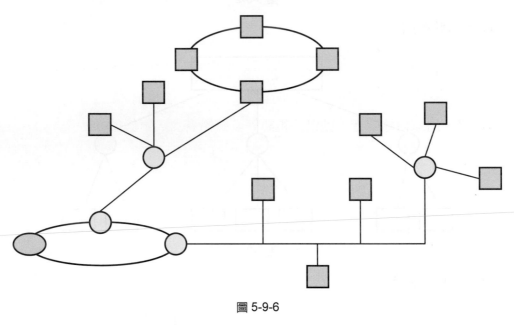

圖 5-9-6

分層式結構一般多應用於 LAN、MAN、WAN 整合式網絡

LAN：局部網路(Local Area Network)

MAN：大都市平面網路(Metropolitar Area Network)

WAN：遍及各地的平面網路(Wide Area Network)

以上是光纖基本的網路型態結構，而各個網路的優劣也不盡相同，而關係到整個網路的性質因素可分為：

1. 光纖線路總長

2. 用戶數

3. 變更簡易性

4. 硬體複雜性

5. 易損性

6. 價格

　　而在光纖網路中介面是一個很重要的主角，FDDI 光纖分散式數據介面是最常見的，FDDI(Fiber Distributed Data Interface)為光纖網路的一種，是由 ANSI X3T9.5 所制定的標準，它根據權狀環網路(Token Ring)的特性來修正，其傳輸速度可以達到 100Mbps，傳輸距離根據光纖裝備與光纜的不同，分別可以達到多模光纖的 2 公里及單模光纖的 60 公里，最多可以連接到 1,024 個節點。用光纖作為媒介的網路有 SONET 與 SDH 兩種，前者為北美規格，後者為歐洲系統。

　　FDDI 可以使用環狀、星狀或是綜合兩者的排列，而由於傳輸距離可以延長到 60 公里，所以在廣域網路或是區域網路都可以適用。FDDI 環狀網路支援雙重環路，一個主要環路與另外一個次要環路，當主要環路路徑中斷時，次要環路可以作為備份的傳輸徑路。FDDI 支援多媒體的版本稱為 FDDI-2，它將 100Mbps 的頻寬分割成為 16 個 6.144 Mbps 的電路，用以傳輸聲音、動畫及視訊等多媒體資料，對於低速資料的傳輸，每一個電路又可區分為 96 個 64 kbps 的子電路。其特性如下：

1. 資訊傳送率：100Mb/s(Local rate 125 Mb/s)

2. 用戶數　　　：最大 500 戶

3. 網路總長度　：200km

4. 每站延遲　　：756ns(最大)

5. 路環廷遲　　：1.733ns

6. BER(誤碼率)：10^{-9}

7. 每站 BER　　：$\leq 2.5 \times 10^{-10}$

8. 傳輸碼　　　：NRZI　4B/5B

9. 站間距(最長)：2km(多模光纖)、60km(單模光纖)

NRZI(Non-Return to Zero Inverted)

　　NRZI 編碼方式的特徵，是並沒有使用到時脈信號(Clock Signal)，也可以達成傳送方與接收端同步的目的。其基本編碼規則是，在 NRZI 資料串(Data Stream)中，有轉換 (transition)代表「0」，沒有轉換則是代表「1」。不過當過長的連續「1」不斷發生時，導致信號沒有發生轉換，會喪失掉同步的功能。解決之道即是運用所謂的「位元填塞-

Bit Stuffing」的技巧，「位元填塞-Bit Stuffing」的法則是這樣子的，於NRZI編碼之前，在資料串每六個連續「1」的後面，填入一個「0」的位元。不過即使第七個位元是「0」。仍然要使用 Bit Stuffing 法則，填入一個「0」。也就是說會產生連續兩個「0」的位元。

5-10　光纖通訊系統之設計與量測

　　一個光纖通訊系統優劣，關係到整體的網路效率，以基本面來分析可以分為幾個步驟：

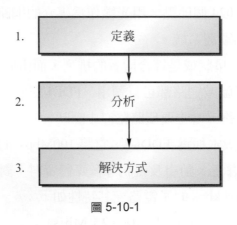

1. 定義

2. 分析

3. 解決方式

圖 5-10-1

定　　義：依不同的系統需求/規格來設計所需的光纖網路，必須考慮到價格、可靠度、可護性，網路擴充性，及市場需求面，依功能來看需考量以類比方式或數位方式來規劃分析。

分　　析：依照系統的需求分析其光纖網路的距離(光纖之損耗(dB/km)，也就是光功率之變化)、環境、分散特性例如：1000【km．MHz】/nm、元件特性是否合適如光源、檢光二極體、多工方式(TDM、FDM、WDM)、調變方式、使用波長等都是需要納入系統設計時考量的一般來說設計上系統的基本規格有幾點：傳輸方式、系統傳真度、傳輸頻寬、中繼器的距離、成本及可靠度等。

解決方式：當系統設計出現問題時在不影響整體網路設計規格內應馬上修正其設計，並分析在局部元件修改後對整體效益的影響層面作徹底的檢討才不致響到整體架構。解決方式上應方為局部解決跟整體解決方案當然是視問題發生是在局部元件或整體系統架構性問題上作考量解決。

表 5-10-1　光纖通訊系統的區分類別

類別	說明
光纖	可分為三層：核心層(core)、包覆層(clad)、保護層(光纜)。 依材質可大致分為：玻璃光纖(SiO_2)與塑膠光纖(PC、PS、mCOC、Sol-Gel、PMMA)。
光纜	包括多模光纜(9 %)、海底光纜(43 %)、單模光纜(48 %)。 依材質可大致分為：室內(PE)、室外(PVC)。
光主動元件	涉及光電之間能量的轉換，包括：光發送器、光接收器、光放大器、面射型雷射(VCSEL)、光開關、可調式雷射、L-Band 放大器。
光被動元件	光連接器(比重最大)、光耦合器、光衰減器、光訊號調變器、光偏振器、光隔絕器、濾波器、光源分歧器、光波分歧器。
其他	光通訊材料 DWDM 系統 光纖區域網路設備 電信光傳輸設備 光纖通訊量測設備

光纖通訊系統的優點：

1. 應用於長距離通訊，降低成本：
   (1) 譬如 1.3 微米波長之光纖用於傳輸時，每公里約有 0.4～0.5dB 的損失；而 1.5 微米之光纖每公里約有 0.2～0.25dB 之低傳輸損失。
   (2) 與傳統的銅線電纜傳輸系統作比較，光纖通訊可以使傳輸的中繼距離增長至數十公里，並可大幅度地減少中繼器之數目，降低通訊系統的成本。
   (3) 舉例來說：若從甲地至乙地，距離不過二十多公里；若採用光纖連接，則乙地區就不須設大型機房。由於光纖傳輸損失低，可增長中繼區間的傳輸，減少系統成本及複雜性，更適用於長途傳輸。

2. 光纖質輕、細並富有可繞性，容易集結成束，故光纖集結成光纜埋設時，可節省管道使用空間。有效提高管道使用效率，配置空間的經濟性高。光纖具有極大的通訊頻寬，頻寬可達 1～2GHz 以上。

3. 光纖具有極大的通訊頻寬，頻寬可達 1～2GHz 以上。一般普通同軸電纜的頻寬約 330MHz～550MHz，相較之下，光纖有著極高之頻寬載訊容量。

4. 光纖材料一般皆為石英玻璃，其具有不腐蝕、耐火、耐水及壽命長之特性，加上光纖有極佳的柔軟性及應變性，良好的保護外被及抗張力物質，使光纖傳輸可節省經營成本。

5. 由於光纖介質組成如石英玻璃，即為良好絕緣體， 不會受到電磁干擾，適用於容易受雷擊或高電場區，可大大提高通訊的傳真度且保密性高 光信號不會從光纖中幅射出去，適用於軍事，銀行連線及電腦網路。

在設計一個光纖通訊系統時除了要考慮以上要素外也須注意到其光率裕度的問題也就是預留空間的意思如圖 5-10-2 所示。

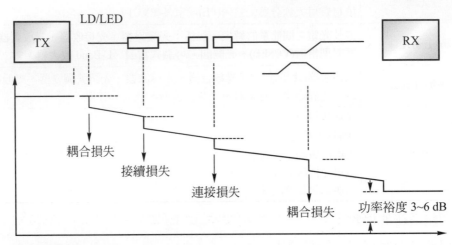

圖 5-10-2

光纖功率預算公式：

(Minimum Receiving Power)最小接收功率

$P_t = \text{MRP} + M - \text{Lcoupling} + L_s + L_c + \text{Lcoupler} + (L \times \alpha)$

$M = P_t - L_c - L_f - \text{Lconnect} + \text{MRP}$

$L(\text{光纖長度}) = P_t - P_r - M - L + L + C/\alpha$

$0\text{dBm} = 1\text{mW}$

$\text{dBm} = 10 \log 4\text{mW}/1\text{mW} = 10 \log 4 = 6\text{dBm}$

在設計光纖通訊系統時最後也須注意到其功率裕度通常是 3～6dB。

ODTR(Optical Time Domain Reflectometry)光時域反射儀與光功率計

光時域反射器(Optical Time Domain Reflectometry；OTDR)與光功率計(Power Meter)是光纜工程中用得最頻繁的兩種測試工具，OTDR能測出光纖長度，光鏈路損失、連接器反射損失、熔接損失、光纖斷線點、彎曲點、每公里的光損失，還能將測試圖形儲存、列印、比較等，可說是個多功能的測試儀器，而且測試時只要一個人在一端執行測試即可，機動性大，節省人力；而光功率計體積小、輕巧，只能測試光纖鏈路的光損失，所量出來的只是數字，對光纖鏈路內部的情形無從判斷。它最大的好處是體積較輕巧，損失測試較爲準確，但不是絕對正確，因爲測試時光纖連接器的連接，每拆裝一次因爲接頭的關係測試值會改變。所以，測試時量測三次，再取其平均值會較爲準確。

當光功率計與穩定光源在測量光纖鏈路的光損失時，光信號是從光纖的 A 端送進，另一 B 端接收，運作的情形與光纖鏈路實際使用的情況很雷同，測試出來的結果自然較爲準確。而且，光功率計沒有盲區的問題，既使長度很短也不需用虛擬光纖。只需要在測試之前，先量測出兩端的連接器損失，測試後再將損失扣除，即爲光纖鏈路的實際總損失。現在的用戶光纜，光纜芯數一多，錯接的機會就相對增大。用光功率計測試除了可以驗證鏈路的損失是否在理想的範圍內，還可以確定心線是否錯接。光功率計的用途不只這些，它還可以測光纖元件的插入損失、均勻度、方向性、反射衰減量、極化穩定性等，功能也算相當完備了。

OTDR的測試型態與光功率計有點不同，是造成兩者測試結果不同之最大因素。當光信號從光纖的一端進入後，OTDR是等著光信號經由光纖反射回來，依光的來回時間和反射量來做測試其問題點。這種情況與實際的光鏈路運作不同，所以它測試鏈路的損失值會不同於光功率計也未必是正確。不過事實上，OTDR測試出來的光纖鏈路損失值很少被正式採用，但可以當作參考。因爲用 OTDR 測試鏈路損失時，第一個連接器的損失和最後一個連接器的損失經常會被省略，或是未能正確的被計算在內，有時又會因盲區而影響測試結果。

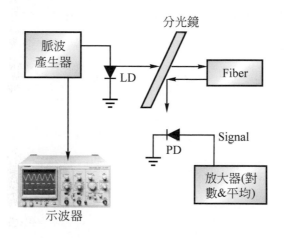

圖 5-10-3　OTDR 原理圖

比較困難的是OTDR的圖形不是人人能解讀,需要經過特殊的訓練與經驗。不過,OTDR有光功率計所不及的地方,它最能發揮功效的場合不是在光鏈路終端測量,而是在光纜的施工及查修過程。施工前用OTDR測試可以確定光纖在光纜內是否保持完好,也可以測出光纜的正確長度,光纜怖放過程中的拉力、捲繞、切割、接續、收容等動作對光纖來講是一種考驗,怖放後的光纖能否完整無缺,或鏈路資料是否正確,也得靠OTDR來測試驗証。將來在網路的維護上,光纖障礙時更需使用OTDR來查修一方面可以釐清施工責任,一方面確保施工品質。

思 考 題

1. 當光波於光纖中傳遞時,該光纖被外力曲折90度角以上時會有什麼狀況產生?
2. 光纖之優點與缺點為何?
3. 何謂光之二相性?
4. 何謂光學玻璃、光電效應?
5. 何謂光的色散與光的散射?
6. 以光纖的類型來分光纖可分哪幾種型態?
7. 何謂 FDDI Interface ?

CHAPTER **6**

通訊協定

在本章節中最主要是探討跟傳輸網路有密切關係的通訊協定，如OSI七層，網路的監控協定、CRC(週期性循環檢查法)、Frame Relay訊框中繼、TCP/IP與RS232如何跟終端設備連接等相關基本知識。

6-1　OSI七層

LAN、MAN 和 WAN 在早期發展對各方面而言都較混亂。1980年代初期網路的數目與大小有驚人的成長。當時各個公司體認到，他們可以利用網路科技省下不少錢，同時增加競爭力與生產力。

到 1980 年代中期，這些公司開始經歷隨所有擴充作業而來的成長痛苦。也使得不同規格和不同完成方式的網路間彼此通訊變得更加困難。他們體認到必須掙脫專屬網路系統的束縛。

所謂的專屬系統是私下開發、擁有、控制管理的。在電腦工業中，專屬代表開放的相反，意思是一小群公司控制技術的所有使用情形。開放的意思是，自由運用公開取用的技術。

　　國際標準組織(ISO)為解決網路間不相容與彼此無法溝通的問題，研究如DECNET、SNA 和 TCP/IP 之類的網路架構，以便訂定規則。研究之後的結果是，ISO 開發出一個網路模型，可協助廠商建立與其他網路相容並共同運作的網路，將複雜的通訊作業拆解成較小而獨立的作業之處理程序。

　　OSI 參考模型，發表於 1984 年，是標準組織所開發的一種敘述性架構。提供廠商一組標準，可以為全世界許多生產各種不同網路技術的公司，確保更高的相容性和共同運作的功能。

　　OSI 參考模型的七層分別是：

第七層：應用層

第六層：展示層

第五層：會談層

第四層：傳輸層

第三層：網路層

第二層：資料鏈結層

第一層：實體層

　　OSI各層都有一組必須執行的功能，以便讓資料封包由來源在網路上向前行進，傳送到目的地。下面是 OSI 參考模型各層的簡要敘述說明。

第七層：應用層

　　應用層是OSI中最接近使用者的一層，它提供網路服務給使用者的應用程式。這一層與其它各層的差異是在，它不提供服務給OSI的其他任何一層，而只為在OSI模型之外的應用程式提供服務。此類應用程式的範例包括：試算表程式、文字處理程式和銀行終端機程式。應用層會建立元件間通訊的有效性，在發生錯誤後復原及資料完整性控制的程序上，建立共識並讓程序同步化。

第六層：展示層

　　展示層可以確保一個系統的應用層所送出資訊可由另一個系統的應用層加以讀取。必要時，展示層會利用共同的格式，在多種資料格式之間進行翻譯的工作。

第五層：會談層

　　會談層顧名思義就是，建立、管理並終止兩個通訊主機之間的會談。會談層提供服務給展示層。同時也讓兩個主機展示層之間的對話同步化，並管理兩者之間的資料交換。除了會談規定以外，會談層也提供各項規定，以利有效進行資料傳輸、服務分等，以及會談層、展示層和應用層問題的例外報告。

第四層：傳輸層

　　傳輸層將來自傳送方主機系統的資料區段化，然後在接收方主機系統上，重新將資料組合成資料流。會談層和傳輸層之間的分野可以想成媒體層協定和主機層協定之間的分際。應用層、展示層和會談層都與應用程式有關，而最下面三層則是與資料傳輸有關。

　　傳輸層試圖提供可以保護上層而避免傳輸實作細節的資料傳輸服務。尤其是，如何在兩主機之間進行可靠的傳輸之類的問題，傳輸層特別關心。傳輸層會在提供通訊服務時，建立、維護並適當終止虛擬電路。也在提供可靠服務時，運用傳輸錯誤偵測與復原以及資訊流控制功能。

第三層：網路層

　　網路層是很複雜的一層，可提供位於不同地理區域的兩主機系統間的連通性和路徑選擇。

第二層：資料鏈結層

　　資料鏈結層提供在實體鏈結上可靠的資料傳輸。此時資料鏈結層關心的是實際(而非邏輯)定址、網路拓樸、網路存取、錯誤通知、井然有序的訊框傳送、以及資料流控制。

第一層：實體層

　　實體層定義了電氣、機制、程序和功能等四大規格來啟動、維護及關閉端點系統間的實體鏈結。如電壓標準、電壓改變的時間、實體的資料速率、最大傳輸距離、實體的連接器和其它相似的屬性都由實體層規格所定義。

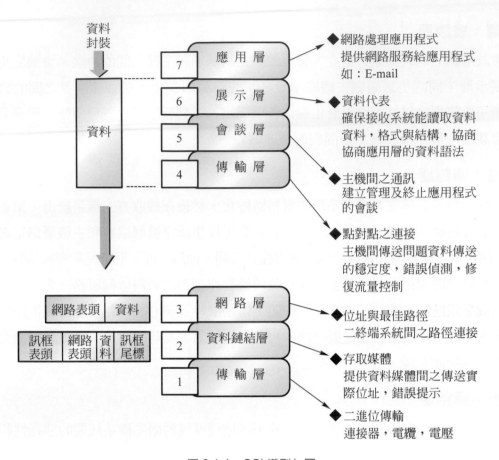

圖 6-1-1　OSI 模型七層

資料封裝五個會談步驟

1. 建立資料。

　　當使用者送出電子郵件訊息時,其英數字元即轉換成可以穿越互連網路行進的資料。

2. 封裝資料以便於終端傳輸。

　　資料被封裝以便做互連網路傳輸。利用區段,傳輸功能可保證置於電子郵件系統兩端的訊息確實進行通訊。

3. 將網路位址加入表頭。

　　資料放入封包或資料元,其中含有來源和目的邏輯位址的網路表頭。這些位址可幫助網路設備送出封包,沿著指定的路徑穿越網路。

4.　**將本地位址附加到資料鏈結表頭。**

　　每個網路設備必須將封包放入訊框，訊框允許連接到鏈結上下一個直接與網路連接的設備。在選定網路路徑上的每一個設備，都必須要訊框化以連接到下一個設備。

5.　**轉換成位元以便傳輸。**

　　訊框必須轉換成 0 和 1(位元)的格式，以便在媒體上傳輸(通常是電線)。計時的功能使設備得以區分這些穿越媒體行進的位元。在實體互連網路上的媒體會隨著所選路徑變化。舉例來說，電子郵件可能起源於一個 LAN，經過校園主幹網路，再出去與另一個 WAN 連接直到到達其在另一個遠端 LAN 上的目的地。當資料向下穿越 OSI 模型的各層，表頭和尾標會被加入。

6-2　監控傳輸網路與 SNMP

　　雖然監控網路的原因有很多，其中最主要的兩個原因是爲了預測未來成長的變化，和偵測網路狀態中非預期的變化。非預期的變化可能包括**傳輸設備故障**、網路被破壞或通訊鏈結故障等種種事件。若無法監控網路，網路管理員將只能在問題發生時才能加以應對，而無法主動預防問題的發生。

　　網路管理主題著重於區域性網路方面。監控廣域網路和管理區域網路都用到許多相同的基本管理技術，監控工具的使用與它擺放的位置，便成爲一個關鍵。

SNMP：

　　SNMP是讓管理人員能夠將統計資料透過網路傳送到中央管理控制台的一種協定。SNMP(Simple Network Management Protocol)由田納西大學(University of Tennessee)的 JeffCase 教授所制定出來的一個網路管理通訊協定，同時也是目前大部份 Internet 的網管標準，SNMP 遵循著 TCP/IP 通訊協定，它利用 Get(取得資訊)、Set(設定資訊)、Trap(設定追蹤)三組簡單的命令群來要求網路節點被動回報資訊、主動取得網路資訊，以及設定網路的參數等能力，所以它是屬於一種輪詢(polling)的協定，網管設備必須主動詢問被管理設備的各種情形。通常我們可以使用SNMP來取得或是設定再生器(repeater)、路由器(router)、橋接器(bridge)等設備的參數。

SNMP 後來演進為 SNMPV2(Version2)，又稱為 SMP，它除了能在 TCP/IP 網路上工作之外，同時還支援 AppleTalk、IPX 和 OSI 傳輸層協定，同時也可以在一次的傳輸當中傳遞多個參數，並可以使用 DES 或是公用鑰匙(publickey)的加密，提供更一層的網管保密措施。

為了補足 SNMP 在遠端監控能力的不足，後來又有加強的 RMON(Remote Monitor) 標準出現，這個標準主要提供危機處理、一對多的網路管理、防止資料封包發生碰撞，以及分擔網路管理站的工作量。SNMP 是網路管理結構的一個元件。網路管理結構主要由四個主要元件組成。

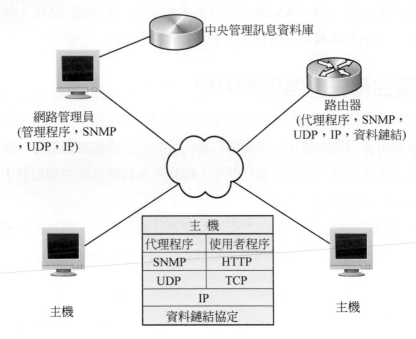

圖 6-2-1　網管主要元件

1. **管理工作站：**

   管理工作站是網路管理員與網路系統之間的介面。它有可以操縱網路的資料和控制網路的程式。管理工作站還會維護一份管理訊息庫，來保存受其管理之裝置的管理資訊。

2. **管理代理程式：**

   管理代理程式是包含在被管理裝置內的元件。橋接器、路由器、集線器和交換器可能包含 SNMP 代理程式，使它們可以受管理工作站控制。管理代理程式回應管理工作站的方式有二。首先，透過輪詢(polling)，管理工作站向代理程式要求資料，而代理程式以要求的資料回應。陷落(Trapping)是專為減少網路流量而設計的資料收集方法，它是在被監控的裝置上處理。管理工作站不持續以特定間隔輪詢代理程式，而是在被管理的裝置上設定門檻(上限或下限)。如果裝置超過此門檻，被管理的裝置會傳送警告訊息給管理工作站。這樣就不必持續輪詢網路上所有被管理的裝置。陷落對於須管理大量裝置的網路非常有用。它降低了網路上的 SNMP 流量，而把更多頻寬留給資料傳輸使用。

3. 管理訊息庫：

管理訊息庫有資料庫的結構，並且位在每個被管理的裝置上。資料庫中包含一系列的物件，這是在被管理的裝置上收集得來的資源資料。MIB 中有許多類別，包括連接埠介面資料、TCP 資料和 ICMP 資料。

4. 網路管理協定：

使用的網路管理協定是 SNMP。SNMP 是設計來傳送管理控制台與管理代理程式之間資料的應用層協定。它有三個主要功能。能夠 GET(管理控制台自代理程式擷取資料)、PUT(管理控制台設定代理程式的物件值)以及 TRAP(代理程式通知管理控制台重要的事件)。簡單網路管理協定的重點就在於簡單。在開發 SNMP 時，原本只是要設計一個短程的系統，不久就將被取代。但是就像 TCP/IP 一樣，它已經成為網際網路-內部網路管理組態中一項主要的標準。最近幾年，SNMP 加了一些增強功能，擴充了監控和管理的能力。SNMP 最重要的一項增強功能稱為遠端監控(Remote Monitoring，RMON)。SNMP 的 RMON 延伸讓您能夠將網路視為一個整體，而不是個別的裝置。

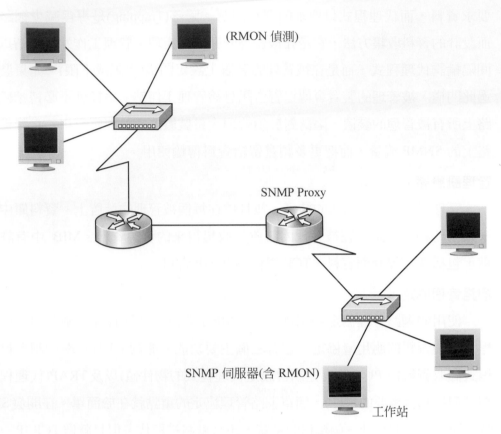

圖 6-2-2　RMON 偵測之網路

SNMP 網管連接網路圖：

　　圖 6-2-3 是一個實際運用在微波網路中的網管連接架構圖，主要是要讓大家瞭解一下真正在運作的網路裡 SNMP 運用的方式每個 Subnet 代表的是微波網路群，它們透過傳輸線路回到主機房由一部終端設備做匯集再經過集線器與 Proxy 工作站作連接，在這裡每個 Subnet 裡的微波設備都會配置一個位址以供資料連結與識別，透過 Proxy 作通訊協定的轉換，工作站 Workstation 才能讀取每台微波機設備的參數資料達到監控網路的目的。

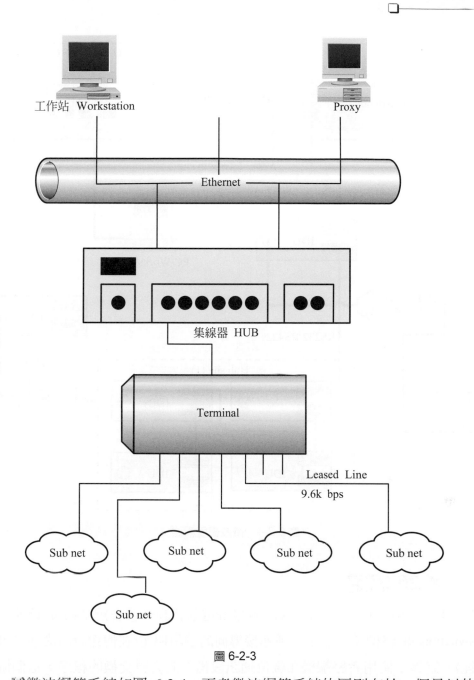

圖 6-2-3

　　另一種微波網管系統如圖 6-2-4，兩者微波網管系統的區別在於一個是以軟體來做 Proxy 伺服器也就是必須建立在電腦的工作平台上，另一者則是以硬體裝置設備的方式來做 Proxy，也就是它是一部獨立的硬體設備同樣可以達到網路管理的功能，IDU 與 IDU 單元間是以 RS232/RS422 通訊方式來做溝通且都有一個獨立位址，在獨立的硬體設備上會有各個獨立連接各子網域的 Port 以及告警輸出埠、乙太網路埠、數據機埠等網路管理者可以直接透過網路來控制。

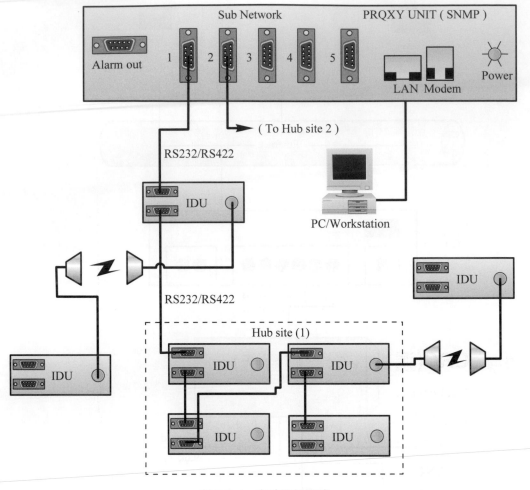

圖 6-2-4　微波網管網路

6-3　X.25 協定

　　X.25 是在 1974 年由 CCITT(國際電報暨電話諮詢委員會)所制定的低速分封交換
(packet switching)網路標準,它是一種連接導向的通訊協定(在傳送資料之前必須先建立
傳送路徑),定義了使用者終端機和數位通訊設備之間資料交換的程序,這個協定利用
分封不定長度的資料包(datagram)來傳送資料,目前廣泛用於如 Internet 的廣域網路之
中,一般 X.25 所提供的速率約在 1.2kbps 到 56kbps 之間,若用戶的需求較高,則通常
使用 FrameRelay 協定。

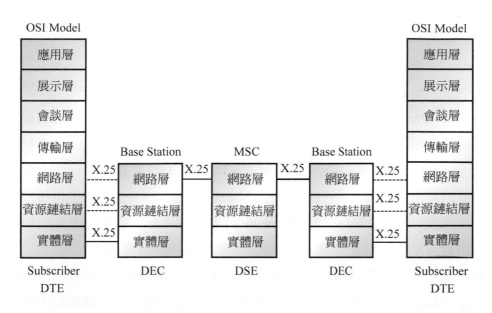

圖 6-3-1　X.25 與 OSI model

6-4　CRC(週期性循環檢查法)

　　CRC 是 Cyclical Redundancy Check 的縮寫，這是一種用在資料傳輸之後驗證正確性的演算法，例如 XMomdem、X.25、SDLC、Ethernet、Token Ring 便採用這種方式來檢查傳輸的資料、ZIP 壓縮檔案也是使用 CRC 來查證壓縮後的資料是否正確。

　　一般說來，CRC 可以分為十六位元的 CRC-16 與三十二位元的 CRC-32 兩種，前者使用十六位元的數字運算來產生一個 CRC 碼，一般說來使用將所收到的訊息除以二進位數字 1 0001 0000 0010 0001 或是 1 1000 0000 0000 0101，所得到的餘數(remainder)便是 CRC 碼，十六位元的 CRC 適合資料量在 4kb 以下的傳輸，它可以檢查出 99.998 % 的錯誤。

　　三十二位元的 CRC 則使用 1 0000 0100 1100 0001 0001 1101 1011 0111 數字作為除數，它適合用於 64kb 以下的資料傳輸，可以檢查出 99.999999977 % 的錯誤，一般作為乙太網路及 TokenRing 網路的錯誤檢查。

　　目前較常使用的 CRC 位元數目有 8、16 或 32，一般縮寫為 CRC-8、CRC-16、CRC-32，通常，CRC 碼數越長，則數據發生干擾卻不反應在 CRC 值的機率也就越低，不過會多花些時間來傳送較長的 CRC 碼。

6-5　Frame Relay 訊框中繼

Frame Relay 是網路上資料傳輸的一種協定，這種方式類似X.25，但是它是以 4k 或是 8k 的碼框(frame)作爲資料傳輸的單位，可以支援 PVC(Permanent Virtual Circuit)或是 SVC(Switched Virtual Circuit)，資料在傳輸之前被拆解成一個個封包，在傳輸過程當中，這些封包的路徑可能不一定相同，所以在接收端必須要將這些收到的封包重新排列順序。

通常 Frame Relay 是以 64kbps(DS0)到 1.544Mbps(T1)的速度傳輸，而且 Frame Relay 交換設備並不會做任何錯誤更正或是流程控制，所以它需要十分穩定的傳輸設備，以現今傳輸技術來說，使用 ATM 來傳輸 FrameRelay 是一個不錯的選擇。通常以 Frame Relay 來傳輸資料會有些許的延遲時間，而這個時間通常是 300ms 以內。

訊框中繼是國際電報暨電話諮詢委員會(CCITT)和美國國家標準局(ANSI)的標準，定義了在公共數據網路(PDN)中傳送資料的程序。它是一個可在全球網路中使用的高效能、高效率的資料技術。訊框中繼是一種將資料分割成封包並透過 WAN 來傳送資訊的方式。每個封包則經過訊框中繼網路中的一連串交換器而到達目的地。它是運作於OSI 參考模型的實體層與資料鏈結層，但需依賴 TCP 等上層協定來進行錯誤更正。訊框中繼的原始構想是作爲 ISDN 介面所使用的協定。今天訊框中繼已成爲工業標準與交換式資料鏈結層協定，用來處理在相連設備間使用高階資料鏈結控制(HDLC)封裝的多重虛擬電路。訊框中繼使用虛擬電路，透過連接導向服務來進行連接。

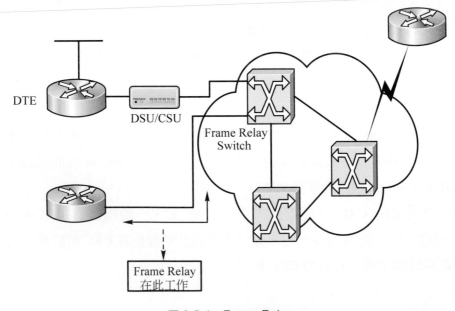

圖 6-5-1　Frame Relay

　　網路所提供的訊框中繼介面可能是電信業者所提供的公共網路，或是僅供單一企業使用的私有設備網路。訊框中繼網路可由使用者端的電腦與伺服器，以及交換器、路由器、CSU/DSU 或多工器等訊框中繼網路設備所構成，使用者的設備通常稱爲資料終端設備(DTE)，而與 DTE 溝通的網路設備通常稱爲資料電路終端設備(DCE)。

Frame Relay 連接導向方法

　　連接導向服務基本上分三階段，當在連線建立階段，會在來源與目的地設備間建立決定一條路進徑，爲了確保一定的服務水準，通常此路徑資源會一直保留，在資料傳輸階段，資料會透過已建立的路徑來循序傳輸，依照資料送出的順序到達目的端，當傳輸終止時，不需再連線就釋放其路徑。

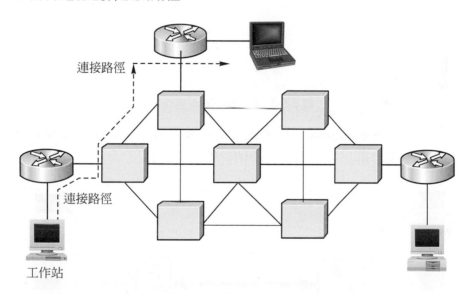

　　連接路徑

　　連接路徑

　　工作站

圖 6-5-2　Frame Relay 連接導向

　　訊框中繼可以作爲連接電信業者所提供之可用公共服務的介面，或是連接私有設備網路的介面。建置公共訊框中繼服務的方式是，一般來說都將訊框中繼交換設備放在電信業者的局端機房。在這種情況下，使用者可以在依流量計價的費率上得到較爲經濟的效益，而且不需花費時間和精力在網路設備和服務的管理與維護上。連接用戶設備和網路設備的線路其作業速度所涵蓋的資料傳輸速率範圍相當大。雖然訊框中繼可以支援比 56 kbps 慢的速度或比 2 Mbps 快的速度，但一般而言其速度一般是介於 56 kbps 到 2 Mbps 之間。

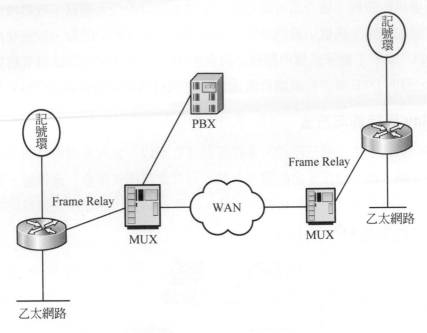

圖 6-5-3　Frame Relay 運作

　　圖 6-5-4 為訊框中繼的多工處理使得可用頻寬在使用上更具彈性和更有效率。因此，訊框中繼讓使用者得以在成本較低的情況下共享頻寬。

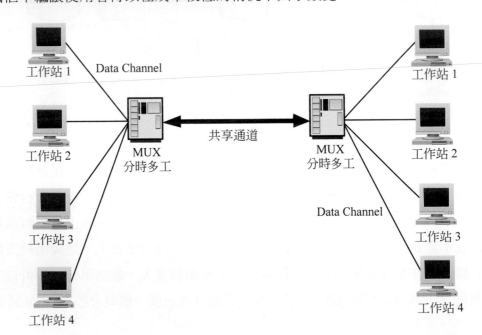

圖 6-5-4　訊框中繼多工

6-6　TCP/IP 與運算

1. TCP/IP是傳輸控制協定(Transmission Control Protocol)/網際網路協定(Internet Protocol)的簡稱。

2. TCP 與 IP 合作無間：TCP/IP 就如同字面上看來一般，其實是兩種協定，不過需要搭配運作，可以提供網際網路連接的骨幹，所以都被視為一個協定看待。

3. TCP 負責將資料分割為小封包，然後傳到網路上，對方的 TCP 在收到後資料後，再將這些小包封重新組合成原先的資料。另外 TCP 還能進行錯誤檢查，以確保資料能夠正確無誤的傳送，並會在發生錯誤時自動嘗試重傳資料。

4. IP 網際網路協定要針對每個封包的位址，進行兩台主機之間資料傳輸的確認，以確保封包會傳到同一目的地。因此需要兩種協定一同運作，才能正確無誤地將資料傳送另一部電腦。

　　IP(Internet Protocol)：網際網路協定。接近 OSI 模式中所指的網路層的一種協定，用來將使用者的資料流切成多個資料封包，以在網路上傳送。

　　ICMP(Internet Control Message Protocol)：網際網路控制訊息協定。接近 OSI 模式中所指的網路層中的一種協定，用來診斷並通知在 IP 協定上所發生的錯誤。

　　TCP(Transmission Control Protocol)：傳輸控制協定。接近 OSI 模式中所指的傳輸層的一種協定，用來將上述的 IP 封包予以分類整理與重新組合，並有錯誤檢查及重新傳送的功能。

　　UDP(User Datagram Protocol)：使用者資料分子協定。接近 OSI 模式中所指的傳輸層的一種協定，但沒有如同TCP協定所提供的錯誤檢查及重新傳送的功能(在Internet上的 FTP 檔案傳送服務即使用這種協定)。

　　TCP/IP 與 OSI 分層架構間的對應，以圖 6-6-1 來表示。OSI 具有完整的七層架構，而 TCP/IP 則定義了三種層次的服務。

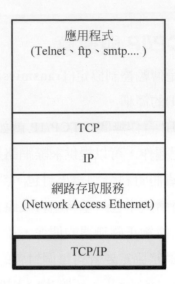

圖 6-6-1　TCP/IP 與 OSI 之比較

　　TCP/IP 應用服務層，對應到 OSI 架構中的應用層、表現層以及交談層，兩者之間最大的不同點，在於 OSI 考慮到開放式系統互連而設定了資料表現層。而 TCP/IP 的連線服務與傳輸服務，則分則與OSI的網路層和傳輸層的功能大致相同。此外，TCP/IP本身並沒有提供實體層與資料鏈結層的服務，所以一般是架在OSI的第一、二層上運作。

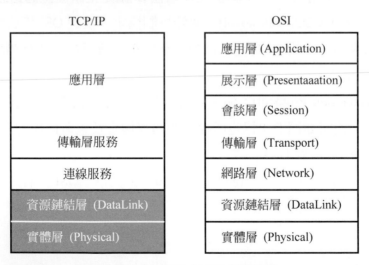

圖 6-6-2　TCP/IP 與 OSI 對應關係

　　TCP/IP 將網路上每一點的位址定為 32 位元的固定長度，TCP/IP 網路上的每一個系統都至少具有一個唯一的位址與其它系統通訊，但對於同時提供兩個網路介面連接不同網路的系統(如閘道器)而言，則必須擁有兩個地址，這在網路位址管理及對網路其它點的通訊進行上，會比較麻煩。

OSI 所定的位址空間為不固定的可變長，必須由所選定的位址命名方式(Authority and Identifier)決定，最長可達 160 位元(20 bytes)。依照 OSI 中有關位址標準的規範，網路上每一個系統至多可有 256 個通訊位址，而且因為 OSI 所定義的網路位址與網路介面無關，所以網路位址的安排將不受限於網路介面。由於其位址長度較長，因此將可容納網路上更多的系統，具有較大的成長空間。

TCP/IP 在傳輸服務中有 TCP 與 UDP 兩種協定，各具有連接導向與非連接導向的性質。

網路連結的方式(Topology)區分為：

1.　Bus topology：由一條主幹道再分叉到各個電腦

　(1)　優點：成本便宜

　(2)　缺點：網路故障時查線不易

2.　Ring topology：環狀連結

　(1)　優點：以權杖方式來傳送不會有碰撞(collision)產生

　(2)　缺點：網路卡貴使用者不多

3.　Star topology：星狀連結現今一般的連結方式

　(1)　優點：網路卡便宜使用者多

　(2)　缺點：會有碰撞(collision)產生

4.　hybrid topology：上述三種任 2 種混合

5.　網路上的應用

　(1)　全球資訊網(WWW)

　(2)　檔案傳輸協定(FTP)

　(3)　電子佈告欄(BBS)

　(4)　電子郵件(E-Mail)

IP Class 網段與識別：

IP 地址每一組都是一個 8-bit 的二進位數字，合起來就是一個 32-bit 的 IP 地址，亦即是 IP v4(Version 4)版本的地址，而 IP v6 是(使用 128-bit 的 IP 地址)在 IP v4 即將不夠使用時 IPv6 即為市場主流。

IPX 位址可區分為 Internal 和 External 地址而 Internal 地址是用來識別主機的，而 External 地址則是用來識別網路區段的。IP 地址其實也有這樣的功能，只不過將網路的識別碼和主機的識別碼放在單一的 IP 地址上面了。

區分 Net ID 和 Host ID 之前，讓我們先認識一下 IP 地址的分類(Class)：

如果我們將 IP 地址全部用二進位來表示的話，每個 octet 都是 8-bit，如果不夠 8-bit 的話，則往左邊填上 0，直到填補滿爲止。再來看看最左邊的數字是以什麼爲開頭的：

以"0"開頭的，這 IP 就是一個 A Class 的 IP。

以"10"開頭的，就是爲一個 B Class 的 IP。

以"110"爲開頭的，則屬於 C Class 的 IP。

我們識得區別 IP 的 Class 之後，我們就可以知道 IP 的 Net ID 和 Host ID：

A Class 的 IP 使用最前面一組數字來做 Net ID，其它三組做 Host ID

B Class 的 IP 使用前面兩組數字來做 Net ID，另外兩組做 Host ID

C Class 的 IP 使用前面三組數字來做 Net ID，剩下來的一組做 Host ID

從下圖中，您可以輕易的區分上面三個不同的 IP Class：

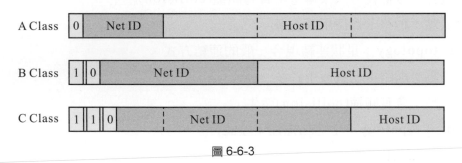

圖 6-6-3

而劃分 IP 等級是爲了 IP 管理上的需要，如果您要組建一個單一的 IP 網路，那麼您得分配相同的 Net ID 給所有主機，而各主機所配給的 Host ID 就必須是唯一的不能重覆，也就是說沒有任何兩個 Host ID 會是一樣的。您的網路還要連上 Internet 或其它網路的話，那麼您使用的 Net ID 也就必須是獨一無二的，否則就會造成衝突了。整個 IP 地址(Net ID + Host ID)在 Internet 上也必須是唯一的。但是有一個很特別的 Net ID：127(用二進位表示法爲 01111111)，是保留給本機迴路測試使用的，它是不可以被拿來運用於實際的網路中也就是說它是被保留的。

另有一個規則我們還必須注意的：在指定 Host ID 的時候，換成二進位的話，不可以是全部爲 0，也不可以是全部爲 1。當 Host ID 全部爲 0 的時候，指的是網路本身識別碼，而全部爲 1 的時候，則爲本網段全域廣播地址，即發送廣播封包使用的地址。

表 6-6-1

等級	起始	網路數目	主機數目	使用範圍	申請領域
A	0	126	16,777,214	1.x.x.x～126.x.x.x	國家級
B	10	16,384	65,534	128.x.x.x～191.x.x.x	跨國家
C	110	2,097,152	256	192.x.x.x～223.x.x.x	企業公司
D	1110	-	-	224.-～239.-	特殊用途
E	1111	-	-	240.-～255.-	保留範圍

Net Mask 網路遮罩：進行 IP 地址劃分的時候，IP 和 Net Mask 都必須呈一對來使用的，當我們使用分等級的 IP 地址的時候，我們也可以使用預設的 Net mask，比如：A Class 的 mask 是 255.0.0.0；B Class 的 mask 是 255.255.0.0；C Class 的則是 255.255.255.0。

將之換算為二進位然後當您把這些 Net Mask 和各等級 IP 對應看看，凡是被 1 所對應著的 IP 部份就是 Net ID；凡是被 0 所對應部份就是 Host ID 如下圖。

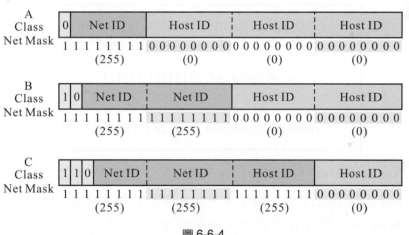

圖 6-6-4

對於電腦怎麼識別 Net ID 和 Host ID 就是靠 IP 與 Mask 來做 AND 和 NOT 的邏輯運算，IP 和 Mask(都是二進位數字)之後，電腦先使用一個 AND 的運算，來求出 Net ID

例如：138.171.153.200 換成二進位是：

10001010.10101011.10011001.11001000

看一下前兩個 bit 範圍這是一個 B Class 的 IP 而這個 Class 的預設 mask 是為 255.255.0.0，換成二進位是：

11111111.11111111.00000000.00000000

然後再將 IP 和 Net mask 加以 AND 運算：

```
10001010.10101011.10011001.11001000
AND
11111111.11111111.00000000.00000000
等於
10001010.10101011.00000000.00000000
```

換成十進位就是 138.171.0.0，這個就是 Net ID 了。再來算出 Host ID：先將 Net Mask 255.255.0 .0 做一個 NOT 運算，就可以得出：

00000000.00000000.11111111.11111111 然後再和 IP 做一次 AND 運算，就可以得到 Host ID：

```
10001010.10101011.10011001.11001000
AND
00000000.00000000.11111111.11111111
等於
00000000.00000000.10011001.11001000
```

再將 00000000.00000000.10011001.11001000 換成十進位就成了：0.0 .153.200 就知道 Host ID 了，Host ID 全部為 0 是網路地址，而全部為 1 則是廣播地址。

先將 Net Mask 做一個 NOT 運算然後再和 IP 做一次 OR 運算，就可以得到 Broadcast Address，就為 138.171.255.255。

```
10001010.10101011.10011001.11001000
OR
00000000.00000000.11111111.11111111
等於
10001010.10101011.11111111.11111111
```

這些是 IP 基本運作原理當然還有更仔細的區段網路 IP 規劃有興趣的人可以再參考相關書籍資料。

6-7　RS-232 與通訊終端設備

RS-232(Recommended Standard-232)是由電子工業協會(Electronic Industries Association，EIA)所制定的非同步傳輸(asynchronous transmission)標準介面。這也是許多個人電腦上的通訊介面之一，一般電腦可連接至四個 RS-232 介面。一般又稱此介面為『序列埠』或『串列埠』(serial port)，由於 RS-232 是由 EIA 所定義的，所以也常稱為 EIA-232，目前演進到第四代 RS-232D。

通常 RS-232 介面以九個接腳(DB-9)或是二十五個接腳(DB-25)的型態出現，一般個人電腦上會有兩組 RS-232 介面，分別稱為 COM1 和 COM2；此外，還可以連接 COM3 及 COM4，不過因為 COM1/COM3 共用 IRQ4，而 COM2/COM4 共用 IRQ3，所以同時最多只能使用四個COMports的其中兩個。此介面通常用來連接數據機、序列滑鼠(PS/2 滑鼠不佔用 COM port)、其它電腦(例如將個人電腦當成終端機)及支援序列傳輸的列表機(一般印表機只支援傳輸速度較快的平行埠傳輸)，但是因為序列傳輸是每次傳送一個位元，比平行埠傳輸(一次傳送八個位元)要慢許多，因此連接其它電腦和印表機的工作大多由平行埠來代替。RS-422 介面也是由電子工業協會(EIA)所制定的非同步傳輸標準，這個標準為Macintosh所採用，這種標準制定了比RS-232更高的傳輸速度，每秒傳輸速度最快可至 960kbps。通常通訊終端設備都會有RS-232的連接埠供設定設備時或觀察告警資料時使用。

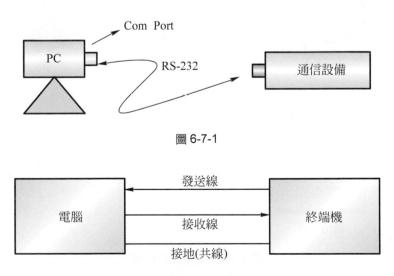

圖 6-7-1

圖 6-7-2　電腦與終端機間之串列傳送

並列傳送的主要優點是送度較快,因為利用多條的信號線,一次就把整個Bytes位元組的資料傳過去,但缺點則是需使用較多的信號線,距離若短還無所謂,但若距離拉長的話,所增加的成本就會較高。相對的,發射端和接收端也同樣需要多組的發射器與接收器硬體電路,所以所需成本較高。而串列傳送則剛好相反,它傳送時指利用一條信號線將資料依序逐一位元 1bit 的傳送達到資料傳送的目的,所需的硬體成本相對的較少,但速度較慢了許多,因為串列傳送的關係,所以無法跟並列傳送一樣高速。

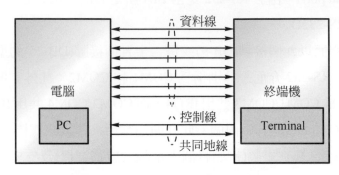

圖 6-7-3　電腦與終端機間之並列傳送

一般來說通訊終端程式可以使用在市面上常見的 PROCOMM 或 TELIX 等通訊軟體來跟終端設備作連接。通訊埠參數設定(UART Configuration)、Rate 連接速率通常可設定為 1200、2400、4800、9600、19200,資料位元 8 bit,同位元檢查 None 停止位元為 1。圖 6-7-4 為透過 PSTN 來管控遠端通訊設備的方式:

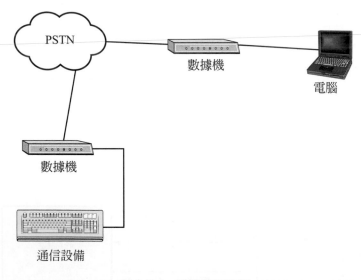

圖 6-7-4　遠端遙控設備

RS-232C 的標準信號規格如表所述,是根據 1969 年的 CCITT 之 V.22,V.28 而制定的不平衡型介面標準,適用於 20kbit/s 以下之傳送速度,及距離為 15m 以下之傳送電路。表一為 RS-232 傳送訊號時電壓之邏輯位準它依據不同的電壓範圍來判斷邏輯為 0 或是 1。

表 6-7-1　RS232 邏輯位準

狀態	Low	High
電壓範圍	$-3V \sim -25V$	$+3V \sim +25V$
邏輯	1	0

RS-232C 的主要優點有以下幾點：

1. 基本構造簡單，價格便宜。
2. 規格之歷史較悠久，配備此介面之裝置相當多。
3. 傳送方式之複雜度可因應用途而自由選擇。
4. 備有豐富之應用軟體支援。

主要的缺點有：

1. 傳送距離較短(15m 以下)。
2. 傳送速度較慢(20kbit/s 以下)。

當 RS-232 傳送距離不夠遠時我門可以透過 RS-422 來彌補，RS-422 傳輸距離和傳輸速度遠比 RS-232 來的優異，RS-422 是屬於平衡型的傳輸電路抗干擾性和傳輸距離遠比 RS-232 來的好，市面上有 RS-232 對 RS-422 的轉換器一般都是用來延長 RS-232 的使用距離，如圖 6-7-5。

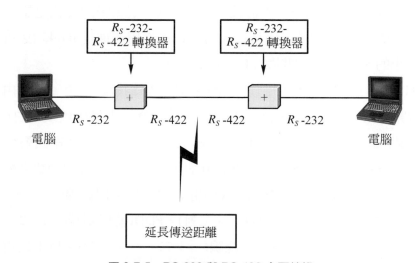

圖 6-7-5　RS-232 與 RS-422 介面轉換

　　RS-422 系列的規定是採用 4 線,全雙工,差動傳輸,多點通訊的數據傳輸協議另和RS-485 不同的是RS-422 不允許出現多個發送端而只能有多個接受端。在硬體構成上來說 RS-422 相當於兩組 RS-485 架構,也就是兩個半雙工的 RS-485 構成一個全雙工的 RS-422。

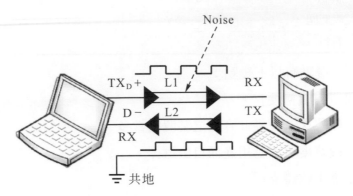

圖 6-7-6　　RS-422/RS-485 差動訊號傳輸

　　若資料傳輸之訊號電壓是依據傳輸線L1 與傳輸線L2 之電壓差當作訊號電壓準位時稱之差動訊號傳輸。

特性:DT =(D + − D −)

當受到干擾時(Noise)傳輸線 L1 之電壓為(D +)+ N,傳輸線 L2 之電壓為(D −)+ N

地線設為 0 準位,則 DT =(D + + N)−(D − + N)= D + − D −

RJ-45 接頭

　　RJ-45(Registered Jack-45)是一次能接四對電話線(八條線)的美式電話接頭,通常它使用於 UTP 區域網路系統當中,因為一般的 Hub 所使用的便是 RJ-45 接頭(一般電話系統使用的是較小的、兩芯或是四芯的 RJ-11 接頭)。

　　在 IEA/TIA-568 纜線標準當中制定了 RJ-45 的八條銅線的顏色,其中由左至右分別是 1 到 8 的編號,第一條線是白色或是白綠色,第八條線則是棕色或是白棕色。而 4、5 稱為第一對線,3、6 為第二對線,1、2 為第三對線,而 7、8 為第四對線。

　　許多網路系統都使用RJ-45 接頭當網路介面,但是並非所有的通訊系統都使用所有的八條銅線,例如 10Base-T 與 100Base-TX 使用 1、2、3、6 四條線(二、三對),而 Token Ring 則使用中央的 3、4、5、6 四條線(一、二對),FDDI 使用兩端的 1、2、7、8 四條線(三、四對),而 ISDN 則使用所有的八條線(一、二、三、四對)。以下為電腦常用的接腳方式

一、A 類接頭：適用於 HUB 對電腦

No.	1	2	3	4	5	6	7	8
顏色	白/綠	綠	白/橙	藍	白/藍	橙	白/棕	棕

二、B 類接頭(又稱為「跳線」)：適用於電腦對電腦

No.	1	2	3	4	5	6	7	8
顏色	白/橙	橙	白/綠	藍	白/藍	綠	白/棕	棕

RJ-45 Module Jack

圖 6-7-7　金手指向下的排法

6-8　虛擬串列通訊埠應用

　　隨著時代的變遷進步通訊設備日新月異對於較舊有的設備要如何來與充滿 IP 的新電腦或網路設備作連結與溝通是一個很重要的課題。它可以說是 Ethernet 的應用，在作業系統中可以利用軟體技術來達到以 TCP/IP 的技術來遙控遠端的 serial port 如同在電腦本端操作一樣的容易。

　　虛擬串列通訊埠 Vx Comm 就是一項協助我們在這方面來處理 TCP/IP 與 Serial Port 之間轉換問題的設備，它已經被廣泛的應用在現今的網路控制環境中協助我們將 TCP/IP 設備的 IP 位置虛擬為電腦上的串列通訊埠它可以是 RS-232、RS-422、RS-485，應用 Vx Comm 可以將舊有控制系統升級為乙太網路的系統架構，且可以簡化大量的 Serial port Card 的使用，相對的可以降低一些成本及提高系統的控制整合彈性。

　　並且如能將所有的串列資料導入至指定的 IP 位置時，任何串列通訊軟體都可以使用這些虛擬的 COM 埠，就像是使用實際的 COM 埠一樣，可以經由局部網路或網際網路來發送或接受串列埠資料。

　　更不需要修改原有的串列通訊軟體程式碼，也不需要加裝任何額外的硬體設備，即可對 TCP/IP 設備利用虛擬的 COM 埠來完成硬體資料傳送與接收的功能使用者也可以隨時修改或設定每一個串列埠相對的網路傳送與接收位址。每家設備商所生產的設備也提

供些許不同的通訊協定資訊再其中供使用者自行設定如 ICMP、IP、TCP、UDP、DHCP、BootP、Telnet、DNS、SNMP、HTTP、SMTP 及 SNTP 等，圖 6-9-1 為 Vx Comm 於應用面基本的架構網路圖當然實際的網路建構可依真正的網路需求作適當的調整與規畫，機架式的設備適用於需要 Serial port 眾多的的網路環境可同時提供多組的 Comm port 給相關設備介接且只需要一個 IP 位址就可達到 TCP/IP 與 Comm Port 間的轉換控制，其對應關係可由表 6-9-2 與圖 6-9-3 中看到 Comm Port 與 TCP Port 其實是一對一的對應式設計，經由使用規劃者來指定其相關對應參數來達到自己所需要的控制環境，當然也可以直接使用該設備原本的基本設定來使用這就要看規劃者的需求來決定了。在 TCP/IP 的角度來看其實 Port1 可視為 IP：192.168.50.10：4001 依序排列，如在 Host 端下達控制命令時以 IP：192.168.50.10：4002 的指定方式就可以達到控制 Port2 的目的，當然如之前所提也可依自己的需要加以調整改變設定對應參數，例如：Port2=4006、Port6=4002 只要在 Host PC 程式撰寫讀取傳送資料時對應好 Port 位址設備在運作上就會很正常運作不會有任何問題。

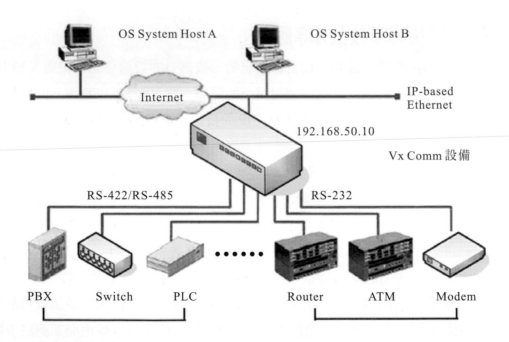

圖 6-8-1

表 6-8-1

Port	Comm port	TCP Port	Baud rate	Flow control	Parity	Data bits	Stop bits
1	966	4001	115200 kbps	None	None	8	1
2	967	4002	115200 kbps	None	None	8	1
3	968	4003	115200 kbps	None	None	8	1
4	969	4004	115200 kbps	None	None	8	1
5	970	4005	115200 kbps	None	None	8	1
6	971	4006	115200 kbps	None	None	8	1
7	972	4007	115200 kbps	None	None	8	1
8	973	4008	115200 kbps	None	None	8	1
9	974	4009	115200 kbps	None	None	8	1
10	975	4010	115200 kbps	None	None	8	1
11	976	4011	115200 kbps	None	None	8	1
12	977	4012	115200 kbps	None	None	8	1
13	978	4013	9600kbps	RTS/CTS	None	8	2
14	980	4014	9600kbps	RTS/CTS	None	8	2
15	981	4015	115200 kbps	None	None	8	1
16	982	4016	115200 kbps	None	None	8	1

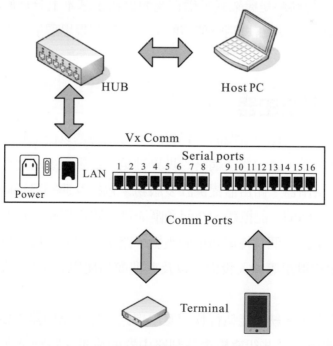

圖 6-8-2

當您的網路規劃中不需要大量的Comm Port控制就可以試著以單一組件的方式來架構遠端的網路控制只要一個Vx Comm設備一樣可以透過網路來達到控制與傳輸資料的需求也可達到成本上的控制圖6-8-3。

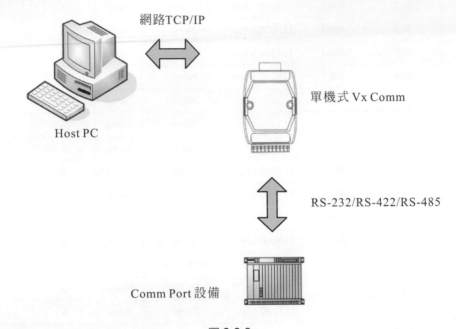

網路TCP/IP

Host PC

單機式 Vx Comm

RS-232/RS-422/RS-485

Comm Port 設備

圖 6-8-3

單一 Vx Comm 設備或是機架式設備在電源供給上基本上分為直流供電與交流電源供電，目的上是為了符合網路規劃時環境的需要，以利現場環境的運用讓該設備可以隨時的取得電源。

6-9   傳輸與路由器

通訊傳輸網路資料型態以慢慢的以封包的型態來傳遞以後不管是通訊或是網際網路都離不開封包與路由器，路由器在網路的世界裡是一個很重要的元件，在這提出一些基本觀念來認識一下路由器，路由器提供許多服務，包括互連網路和廣域網路介面埠，電腦有四個基本元件：CPU、記憶體、介面和匯流排。路由器也有這些元件，所以也可以稱為一部電腦。但是為一個有特定功用的電腦。路由器沒有一般多媒體電腦的音訊和視訊輸出設備、鍵盤和滑鼠等輸入設備、以及典型簡易使用的 GUI 軟體等元件，它專用來做路由管理功能。

就像電腦需要作業系統才能執行軟體應用程式一樣，路由器需要網路作業系統軟體(IOS)才能執行組態檔。這些組態檔會控制路由器的流量。特別是在使用路由通訊協定以引導遞送的通訊協定及路由表時，組態檔案會決定封包的最佳路徑。如欲控制這些通訊協定，當然必須先設定路由器。

路由器是一部選擇最佳路徑及管理二個不同網路之間封包交換的電腦。路由器的內部組態元件可分為：

1. RAM/DRAM：儲存路由表、ARP快取、快速交換快取、封包緩衝器(共享RAM)和封包等候佇列。RAM同時提供當路由器開啟後，組態檔案所需的暫存/執行記憶體。RAM 的內容在關閉電源或重新啟動時消失。

2. NVRAM：非揮發性RAM，儲存路由器的備用/啟動組態檔案，在您關閉電源或重新啟動時內容保留。

3. 快閃：可消除、可重新程式化ROM，保管作業系統影像及微碼程式，讓您無須更換處理器的晶片即可更新軟體，在您關閉電源或重新啟動時仍保留內容，在快閃記憶體中可以儲存多種版本的 IOS 軟體。

4. ROM：含有開機診斷、啟動程式和作業系統軟體，其軟體更新必須更換機器的晶片。

5. 介面：網路連接中，封包經由此處進出路由器，它可以是在主機板上或是獨立的一個介面模組。

當路由器可以作為細分LAN設備時，其主要用法就如同WAN設備。路由器有LAN和 WAN 二種介面。事實上，WAN 的技術經常用來連接路由器。它們藉由 WAN 連接來彼此通訊，並組成自主系統和網際網路的骨幹。路由器是大型企業內部網路及網際網路的骨幹設備，會在 OSI 模型的第 3 層上運作，並依照網路位址(如在網際網路中，則利用網際網路通訊協定或 IP)進行決定。路由器二個主要功用是替進入的資料封包選擇最佳路徑，以及將封包切換到適當的送出介面。路由器藉由建立路由表並和其它路由器交換其中的網路資訊來完成其功能。

您可以配置一個路由表，但是通常它們是以路由協定和其它路由器動態交換與維護網路拓樸。

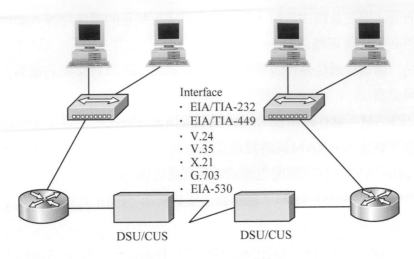

圖 6-9-1　路由器連結圖

　　為了真正的實用，網路必須經常顯示路由器之間可行的路徑。如圖 6-9-2，路由器之間每一條線上都有一個號碼，代表路由器使用的網路位址。

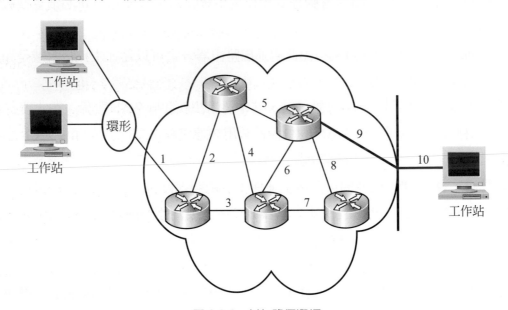

圖 6-9-2　封包路徑選擇

　　這些位址必須傳送資訊，作為封包從來源傳送到目的地時的路徑處理。網路層使用這些位址，可以提供一個不同網路相互連結時可靠的連接。在整個互連網路上一致的第三層位址也可以改善頻寬的使用，因為它避免了非必要的廣播。廣播會引起非必要性處理的負擔，浪費不需要接收該廣播的設備或連接的功效。網路層藉由使用一致的端點對端點位址來展示媒體連接的路徑，避免對所有相互連接網路上的設備或連接發送廣播。

6.10　RS485/RS232 防雷害突波觀念

　　RS485 為目前工業通訊最為常用的串列差分通訊方式之一，採用平衡發送，差分接收的方式，因此具有抑制共模干擾的能力，由於其具有通訊距離長(1200m 以上)，傳輸速率高(10Mbps)，高的信噪比(S/N)，控制方便，成本不高，可以在一個單獨的整個總線上實現多節點連結通訊以及能夠使用多收發器品牌，整合多樣化等優勢(如圖 6-10-1)至於實際應用面上建議使用相同品牌所供應的 RS485 模組來建立整體系統可以節省調整匹配的測試時間。

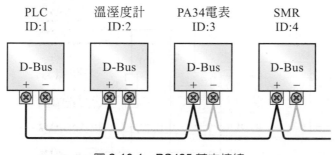

圖 6-10-1　RS485 基本接線

　　但是由於 RS485 通訊傳輸線通常暴露於戶外或控制高壓設備附近，日常生活中雷電和靜電干擾已經成為RS485 通信線纜在實際工程應用上經常遇到的問題，RS485 收發器的工作電壓較低，只有 5V，該元件本身的耐壓也較低，通常只有－ 7V～＋ 12V，因此雷電現象等引入的過電壓通常能夠瞬間損壞 RS485 收發器，對通信系統造成遭到嚴重的毀壞，此外靜電電磁干擾也嚴重地影響通信總線的數據傳輸品質與設備的穩定度。

　　RS-232 應用範圍廣泛、價格便宜、編程容易並且可以比其它接口使用更長的導線，RS-232 經常應用在如門禁設備，電腦與電腦間終端連結，監視控制系統，電錶/水錶/儀器儀表資料傳遞，但當 RS232 線路較長，易有受感應雷造成的感應脈衝或外在高壓設備讓線路感應造成有過電壓現象讓 RS232 端口受到損害。

　　故如何對RS485/RS232 晶片以及傳輸總線進行有效的保護，是每一個使用者必須瞭解的觀念。RS485 採用差模訊號做為主要傳輸模式基本上是透過兩條雙絞線銜接則RS232 是透過 3 條線達到基本的傳輸功能，所以在 RS485 必須考慮到兩條線之間的差模電壓不可以超過 RS485 晶片 IC 可承受的耐壓，而 RS232 則對於 TX/RX 與 GND 之間也必須注意差模電壓與共模電壓的過電壓現象發生避免造成相關的傳輸埠口損壞。

　　RS232 其可針對大地對地差動和共模瞬間變化提供保護可使用技術已非常成熟的光

隔離元件的方式阻斷兩 RS232 間因不同的接地電位差當大地電壓有所變化時所造成的兩接地端點間所引起的竄流現象讓 RS232 接口故障(如圖 6-10-2 與 6-10-3)。

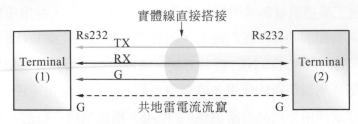

圖 6-10-2　RS232 接地感雷時竄流現象

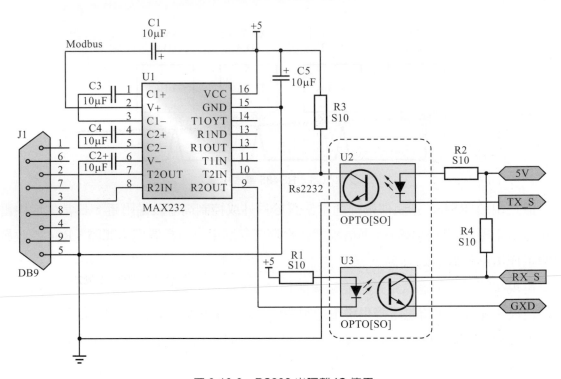

圖 6-10-3　RS232 光隔離 IC 使用

　　RS485 對於突波的保護亦可透過光隔離 IC 的方式達到基本防護，當雷擊感應現象發生時的防護，另外不管是 RS232 或 RS485 於電路設計時在端口的輸出輸入端也必須一同考量到其應用面來選擇該 IC 本身的防雷等級，另外再加上於接口處設計增加一定等級的防突波吸收元件(如 TVS /GDT/PPTC)以保護 RS232 或 RS485 模組不受雷害(如圖 6-10-4 RS232/RS485 基本防突波電路)以期望降低損害。

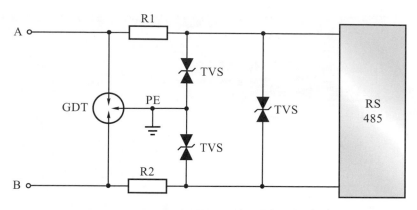

圖 6-10-4　RS232/RS485 基本防突波電路

　　當然市場上有已設計好的傳輸線路突波保護模組，是可以馬上使用在符合相關環境的應用上，對於規格的挑選就必須注意到自己於設備現場的設備規格再來決定選用可匹配的 SPD 就可快速達到基本的設備防護能力，圖 6-10-5 為成品應用實務面狀況。

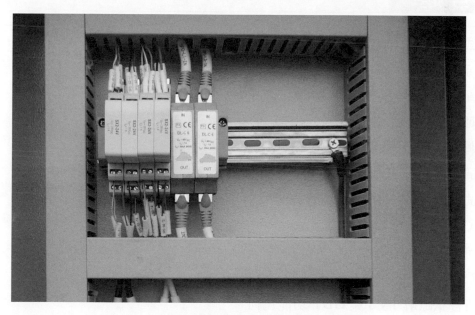

圖 6-10-5　SPD 實際應用於網路線與 RS485 保護

圖 6-10-6　RS232 應用光隔離保護現況

思考題

1. 試劃出 OSI 參考模型的關係。

2. 何謂傳輸層？

3. 資料封裝可分為幾個步驟？

4. 何謂 SNMP？

5. 網路管理結構可分為哪些元件？

6. 試述 Frame Relay 的功用。

7. 試述 Frame Relay 連接導向。

8. ICMP 的功能為何？

9. 何謂 TCP/IP？

10. RS232 與 RS422 有何不同？

11. 請嘗試瞭解 TVS 與 GDT 功能為何。

CHAPTER 7

傳輸網路

　　傳輸網路的組成是由許多不同架構的單區域網路所組成一個大網路，在這要帶給大家的是有關SDH、PDH、WAN廣域網路的鏈結、分封交換連線方式、xDSL接取技術、TDM(分時多工)與FDM(分頻多工)、WDM與DWDM(分波多工)、ATM與Layer 3 Switch、M13多工設備、PDH 告警系統 AIS 與傳輸線碼波形、如何監控傳輸網路與傳輸網路息息相關的網路架構技術。

7-1　WAN 廣域網路的鏈結

　　傳輸網路，通常分為幹線部份(Core Network)及接取部份(Access Network)廣域網路包含了 LAN 區域網路在內，最主要可分為專線與交換連接兩種鏈結型態供不同的通訊領域使用，交換連接還可分為電路交換或封包交換。

　　專線也稱為租線，固網業者提供全天候服務。專線通常用於傳送資料、語音，偶而也會傳送視訊。在資料網路設計中，專線通常是提供主要網站或校園間的核心連接或主幹網路連接，以及 LAN 對 LAN 的連接。專線缺點為連接數量多時，專線的成本會相對地提高。

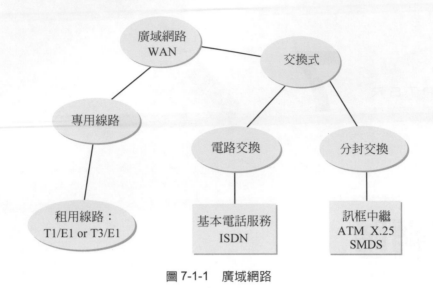

圖 7-1-1　廣域網路

專線連接

　　專線連接透過 CSU/DSU 時可用的典型頻寬可達 2.048 Mbps(E1)，這種專線類型非常適用於流量穩定的高容量環境，專線亦稱為點對點鏈結，因為其建立路徑對於透過電信設備而到達的每個遠端終端都是永久且固定的。如圖 7-1-2 所示。

圖 7-1-2　專線連接圖

7-2　分封交換連線方式(Packet Switched)

　　封包交換連線(Packet Switched)是一種 WAN 交換方法，其中的網路設備共享一個固接式虛擬電路(PVC)，此電路類似於點對點鏈結，用來將封包經由電信網路而自來源傳送到目的地，訊框中繼、X.25，SMDS 都屬於封包交換的 WAN 技術。交換網路可以傳送大小不一的訊框(封包)或大小固定的細胞 Cell。一般最常見的封包交換網路類型為訊框中繼。如圖 7-2-1 所示。

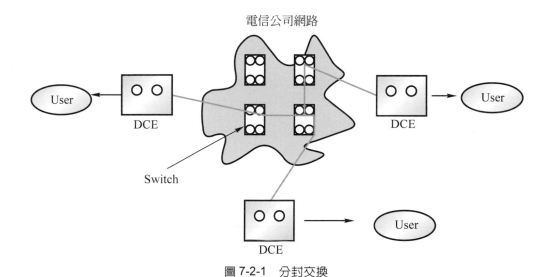

圖 7-2-1　分封交換

　　PACNET(PACket NETwork)為分封交換式的數據通訊方式，傳輸的方式是將欲傳送的信息分為若干段，每一段資料經過包裝接收端的的地址碼及控制與偵錯的資訊後，組織成一個封包(Packet)，經過交換中心的線路，傳送至接收端，接收端在接受信息之後就將此封包拆封，組織成和原來發送處一樣完整的資訊。

細胞傳送

　　細胞傳送(Cell Relay)在目前網路傳送中，有兩種方式，其一是非同步傳輸模式(Asynchronous Transfer Mode；ATM)；另一則為交換式百萬位元資料服務(Switched Multi-Megabit Data Services；SMDS)要做細胞傳送的前提條件就是所有資料均必須用固定長度的細胞封包來傳送。

※交換式百萬位元資料服務(Switched Multi-Megabit Data Services；SMDS)為利用細胞傳送的非連結高速分封交換網路，將各區域網路(LAN)加以連結提供 64 kbps 至 34 Mbps(在美國為 45 Mbps)之傳輸速率(其存取等級可分為五級，如下表所示)；而用戶端可利用一般的雙絞線、T1/T3 線路、E1/E3 線路，亦可使用 XDSL 的架構來將用戶端設備連結上交換式百萬位元資料服務網路，而在 SONET 光纖網路發展後，更希望以 OC-3 速率下提供 155.52 Mbps 的速率，其中連結區域網路與交換式百萬位元資料服務網路僅需一個路由器及一片網路卡即可運作。

表 7-2-1

存取等級	速率(Mbps)
1	4
2	10
3	16
4	25
5	34

表 7-2-2　WAN 線路類型與頻寬

線路類型	信號標準	傳輸速率
56	DS0	56 kbps
64	DS0	64 kbps
T1	DS1	1.544 Mbps
E1	ZM	2.048 Mbps
T3	DS3	44.736 Mbps
E3	M3	34.064 Mbps
J1	Y1	2.048 Mbps
OC-1	SONET	51.84 Mbps
OC-3	SONET	155.54 Mbps
OC-9	SONET	466.56 Mbps
OC-12	SONET	622.08 Mbps
OC-18	SONET	933.12 Mbps
OC-24	SONET	1244.16 Mbps
OC-36	SONET	1866.24 Mbps
OC-48	SONET	2488.32 Mbps

7-3　xDSL 接取技術

　　DSL，「數位用路線路，Digital Subscriber Line」。它是以現有的電話線路，在不同頻率上分出一條通道來傳輸資料。也就是說當連線傳輸資料的時候，是不影響到電話的使用。XDSL 家族的成員有 HDSL、SDSL、VDSL、ADSL 等。

表 7-3-1　各種不同 xDSL 技術比較

技術	下傳速率	上傳速率	傳送距離(英呎) (24-gauge 線) (0.5mm)
IDSL(ISDN DSL)	128 kbps	128 kps	18,000
HDSL(High-bit-rate DSL)	768 kps	768 kbps	12,000
ADSL(Asymmetric DSL)	1.5～6 Mbps	640～1000 kbps	12,000～18,000
SDSL(Symmetric DSL)	1.5～2 Mbps	1.5～2 Mbps	10,000
RADSL(Rate-Adaptive DSL)	7 Mbps	1 Mbps	12,000
VDSL(Very-high-rate DSL)	13～52Mbps	1.5～2.3 Mbps	1,000～4,500

1. 高比特率數字用戶線(HDSL)

　　HDSL 是一種對稱的高速數字用戶環路技術，上行和下行速率相等，通過兩對雙絞線提供全雙工 1.544/2.048Mbps(T1/E1)的數據信息傳輸能力。通常採用 2B1Q 或 CAP 兩種線路編碼方式，其無中繼傳輸距離視線徑不等約為 4～7 公里。

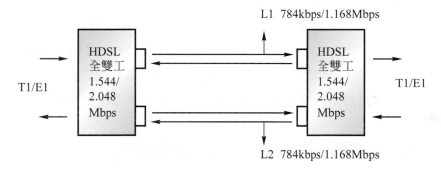

圖 7-3-1　HDSL 架構圖

2. 非對稱數字用戶線(ADSL)

　　ADSL 允許在一對雙絞銅線上，在不影響現有 POTS 電話業務的情況下，進行非對稱高速數據傳輸。ADSL 上行速率為 224kbps～640kbps，下行傳輸速率 1.544Mbps～9.2Mbps；傳輸距離在 2.7～5.5 公里。

　　ITU-T SG15 在 1998 年 10 月通過了關於 ADSL 的 G.992.1 和 G.992.2 建議草案。G.992.1 規範了帶分離器的 ADSL 系統，利用該系統可在同一對金屬雙絞線對上傳輸高速數據和模擬信號，採用的線路編碼為 DMT，下行速率為 6.144Mbps，上行速率為 640kbps。G.992.2 規範了不帶分離器 ADSL 系統，它是一種簡化的 ADSL(Lite ADSL)，具有成本低、安裝簡便的優點，也採用 DMT 線路編碼，下行速率為 1.536Mbps，上行速率為 512kbps。

3. 對稱數字用戶線(SDSL)

　　　使用一對銅雙絞線對在上、下行方向上實現E1/T1傳輸速率的技術，是HDSL的一個分支。它採用 2B1Q 線路編碼，上行與下行速率相同，傳輸速率由幾百kbps 到 2Mbps，傳輸距離可達 3 公里左右。

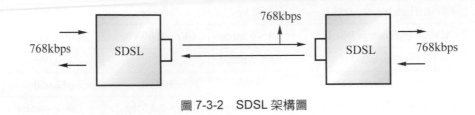

圖 7-3-2　SDSL 架構圖

4. 速率自適應數字用戶線(RADSL)

　　　RADSL 能夠自動地、動態地根據所要求的線路質量調整自己的速率，為遠距離用戶提供質量可靠的數據網絡接入手段。RADSL 是在 ADSL 基礎上發展起來的新一代接入技術，其傳輸距離可達 5.5 公里左右。

5. 甚高比特率數字用戶線(VDSL)

　　　VDSL 是 ADSL 的發展方向，是目前最先進的數字用戶線技術。VDSL 通常採用 DMT 調製方式，在一對銅雙絞線上實現數字傳輸，其下行速率可達13～52Mbps，上行速率可達 1.5～7Mbps，傳輸距離約為 300 米～1.3 公里。利用 VDSL 可以傳輸高清晰度電視(HDTV)信號；但它仍未實現標準化。

CAP 調變技術(無載波之振幅與相位調變)

　　　CAP 是第一種應用在 ADSL 的方法。1990 年美國 AT&T Bell Labs 的工程師運用了一種稱為CAP(Carrierless Amplitude/Phase)的調制解調的技術在電話網路上，而後在 1991 年由 AT&T Paradyne 開發出原型，產品可提供下行(Down-stream)1.5Mbps、上行(Up-stream)64kbps 的資料傳輸速率。此技術就是利用 QAM 的方式，將數位的資料調變於單一載波信號上，利用一對雙絞銅線來傳輸，且當沒有數位的資料可供調變傳輸時，則自動關閉載波信號不送出，故稱為 Carrierless。CAP 結合了上傳及下傳資料的訊號，在接收端的數據機中利用回音消除的方式將上傳與下傳資料分離開來，這種方式已成功的應用在目前 V.32 及 V.34 數據機中，CAP 是 ADSL 研發人員最初使用的方法，因為與現有的數據機使用的方式類似，因此整合性較佳。現在大部分的 ADSL 設備都是使用 CAP 的方式。

DMT 調變技術

由 Amati Communications 公司發展出的。所謂的 DMT 調變技術乃是將頻段分割成 256 個各具有不同載波信號的子頻道，再將數位的資料利用 QAM 調變方式，分配調變於 256 個載波信號的子頻道上，每個頻道傳輸的資料量可以依傳輸線路的干擾與串音的情況來調整。DMT(Discrete Multi-Tone)，將 100 kHz 到 1.1MHz 之間的頻寬切割成 256 個獨立的子通道(Sub channel)，每個子通道所佔用的頻寬為 4 kHz，然後依據每一子通道品質的不同，調整每一個子通道的位元數：這樣子做，可以使 ADSL 線路不致於有大多的雜訊及衰減，以確保 ADSL 有可靠的通訊品質，這也就是為何 ADSL 可以在雙絞線對上支援如此高的傳輸速率。此外，從剛剛所提供的數據中我們可以得到 ADSL 最高傳輸速率有多少：

(256 個通道)×(每個子通道 4 kHz 的頻率)×(線路品質最佳的條件下以 6 個位元編碼)

$256 \times 4k \times 6 = 6Mbps$

所以 ADSL 的傳輸速率，也就是其所提供的頻寬為 6Mbps。

由於 DMT 技術會去檢查每一個子通道的訊號品質，以便去決定可傳送的位元數，所以線路的品質是很重要的。傳統線路的線徑愈粗，其線路的阻抗愈小，線路的品質也愈好，所以不同線徑會有不同的速率。

DMT 的優點

DMT 相較於 CAP 的調變技術，優點有：

1. 有效利用頻寬：DMT 將頻道分割成 256 個子頻道，並監測每一子頻道的信號雜訊比，來調整每一子頻道傳輸的資料量，所以能有效利用頻寬。
2. 位元傳輸速率的彈性　：因為 DMT 將頻段分割成 256 個獨立的子頻道來傳輸資料，故位元傳輸速率極具彈性，可搭配不同速率的設備。
3. ATM 的傳輸配合：由於 DMT 位元速率的彈性，可有效的搭配 ATM 的傳輸方式。
4. 脈衝雜訊抵抗力強：由於 DMT 隨時監測每一子頻道的傳輸狀態，當某一子頻道受到脈衝雜訊干擾而影響傳輸時，則關閉該子頻道。

ANSI 的採用：DMT 目前已被 ANSI(ANSI T 1.413)採用，當作是調變 ADSL 的標準方法，同時也可以提供其他 xDSL 採用。

7-4　PDH 與 SDH

PDH(Plesiochronous Digital Hierarchy)數位架構是由貝爾實驗室所發展，主要運用於讓中長途數位化語音能在數位訊號傳送上有較高的效率，因而提高通訊品質。Asynchronous transmission 非同步傳輸指的是兩台電腦的通訊模式，傳送和接收雙方不會同時進行，而是以開始位元(start bit)和結束位元(stop bit)來表示傳輸工作的起始和終止。

在通訊之前，傳送端與接收端須設定好相同的傳輸速率，開始傳輸前，為低電位的閒置(idle)狀態，接著來了一個高電位的起始位元，就開始接受資料了，最後再接受一個低電位的停止位元，表示接收完畢，線路上又進入閒置狀態，接受器會再等待另一次的傳送。在資料位元後有同位位元(parity bit)，來作為同位檢查，判定是否每一位元組有正確的傳送。

非同步傳送時，傳輸速率較低，可藉由電話網路來傳遞資料，目前廣泛的應用在個人電腦的通訊應用上。

PDH 碼型分類共分為：(1) T1 北美系統 (2) E1 歐洲系統 (3) 日本系統

PCM(Pulse Code Modulation)脈衝碼調變將資訊源由類比信號轉換為數位信號，例如將語音轉換為數位信號來傳輸，即為進行 A/D 或 D/A 的轉換讓資料能在數位通道中進行傳輸。

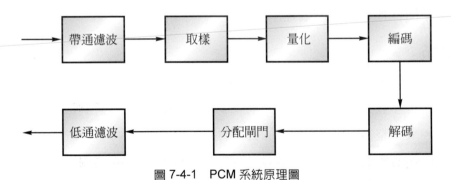

圖 7-4-1　PCM 系統原理圖

取樣：要從取樣脈衝信號中無失真的還原恢復語音信號，取樣速率必須不低於語音信號最高頻率的二倍，一般電話信號語音頻率不超過 4000Hz，故取樣頻率通常為 8000/秒，通常每個取樣值都編碼為八位二進位碼，而每個通道位元傳輸速率一般都為 64kb/s。

PDH 基本架構

E1 訊號：歐制規格

E1 訊號也是定義為在通訊傳輸時所使用的單位，E1 ＝ 2.048 Mbps。

E2 相當於 4 個E1，E3 相當於 16 個E1，E4 相當於 64 個E1，E5 相當於 256 個E1。

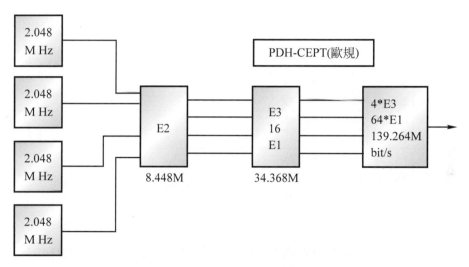

圖 7-4-2　PDH/CEPT

表 7-4-1　E1 碼框結構

EI/PCM 碼框結構								
TS	Bits Used in Timeslot							
	1	2	3	4	5	6	7	8	
0	8k	8k	8k	8k	8k	8k	8k	8k	碼框同步時槽
1	8k	8k	8k	8k	8k	8k	8k	8k	每個通道總速率為 64kB/S
2	8k	8k	8k	8k	8k	8k	8k	8k	
3	8k	8k	8k	8k	8k	8k	8k	8k	整個 Frame
4	8k	8k	8k	8k	8k	8k	8k	8k	共 256 bits
5	8k	8k	8k	8k	8k	8k	8k	8k	(125μs)
6	8k	8k	8k	8k	8k	8k	8k	8k	
7	8k	8k	8k	8k	8k	8k	8k	8k	
8	8k	8k	8k	8k	8k	8k	8k	8k	
9	8k	8k	8k	8k	8k	8k	8k	8k	
10	8k	8k	8k	8k	8k	8k	8k	8k	

表 7-4-1 E1 碼框結構(續)

TS	EI/PCM 碼框結構									
	Bits Used in Timeslot									
	1	2	3	4	5	6	7	8		
11	8k	8k	8k	8k	8k	8k	8k	8k		總傳輸速率
12	8k	8k	8k	8k	8k	8k	8k	8k		：為(32×8)
13	8k	8k	8k	8k	8k	8k	8k	8k		bit/125μs 等
14	8k	8k	8k	8k	8k	8k	8k	8k		於 2.048Mb/s
15	8k	8k	8k	8k	8k	8k	8k	8k		
16	8k	8k	8k	8k	8k	8k	8k	8k	超碼框同步時槽及標誌時槽 CAS/CCS	
17	8k	8k	8k	8k	8k	8k	8k	8k		
18	8k	8k	8k	8k	8k	8k	8k	8k		
19	8k	8k	8k	8k	8k	8k	8k	8k		
20	8k	8k	8k	8k	8k	8k	8k	8k		
21	8k	8k	8k	8k	8k	8k	8k	8k		
22	8k	8k	8k	8k	8k	8k	8k	8k		
23	8k	8k	8k	8k	8k	8k	8k	8k		
24	8k	8k	8k	8k	8k	8k	8k	8k		
25	8k	8k	8k	8k	8k	8k	8k	8k		
26	8k	8k	8k	8k	8k	8k	8k	8k		
27	8k	8k	8k	8k	8k	8k	8k	8k		
28	8k	8k	8k	8k	8k	8k	8k	8k		
29	8k	8k	8k	8k	8k	8k	8k	8k		
30	8k	8k	8k	8k	8k	8k	8k	8k		
31	8k	8k	8k	8k	8k	8k	8k	8k	訊息資料位元時槽	

T1 訊號：美制規格

T1 訊號是定義為在通訊傳輸時所使用的單位，T1 = 1.544 Mbps。

T2 訊號：美制規格 T2 訊號是定義為在通訊傳輸時所使用的單位，T2 = 6.312 Mbps (相當於 4 個 T1)。

T3 訊號：美制規格 T3 訊號是定義為在通訊傳輸時所使用的單位，T3 = 44.736 Mbps (相當於 28 個 T1，相當於 7 個 T2)。

T4 訊號：美制規格 T4 訊號是定義為在通訊傳輸時所使用的單位，T4 = 274.176 Mbps (相當於 168 個 T1，相當於 42 個 T2，相當於 6 個 T3)

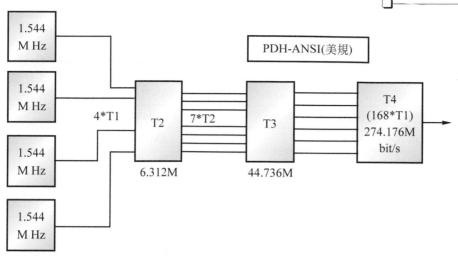

圖 7-4-3　PDH/ANSI

表 7-4-2　T1 碼框結構

EI/PCM 碼框結構									
TS	Bits Used in Timeslot								
	1	2	3	4	5	6	7	8	
0	8k	8k	8k	8k	8k	8k	8k	8k	
1	8k	8k	8k	8k	8k	8k	8k	8k	每個通道總速率為 64kB/S
2	8k	8k	8k	8k	8k	8k	8k	8k	
3	8k	8k	8k	8k	8k	8k	8k	8k	整個 Frame
4	8k	8k	8k	8k	8k	8k	8k	8k	共 193 bits
5	8k	8k	8k	8k	8k	8k	8k	8k	(125μs)
6	8k	8k	8k	8k	8k	8k	8k	8k	
7	8k	8k	8k	8k	8k	8k	8k	8k	
8	8k	8k	8k	8k	8k	8k	8k	8k	
9	8k	8k	8k	8k	8k	8k	8k	8k	
10	8k	8k	8k	8k	8k	8k	8k	8k	
11	8k	8k	8k	8k	8k	8k	8k	8k	總傳輸速率
12	8k	8k	8k	8k	8k	8k	8k	8k	：為(32×8)
13	8k	8k	8k	8k	8k	8k	8k	8k	bit/125μs 等
14	8k	8k	8k	8k	8k	8k	8k	8k	於 2.048Mb/s
15	8k	8k	8k	8k	8k	8k	8k	8k	
16	8k	8k	8k	8k	8k	8k	8k	8k	超碼框同步時槽及標誌時槽 CAS/CCS
17	8k	8k	8k	8k	8k	8k	8k	8k	
18	8k	8k	8k	8k	8k	8k	8k	8k	
19	8k	8k	8k	8k	8k	8k	8k	8k	
20	8k	8k	8k	8k	8k	8k	8k	8k	
21	8k	8k	8k	8k	8k	8k	8k	8k	
22	8k	8k	8k	8k	8k	8k	8k	8k	
23	8k	8k	8k	8k	8k	8k	8k	8k	
24	8k	8k	8k	8k	8k	8k	8k	8k	

表 7-4-3　E1/T1 介面規範

介面規範	E1	T1
遵循依據	ITU-T G.704/G.706/G.732/G.823	ANSI T1.403 或 AT&T54016
傳輸速率	2.048Mb/s±50ppm	1.544MB/s±50ppm
編碼格式	AMI/HDB3	AMI/B8ZS
線路阻抗	75/120Ω	無加感 100Ω
單向延遲	< 200μs	< 200μs
接收位準	0～−22.5dBm	0～−22.5dBm
輸出閃爍	ITU-T G.703	ANSI TR-62411
接收閃爍	40 UI P-P	40 UI P-P
接收時脈容忍度	2.048MHz±75ppm	2.048MHz±75ppm

OC(Optical Carrier)

OC 為 Optical Carrier 的縮寫，此為光纖傳輸的一種單位最小的單位為 OC-1，OC-1 的傳輸資料量為 51.84 Mbps，較常用的為 OC-3，OC-3 = 155.52 Mbps，通常會以 OC-N 代表 N 倍的 51.84Mbps，OC-N 也可以寫成 STS-N(同步傳輸訊號)，OC-3 也同 STM-1(即同步數位階層單位)OC-3 = STS-3 = STM-1

一般 ATM 設備是以光纖傳輸，並多使用 OC-3 或 OC-12 的速率。OC-1 也相當於在傳統傳輸設備的 T3 可傳送資料量

DS(Digital Signal)

DS 為 Digital Signal 的縮寫，為資料傳輸時的單位

DS1 相當於美規的 T1
DS3 相當於美規的 T3

E1 碼框格式

如圖 7-4-4 所示。

E1 特點：

1. 十六個碼框組成一個超碼框
2. 一個 Frame 中 Time slot 16 為 signalling channel
3. (32 Time slot × 8)bits/125μs=2.048 Mb/s

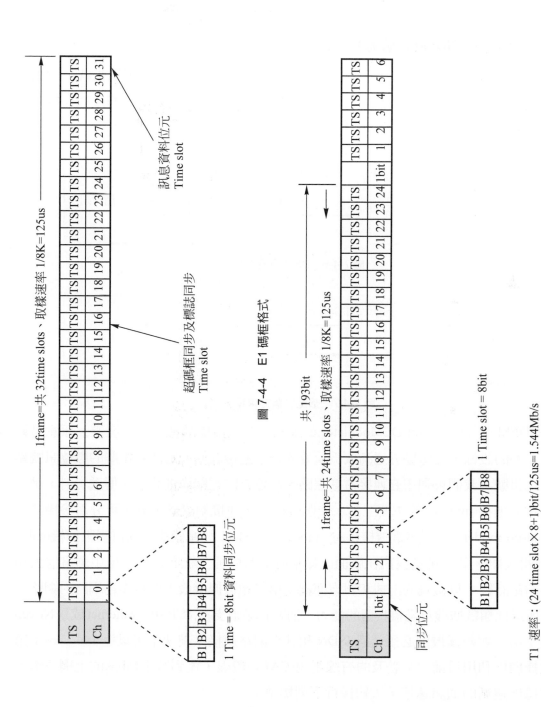

圖 7-4-4　E1 碼框格式

圖 7-4-5　T1 碼框格式

T1 速率：(24 time slot×8+1)bit/125us=1.544Mb/s

T1 碼框格式

如圖 7-4-5 所示。

高速數據傳輸與 Clock(時鐘源)

數位式數據系統經由 PCM 的傳送在用戶端必須裝上數位式數據機也就是所謂的 DSU(Data Service Unit)，DSU 與一般的數據機不同在於 DSU 是以數位的方式在傳遞，傳統的數據機是以類比的方式在傳遞如圖 7-4-6 所示

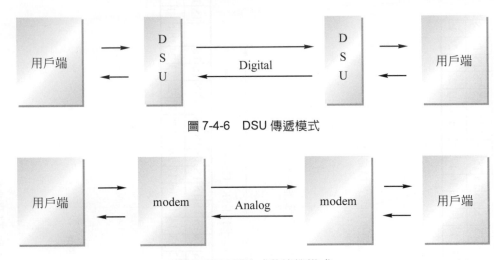

圖 7-4-6　DSU 傳遞模式

圖 7-4-7　類比式數據機模式

MODEM 是 MOdulator/DEModulator 的縮寫，有人將數據機稱為『魔電』原意是轉換電波頻率的設備，在電腦界逐漸成為重要的一種週邊設備，它能將電腦的數位訊號轉換成類比訊號，我們可利用它連接電話線路，和遠方的電腦溝通訊息、傳遞資料，是一般家用電腦連接 Internet 的主要工具。依照數據機所連接的設備來分，可分為撥接式數據機(dial-up modem)、網路數據機(LAN modem)、ISDN 數據機和有線電視數據機(cable modem)四大類。第一類是我們在市面上最常見到的機種，它必須要利用中華電信公司所提供的電話線，以撥號的方式和對方連線；第二類數據機最主要是作為網路對網路的連接，所以此類數據機具備橋接器的能力，而且它必須支援TCP/IP、Ethernet或是Novell等協定；第三類數據機則必須透過 ISDN 和其它網路連接，其速率可以達 144 kbps；第四類數據機則利用目前十分普及的有線電視(CATV)纜線，達到數十Mbps的上網速率。

數據機遵循的通訊速率，大約採行下列標準：

表 7-4-4

通訊標準	類別	傳輸速率	雙工
ITU-T V.17	傳眞語音	14,400 bps	x
ITU-T V.21 CH2	傳眞語音	300 bps	v
ITU-T V.21、Bell 103	資料傳輸	300 bps	v
ITU-T V.22、Bell 212A	資料傳輸	1,200 bps	v
ITU-T V.22 bis	資料傳輸	2,400 bps	v
ITU-T V.27 ter	傳眞語音	4,800 bps	v
ITU-T V.29	傳眞語音	9,600 bps	v
ITU-T V.32	資料傳輸	9,600 bps	v
ITU-T V.32 bis	資料傳輸	14,400 bps	v
ITU-T V.33	資料傳輸	14,400 bps	v
ITU-T V.34	資料傳輸	28,800 bps	v
ITU-T V.34 +	資料傳輸	33,600 bps	v
ITU-T V.90、PCM、K56flex	資料傳輸	56,000 bps	v

　　一般數據機大多也使用 V.42、MNP5 的資料壓縮與偵錯協定，能夠在資料傳送失敗時自動重新傳送某些資料封包。

　　一般而言，安裝數據機所要設定的選項，有電話形式是音頻(tone)或脈衝(pulse)、數據機安裝的通訊埠(COM1～4)、和Modem的速度(2400、4800、9600、14400、19200、28800、33600、56000)等。

　　在傳遞過程中爲了將訊號正確的送達就須使得傳輸過程中傳輸的速率相同，也就是兩端局動作必須同步。

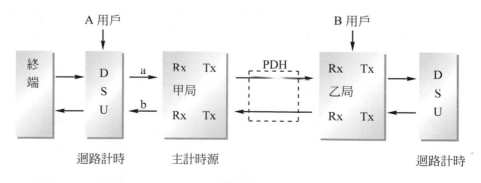

圖 7-4-8

圖中 A 用戶側 DSU 送出訊號 a 之速率必須與甲局 PCM 所發送的速率同步如此用戶所傳送的資料才不會遺失或重覆傳送為了達成此目標甲局發送與接收端設備之 Clock 必須取得同步也就是頻率、速率相同，PCM 所發出的時脈經由 b 線路傳回 A 用戶側 DSU 經由 b 線路採用迴路抽取計時法取的時鐘源而達到同步的目的，同樣的乙局也在此迴路中取得 Clock 時脈而同步。

T1/E1 Time slots Convert

在不同的系統規格設備相互連接時有些時候不一定都是 E1 或 T1 介面遇到此問題時就必須透過 T1/E1 Convert(DACS)來將 T1/E1 間做一個時槽的轉換以供設備正常運作。如圖 7-4-9 另一種狀況是設備都是相同的介面但是 PCM 線路無法跟設備介面相容時也可以利用 DACS 來做時槽的轉換，如圖 7-4-10 設備是 E1 介面但是在 PCM 方面卻只能提供 T1 線路時這時只好利用 T1/E1 Convert 來做轉換的工作。

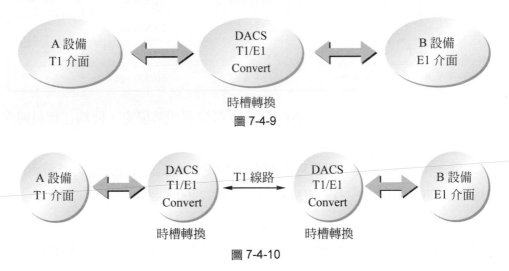

時槽轉換
圖 7-4-9

時槽轉換　　時槽轉換
圖 7-4-10

表 7-4-5　T1/E1 時槽對應關係

E1 Time Slot	T1 Time Slot	E1 Time Slot	T1 Time Slot
00	00	16	16
01	01	17	17
02	02	18	18
03	03	19	*
04	04	20	*
05	05	21	*
06	06	22	*

表 7-4-5　T1/E1 時槽對應關係(續)

E1 Time Slot	T1 Time Slot	E1 Time Slot	T1 Time Slot
07	07	23	*
08	08	24	*
09	09	25	*
10	10	26	22
11	11	27	23
12	12	28	24
13	13	20	19
14	14	30	20
15	15	31	21

SDH

　　SDH(Synchronous Digital Hierarchy)是在歐洲地區所制定的一種光纖傳輸規格,傳輸的基本單位稱為 STM-1,這相當於三倍的 OC-3,也就是 155.52 Mbps。

　　在美國地區,光纖傳輸的規格是 SONET,其速率單位以 OC-n 或是 STS-n 為主。雖然 SONET 和 SDH 使用可以相容的傳輸速率,但是由於 SDH 是改良 SONET 而來,所以在某些網路維護與錯誤偵測的功能上,並無法相容。

表 7-4-6　SDH/SONET 位階速率比較

SDH	SONET	傳輸速率 Mb/s	PDH/DS3 位階數目
	STS-1/OC-1		1
STM-1	STS-3/OC-3	155.52	3
	STS-6/OC-6	311.04	6
	STS-9/OC-9	466.56	9
STM-4	STS-12/OC-12	622.08	12
	STS-18/OC-18	933.12	18
	STS-24/OC-24	1244.16	24
	STS-36/OC-36	1866.24	36
STM-16	STS-48/OC-48	2488.32	48
	STS-96/OC-96	4976.00	96
STM-64	STS-192/OC-192	9952.00	192

(Synchronous Transmission)同步傳輸時，兩端點的傳輸及接收是同時發生的，資料的傳送的型式是區塊(block 或 frame)為單位的方式傳送，在發送端與接收端各有一個同步的時鐘(clock)，控制傳輸同步的進行，為了使兩端傳輸同步有兩種方式，第一是在發送端與接收端之間增加一條獨立的同步訊號線路，第二是在資料區塊加上同步訊號一起傳輸。第一種方式較適合短程的傳輸方式，第二種方式較適合長距離的傳輸方式。

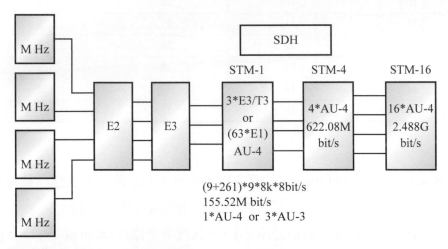

圖 7-4-11　SDH 階層

SDH/SONET 網路通訊的優點為：

1. 具有標準的數位信號速率及格式
2. 標準光介面不同廠牌設備均可連接
3. 同步多工後易於塞入、取出及數位交接轉送
4. 設備模組化易於擴充
5. 簡化網路單元設備提高網路傳輸性能穩定
6. 具有特殊配套信框架構與 PDH 信號能即時傳送
7. 標準附加訊息及軟體架構大大提昇網路智慧
8. 提供有效的系統組態管理及提供新服務之能力

　　STM-1 訊號由重複的資料框組成其重複週期為 125μs、每個資料框可裝載多個 1.5/2/6/34/45/140Mb/s PDH 架構資料流，每個 PDH 的資料流被裝載再不同資料容器(C：Container)中，並包含一些額外填補位元以容許不同的資料傳輸速度，以方便加入某些控制訊息例如：路徑控制資料(POH：Path overhead)可用來監測兩端點間傳輸的位元錯誤率(BER)。

　　路徑控制訊息可分為低階路徑(LO-POH)與高階路徑(HO-POH)控制訊息，主要是用來判斷兩個終端間傳輸路徑傳輸效能的好壞。

　　資料容器(C：Container)與路徑控制資料(POH：Path overhead)合成一個虛擬容器(VC：Virtual Container)也稱為虛擬信號框而再 STM-1 的資料框裡可以容納數個(VC)虛擬容器不管視同形式或不同型式的都可以在同一個資料框中(STM-1/STS-1/STS-3)

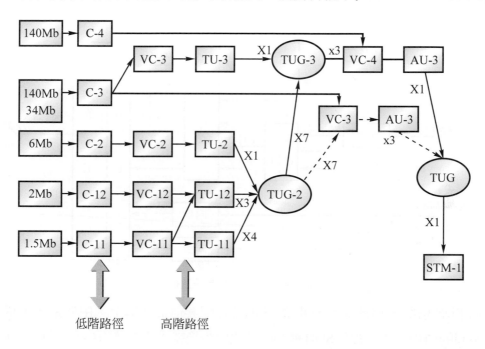

圖 7-4-12　SDH/SONET 多工系統架構圖

　　圖中最低等級的資料信框或虛擬信框編號的第一個數字為 1(LO-POH)，其第二個數字為 1 的代表 1.5Mb/s 信框(VC-11)，2 的代表 2Mb/s 信框(VC-12)、其較高等級的資料信框或虛擬信框編號為 3 或 4 代表為 VC-3 或 VC-4 可容納 34/45/140 Mb/s 的資料信框，更高等級的傳輸速率可由多工合成數個STM-1(STS-3/OC-3)而成，例如STM-16 可由 16 個 STM-1 信號框多工而成。

　　SDH/SONET 與 PDH 多了一些優勢分別為有較高的速率定義、可直接多工的介面及有統一的網管系統架構且經由位於多工 Overhead 內的指標可直接找出負載資料的部分再透過光纖網路傳輸資料可獲得十分精準的正確性。

SHD 網路架構的組成可分爲四大單元：依序爲終端多工機(TM/SM)、塞取多工機 (ADM)、數位交換設備(DXC)、中繼設備(REG)。

終端多工機(TM/SM)：終端多工機只有一個 STM-N 的高速介面及一個可介接各種 不同低階速率之介面，主要應用於點對點、樹狀及線性的組態，其中介接各種不同低速 率之信框可銜接經低路徑階層的 PDH 信號。

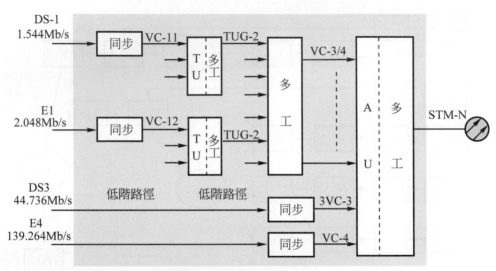

圖 7-4-13　同步終端多工機

要將 PDH 信號架構傳送到 SDH 的各種特殊配套信框架構上，由於系統架構不同， 則採用不同的同步方式，經與 SDH 網路時鐘訊同步後就成爲標準的 C-N 信框(Container)， 再加上 POH 後則成爲標準的虛擬信框 VC-N(VC-N：N = 11、12、2、3、4)，經過三次 多工成爲 STM-N(N = 1、16、64)。四路 VC-11 或三路 VC12 多工成爲 TUG-2，七路 TUG-2 二次多工爲 VC-3 或 TUG-3，三路 VC-3 或一路 VC-4 成爲 AUG，經第三次多工 則成爲 STM-N。

VC-11 之速率＝ 1.644Mb/s ＝ 8bit×26 bytes/125μs(26 bytes/碼框)。

TU-11 之速率＝ 1.728Mb/s ＝ 8bit×27 bytes/125μs(27 bytes/碼框)。

VC-12 之速率＝ 2.240Mb/s ＝ 8bit×35 bytes/125μs(35 bytes/碼框)。

TU-12 之速率＝ 1.728Mb/s ＝ 8bit×36 bytes/125μs(36 bytes/碼框)。

TUG-2 之速率＝ 6.912Mb/s ＝ 1.728Mb/s×4(TUG-2 ＝ TU-11×4)。

TUG-2 之速率＝ 6.912Mb/s ＝ 2.304Mb/s×3(TUG-2 ＝ TU-12×3)。

VC-3 之速率＝ 48.960Mb/s ＝ 64kb/s×765 bytes(765 ＝ 85×9)。

VC-4 之速率＝ 150.336Mb/s ＝ 64kb/s×2349 bytes(2349 ＝ 261×9)。

SDH 設備與 PDH 傳統系統設備比較，SDH 終端多工機之作用類似於 M13 ＋ OLTE ＋ SW 也就是多工機＋光纜終端設備＋切換控制設備，M13 多工機結和 28 路 DS1 電路組成 DS3，光纜終端設備 OLTE 將數路 DS3 多工在一起，切換控制設備(SW)再傳輸線路故障時可控制光纜線路切換，SDH TM 架構可傳送 DS1、E1、DS2、E2、DS3、E3、VC3、VC4、STM-1、ATM 等。

塞取多工機**(ADM)**：塞取多工機擁有兩個 STM-N 的高速介面，其方向設定為東西向(A)(B)傳遞一般(ADM)可應用於樹狀組態及線性的組態，且塞取多工機具有自復環的保護功能一保護方式可分為追蹤式(Tial)及子網路連結保護(Sub-network Connection Protection)

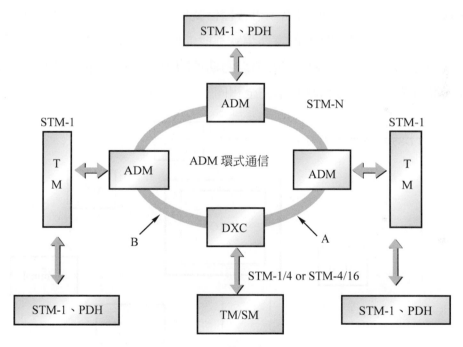

圖 7-4-14　ADM 環式通訊系統

塞取多工機 ADM 可比喻為高速公路交流道，是為可加入和取出信框的多工機，以東西向的通訊為例，ADM 可取出東側 STM-N 中的成份訊號 E-N、DS-N、STM-1，並加上新的 E-N、DS-N、STM-1 至空閒的 STM-N 信框中再從西側送出，西東向的訊號則執行相反的動作，一般來說如訊號要接入交換局時其 ADM 是以塞取方式工作如不接入交換局 ADM 則是以分路工作方式通過，圖 7-4-14 中 A 網路為現用的網路系統，B 網路為備用的網路系統。

數位交換設備(DXC)：數位交換設備可分為廣頻數位交換設備及寬頻數位交換設備，廣頻數位交換設備主要應用於交換(VC-11)、(VC-12)信框其高速介面為STM-N主要應用於匯集局供電路交換及匯集功能，寬頻數位交換設備主要應用於交換VC-3/VC-4其高速介面為STM-N主要應用於網路復原。DXC數位交換設備是唯一能與高速光纖傳輸速率匹配的交叉連接技術，使整個網路的傳輸、交換、控制都能在光學領域裡進行。

DXC數位交換設備基本功能與特性為：

1. DXC為一具有多工、配線、保護/恢復切換控制、監控網路管理的多功能傳輸設備，它已直接替代多工器及數位式框架，且可以為網路提供迅速有效的匯接和網路保護恢復功能，DXC所需的備用線路大大減少，提高網路利用率。

2. DXC具有信號獨立性的特點，再各種信號匹配工作上皆在界接介面之端點進行完成，DXC對於任意頻寬的支路信號都能進行無阻塞的交叉連接，在每一個125μs週期信框中，所有支路信號都以週期性的固定位置上重復出現，並使所有的輸入進行交叉的連接信號頻率完全相同。

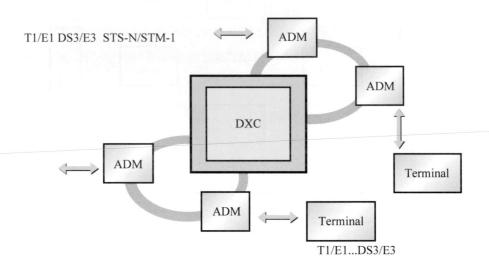

圖 7-4-15　DXC 系統架構

對傳輸設備進行網路系統管理是DXC最重要的應用，它包括了區段間階層及多工區段間階層的監視、維護、故障定位等，DXC在SDH網路中主要有傳輸設備管理、保護切換、故障後恢復能力、通道監視、不完全通通道段監視、測試接入等方面。

中繼設備(REG)：中繼器的功能是將接收到STM-1較弱的數位光信號放大作用予以再發送出去達到信號加強的目的。

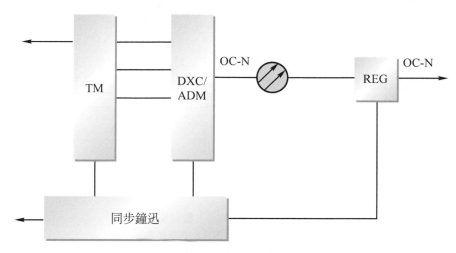

圖 7-4-16　REG 放大

　　SDH 比 PDH 多一些優點分別為具有較高的傳輸速率、可直接進行多工而不必多介面的轉介並有統一的標準網管系統、經由使用位於多工 Overhead 內的指標可直接找出負載資料部份，且光纖傳輸信號會經由傳輸路徑十分精確的傳送到目的地。

　　SDH/SONET 網路管理功能 OAM&P(Operation、Administration、Maintenance、Provisioning)與操作通路(Operation Channel)協定並無統一的標準規範，整個網路分為數個單元而分別使用不同的 OAM&P，只有點對點方向的同步多工，而同步網路系統的 OAM&P 之功能與操作通道均利用統一的網路管理系統，透過統一標準的內含操作通道可以監視整個網路系統的告警訊號(Alarm)、通訊品質(PM)及網路維運調度等。同步光纖網路的功能優於目前所使用的傳輸網路在維護管理上(OAM&P)是以添加信號位元組來控制，透過OAM&P功能可以讓通訊系統與電腦整合在一起讓電腦設備之功能應用在通訊系統上。要建立一個 SDH 信框網路架構就必須定義一套共同遵守的速率和訊號架構模組而傳送格式是以 NNI 為統一標準化，SDH NNI 為一個網路節點與另一個網路節點之間互連介面的介接。

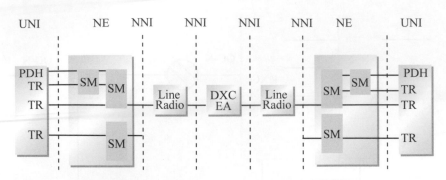

圖 7-4-17　NNI 與 NE 在 SDH 網路中的位置

TR：PDH 支路訊號	DXC：數位交接設備
SM：同步多工機	LINE：光纖線路
EA：外部接入設備	Radio：無線系統(microwave)

　　傳輸系統網路是由傳輸設備與網路節點兩個基本設備所組成，傳輸設備為微波系統、光纖線路等，網路節點分為簡單的節點只有多工功能與複雜節點包括網路節點的全部功能即為交結、終結、多工及交換功能，要標準化 NNI 網路節點標準，必須先統一網路節點之介接位元速率等級與訊號碼框規格標準。

7-5　TDM(分時多工)與 FDM(分頻多工)

　　TDM(Time Division Multiplexing)是一種多工的技術，所指的是利用同樣的設備，但是依照不同的時間片段(timeslice)，來達到多工的技術。常見的TDM應用是在通訊網路上，在同樣的傳輸路徑當中，以不同的時間區隔傳送許多信號。例如以 1 秒為時間長度，10ms(0.01 秒)為單位來做 TDM 多工，則理想的狀況下可在同一個通訊路徑當中傳送 100 組不同的訊號，但是實際上在兩個訊號之間必須有一點間隙(gap)存在，訊號之間才不致相互影響；所以T1 訊號在傳輸時，每秒傳送 8000 個碼框(frame)，每一個碼框大小為 193 位元，其中使用了一個同步訊號位元來確定傳送時不會產生誤差。

　　分時多工的技術通常用於數位訊號的傳遞，若傳送的是類比訊號，則應該使用分頻多工。

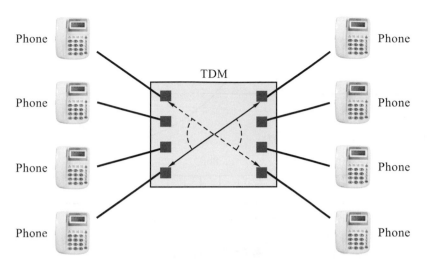

圖 7-5-1　TDM 意識圖

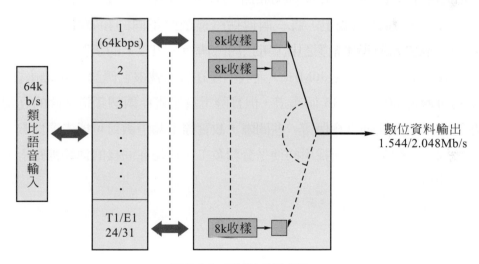

圖 7-5-2　T1/E1 分時多工

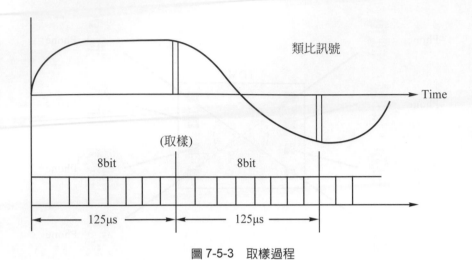

圖 7-5-3 　取樣過程

FDM(分頻多工)

　　FDM(Frequency Division Multiplexing)和分時多工(TDM)一樣，都是多工技術的一種，但它通常用於類比訊號上，將一個傳輸路徑依照不同的頻寬劃分給不同的頻道(channel)，使得在同樣傳輸路徑之中，可以同時傳送一組以上的訊號。

　　例如某條訊號線的頻寬是 30MHz，而我們要在該訊號線上傳遞 2MHz 頻寬的訊號，則理想上約可傳送 30÷2 ＝ 15 個頻道，但實際上為了避免兩個頻道之間的互相干擾，因此在頻道與頻道之間通常會保留一些間隙，故實際上頻道數目可能未達此數。在目前國內十分普遍的有線電視，所採用的便是分頻多工，以便在同樣的傳輸線路上，傳送數十個頻道的節目。

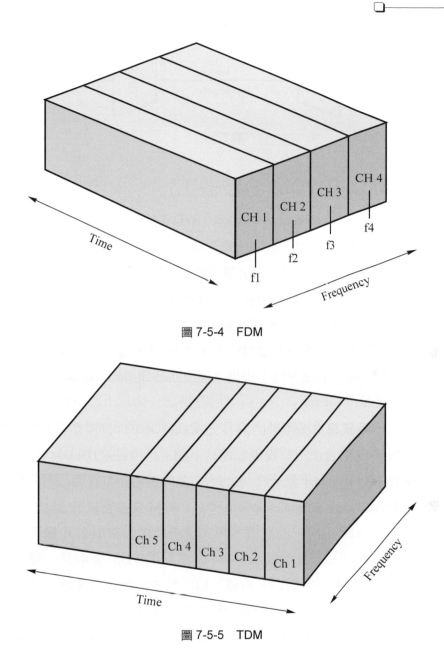

圖 7-5-4　FDM

圖 7-5-5　TDM

　　不管是那一種多工技術，其目的都是為了在同一頻道或同一時間上，能夠讓有限的頻寬資源使用，達到最大的使用效益，不同的多工技術有不同的多工方式，有的在時間上做多工，有的在頻道上做多工，圖 7-5-6 為多工技術的原理。

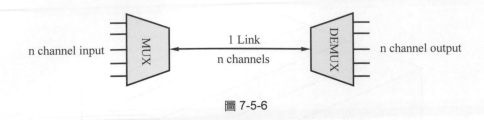

圖 7-5-6

7-6 WDM 與 DWDM(分波多工)

所謂分波多工(Wave Division Multiplexing；WDM)就是利用不同的光波波長λ，將多個光纖訊號合併在單一的光纖中傳送的一種光纖傳輸技術。現在的高階 WDM 系統多半設計用來作為長途通訊使用，而每一個光纖訊號(通常也會用通道或波長來稱呼)傳送速率高達 2.5Gbps(每秒十億位元)或 10Gbps，現在使用的系統可以支援到一百二十八個通道，因此將使得單一光纖線路可以承載超過一兆位元(1Tbps)的資訊量。而 DWDM 一詞則常被用來描述那些可以在單一光纖線路上，支援許多通道(通常是十六個以上)的系統；相對地，那些只在單一光纖線路上提供二個或四個通道的系統通常以較低階的 WDM 來稱呼。

大多數 DWDM 系統都支援標準的同步光纖網(SONET)/同步數位階層(SDH)短距光纖介面，可以讓任何 SDH 合法用戶設備都連結上網。現今長途 DWDM 系統中，OC-48c/STM-16c 介面運用在 1310-nm(十億分之一公尺)波長的情形非常普遍，用戶端可以是 SDH 終端或投落多工機(add-drop multiplexers；ADM)、ATM 交換器或 IP 路由器。在 DWDM 系統中有一個轉頻器(transponder)的裝置，將來自用戶端的 SDH 的光纖訊號轉換成電子訊號，然後利用這個電子訊號去驅動 DWDM 的雷射(DWDM 雷射是一種非常精準的雷射，可以在 1550-nm 波長附近運作)，而每一個系統中的轉頻器會將用戶訊號轉換成不同波長的光波，然後再將來自不同轉頻器的光波作光學多工到單一光纖線路；在 DWDM 系統的接收方向，則進行相反的程序，從多工的光纖線路中過濾出個別的光波，送入個別的轉頻器轉換成電子訊號，並驅動用戶的標準 SDH 介面。

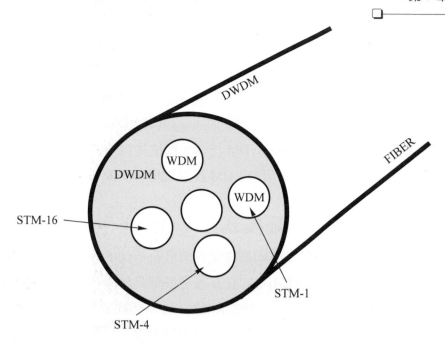

圖 7-6-1

節省傳輸成本的光放大器

　　DWDM 技術的優點包括：增加現有光纖線路的容量、減少或免除架設額外光纖線路的需要，及減少光訊號在長途網路中昂貴的電子訊號再生需求。

　　由於光纖訊號在穿越光纖線路時會不斷地衰減，因此必須在長途網路中週期性地再生，然而 DWDM 尚未問世之前，在 SDH 光纖網路中，每一個別的光纖線路承載單一個光纖訊號，通常是 2.5Gbps 的傳輸速率，且需要在每間隔六十至一百公里時就設置個別的電子訊號再生器(Regenerator)，在長途網路中增設額外的光纖線路時，再生器的設置成本就變得相當昂貴，除了再生器本身的成本，仍需包括安置設備的空間與所需消耗的電力等，因此當再生器的數量增加時，增設新光纖線路所需花費的時間及金錢亦跟著增加。

　　光放大器與 DWDM 系統結合之後，大幅降低高容量長途網路的費用，單一光放大器可重複放大一條 DWDM 光纖線路中所有通道的訊號，免除了各通道皆需一再生器需要解除多工及個別處理之高成本方式。由於光放大器只有增強訊號強度，並不會改變訊號形態及訊號時脈，亦不像再生器需重傳訊號，所以訊號仍然需週期性地再生，但是訊號再生的間隔距離將可以放大到一千公里左右，例如一個四十通道的 DWDM 系統，其一個光放大器約可以取代四十個個別的再生器，同時因為需要設置光放大器的距離大於設置再生器的間距，其取代效益甚至更大。

光放大器與 DWDM 系統除了大幅減少再生器的設置成本外,也簡化新增額外通道的程序,即只需在原有 DWDM 系統中 DWDM 線路的兩端分別增設轉頻器就可以增加通道數,而原有的光放大器會將新增通道與原有通道一起做訊號放大,因此將不再需要另外的再生器,其所節省的成本比將光纖網路更新為 DWDM 系統還多,故幾乎所有長途網路業者皆在他們的網路中使用 DWDM 技術,即使是擁有許多光纖線路的新業者,亦普遍地在架設新增光纖線路前採用 DWDM 技術以增加其系統容量。

7-7 ATM 非同步傳輸模式

ATM(Asynchronous Transfer Mode)網路是目前最新一代的高速網路非同步傳輸模式(Asynchronous Transfer Mode:ATM)是一種高速交換網路技術,其採用快速分封交換的技術,同時具有電路交換及分封交換的雙重優點。ATM 網路內部最基本的傳輸單位稱為 Cell「細胞」,它是具有固定長度 53 Bytes 的資料封包,目的是以簡化緩衝及交換程序。

ATM 網路能在單一網路上同時支援多重資料型態之高速傳送,如語音、數據、影像、視訊等。在實體傳輸介面上,ATM 網路並不受限於特定的傳輸介質,它可以使用STP、UTP(Cat 5)、同軸電纜 10Base-T 或光纖 10Base-FL,100Base-FX 等傳輸介質,因此 ATM 網路可支援的傳輸系統及速率有許多種類,如 PDH-T1/T3 專線、E1/E3 專線、SONET、FDDI 等。由於 ATM 網路可支援不同資料型態的高速傳送、可使用不同的傳輸介質、可收容各種不同的傳輸速率及連接不同系統的能力,使其具有滿足用戶的各種需求,提供高速傳輸服務的性能;因此能提供多樣化之高速通訊服務:

如國家資訊基礎建設(National information Infrastructure NII)的骨幹提供

遠距教學(Distance Leaning)
隨意視訊(Video-on--Demand)
視訊會議(Video Conference)

ATM 網路特性

1. 多種傳輸速率,有 622Mbps、155Mbps、100Mbps、51Mbps、25Mbps。
2. 傳輸資料長度為固定長度之細胞「細胞」(cell)。
3. 多種傳輸媒介,有光纖、同軸電纜、雙絞線。

4. 屬於「頻寬累積」(Aggregated bandwidth)型網路。

5. 也是屬於「連線導向」(connection-oriented)的網路。

6. 提供多元傳輸模式針對不同層級的服務提供不同類型的連接導向流量(Quality of Service，QoS)。

　　由於 ATM 可處理多種不同形態的流量需求，同時在單一的基本網路基礎上結合交換電路的高速度和封包交換的彈性，並且支援從小型專屬網路到大型公眾網路的可擴展性能，因此，ATM 具有多樣化的效益如動態頻寬管理、支援多種服務品質及自動組態設定和從故障中自動恢復能力等。

　　ATM 傳送模式及細胞格式如下：

　　ATM 細胞及表頭結構如圖 7-7-1

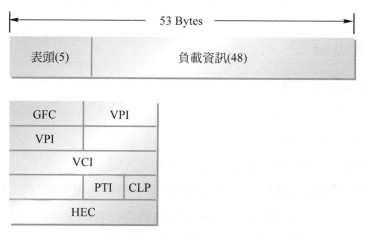

圖 7-7-1

GFC(Generic Flow Control 4 bit)：一般流量控制
VPI(Virtual Path Identifier 8 bit)：虛擬路徑
VCI(Virtual Channel Identifier 16 bit)：虛擬通路
PTI(Payload Type Identifier 3 bit)：負載資料類別

負載資料類別如下

	0	1
第一個位元	細胞載送用戶資料	細胞載送 OAM 資料
第二個位元(PLT)	細胞載送用戶資料	碰到壅塞情形
第三個位元	預留為用戶信號用	

CLP(Cell Loss Priority1 bit)：細胞丟棄優先權

HEC(Header Error correction 8 bit)：表頭錯誤控制

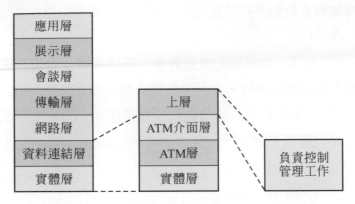

圖 7-7-2　ATM 網路運作參考模型與 OSI 之對應關係

ATM 網路通訊協定

ATM 通訊協定包含三層：

1. 實體層(Physical Layer)

2. ATM 層(ATM Layer)

3. ATM 調節層(ATM Adaptation Layer， AAL)

ATM 實體層分為兩個子層，依序為傳輸匯聚子層(TC)與實體煤質子層(PM)，PM層是真正的傳輸煤體連接，為傳輸匯聚子層與傳輸網路媒質間之介面，負責位元流串的傳送與接收，並提供不同網路介質之規格連接。

表 7-7-1　B-ISDN/ATM 通訊協定模型

高層		高層功能
ATM AAL	CS	CP layer
		SS layer
	SAR	分割與重組
ATM Layer		一般性流量 Control 細胞 VCI/VPI 轉換 細胞多工/解多工 細胞頭取出
Physical	TC	Cell decoupling HEC 字頭序列產生 細則定界 傳輸訊框結構配置 訊框結構產生/取出
	PM	位元時序 實體介質

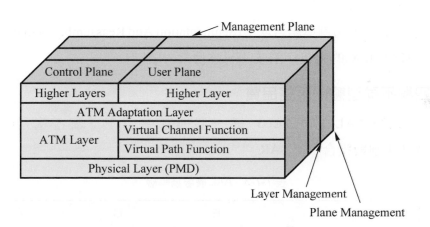

圖 7-7-3　ATM B-ISDN 協定模式

　　ATM B-ISDN(Broadband integrated services digital network 寬頻整體服務數位網路)通訊協定從上到下分別是實體層(Physical layer)，ATM 層(ATM Layer)，ATM 調節層(ATM Adaptation Layer， AAL)及高層。

ATM 調節層(AAL)

ATM 調節層也對應到 OSI 參考模式之資料連接層，負責提供各種不同的服務給更上層的應用軟體使用，依三種參數時間模式關係、傳輸速率關係、連線模式提供四類不同的服務：

表 7-7-2

等級	起始 AP 與目的地 AP 之間	位元速率	連接模式	例子
A 級	存在著某種時間關係	固定方式	連接導向	視訊會議
B 級	存在著某種時間關係	變化方式	連接導向	影像、聲音
C 級	並無某種時間關係	變化方式	連接導向	連接導向檔案傳送
D 級	並無某種時間關係	變化方式	非連接導向	LAN 與 E-Mail

ATM調節層依其功能分為兩個子層，一為分割重組子層(SAR)和匯聚子層(CS)，匯聚子層(CS)又可分為特定服務部份(SS：Service-Specific component)和共同部份(CP：Common Part component)。

AAL層中的SAR，切割與組合次層(Segmentation And Reassembly Sublayer SAR)可將上層通訊軟體(IP，IPX)的封包切割成 48byte 傳給 ATM 層。

AAL 提供四種不同型態的服務品質

AAL1，AAL2，AAL 3/4，AAL5 每一型態都包含其「聚合次層(Convergency Sublayer)」及其切割與組合次層 SAR。

表 7-7-3　AAL 層服務等級

等級	A	B	C	D
端時間序	需要	需要	不需要	不需要
位元率	定速率	變速率	變速率	變速率
連線模式		連線導向		非連線導向
AAL(S)	AAL1	AAL2	AAL3/4	AAL5
舉例	DS1，E1	Packet	Frame Relay	IP，SMDS
		Video	X.25	
		Audio		

1. AAL 1 型態：

AAL1 服務 SAR-PDU 長度為 48 bytes，其中包括一個位元組的通訊協定控制資訊(PCI：Protocol control information)和 47 個位元組酬載(Payload)，PCI 包括兩個欄位分別是順序號碼(SN：Sequence)有 4 個位元和順序號碼保護(SNP：Sequence Number Protection)也是 4 個位元。

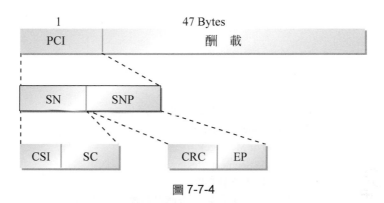

圖 7-7-4

SN(Sequence Number)
CSI：檢查是否攜帶有關時間與資料結構的資訊
SC：檢查是否有不當細胞
SNP(Sequence Number Protection)
CRC：保護 SN
EP：Even Parity

2. AAL 2 型態：

AAL2 是用來作為預接式電路的 ATM 傳送以及對語音、視訊的 VBR 高速位元速率產量封包，AAL2 服務之 SAR-PDU 長度為 48 位元組，包含 4 bytes Header 與 Trailer 及 47 位元組之酬載，4bytcs 的 Header 包括了 2 bytes 的順序號碼(SN：Sequence Number)和 2 bytes 的資料型態(IT：Information Type)，4 bits 之 Trailer 包括了 2 bytes 的長度欄及 2 bytes 的(CRC)。

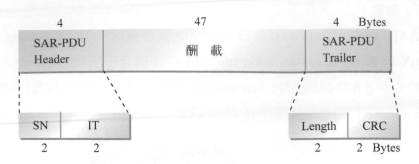

圖 7-7-5

SN(Sequence Number 2 Bits)：檢查是否有不當細胞

IT(Information Type 2Bits)：包含

1. BOM(Beginning of Message)

2. COM(Contine of Message)

3. EOM(End of Message)

4. SSM(single Segment Message)

5. Length：檢查酬載長度

6. CRC：檢查酬載內容是否傳送錯誤

3. AAL 3/4 型態：

AAL3 和 AAL4 結合成為單一的共同部份(CP：Common Part)來提供給變動位元速率(VBR：Variable Bit Rate)流量使用，兩者可為預接式或非預接式，非預接式服務是由服務指定匯聚子層(SSCS：Service Specific Convergence Sub-layer)層次所提供，在 AAL3 與 AAL4 的 CPCS-PDU 格式中(頭欄 Header)及(尾欄 Trailer)共佔 4 bytes，Payload 為 1～65535 bytes。

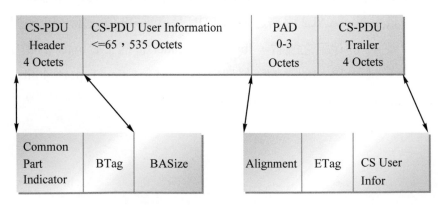

圖 7-7-6

BTag/ETag：同一封包其值相同

PAD：使其封包為 4 的倍數

BAsize：接收端緩衝器大小

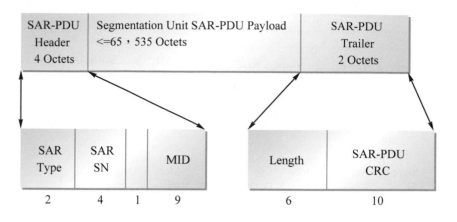

圖 7-7-7

ST：COM(00)，BOM(10)，EOM(01)，SSM(11)
SN：Modulo 16 sequence counter
p：proity
MID：CS-PDU 的識別碼
LI：Length<＝ 44
CRC：檢查片段是否有誤

4. AAL 5 型態：

　　共同部份(CP)AAL5 具有變動位元速率(VBR)流量處理能力，可以是預接式或非預接式，預接式或非預接式服務是由服務指定匯聚子層(SSCS)所處理，AAL5 CPCS-PDU 格式中並無 Header 欄位僅在封包後加上 0～47 Bytes 之 PAD 填充欄及 8 Bytes 之 Trailer 尾部欄，其資料欄長度為小於或等於 65535 Bytes，而 PAD 欄之功能在於使 CPCS-PDU 長度為 48 之整數倍，而 CPCS-PDU 尾欄(Trailer)又分為通訊協定控制欄、長度欄及 CRC 偵錯欄。

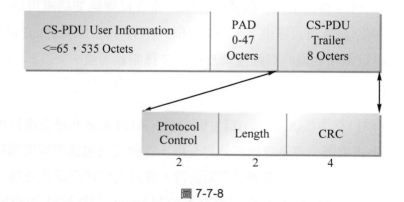

圖 7-7-8

只加入訊框尾 PAD 使訊框為 48 的倍數。

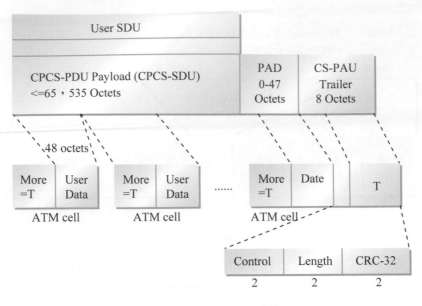

圖 7-7-9

使用 more flag 來記錄是否為最後一個片段 CRC-32 檢查訊框是否正確

ATM 網路的優點：

1. ATM 採用獨占式頻寬的非同步、高速分封、多工交換技術、是為解決資料傳輸流量之阻塞而延遲資訊的交換時間，由於各節點的頻寬皆為獨佔式使得 ATM 網路頻寬形成累加式頻寬而發揮交換式網路功能，是 ATM 網路最大的優點。

2. ATM 最高速度可達 622 Mb/s，可用 STM-4 架構作為轉送，ATM 網路可以動態調整所需頻寬而將未使用的頻寬保留給其他節點使用，不但可以控制網路的阻塞，同時可以將頻寬作有效的分配。

3. ATM 網路因採用固定長度之細胞格式作為網路傳輸基本單元，本身具有較少的錯誤控制、可以整合語音、數據、影像、等資料傳輸架構應用於同一網路技術上，同一網路技術可以提供 NX101 Mb/s 至 NX102 Mb/s 的資料率，在 LAN/WAN 上可以使用相同的網路技術及提供多種服務等級。

ATM 網路架構：

ATM 網路架構以交換機(Switches)為主要設備，ATM 網路亦是交換技術中重要的產品，在交換技術上主要區分電路交換與分封交換，電路交換包括專線與撥接線路，電路交換可能因為線路閒置過長而形成網路資源浪費，分封交換則改進此缺點。典型的 ATM 網路中包括 LAN/WAN 網路和 ATM 廣域網路，ATM Switch 間為 NNI 介面(NNI：Network Interface)，ATM Switch 與網路節點間為 UNI 介面(UNI：User Network Interface)。

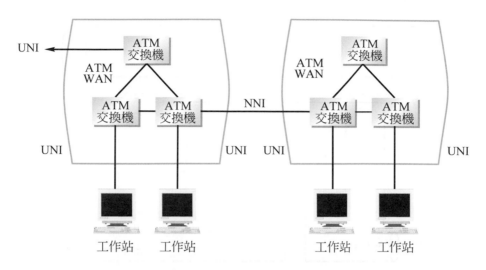

圖 7-7-10　ATM 網路示意圖

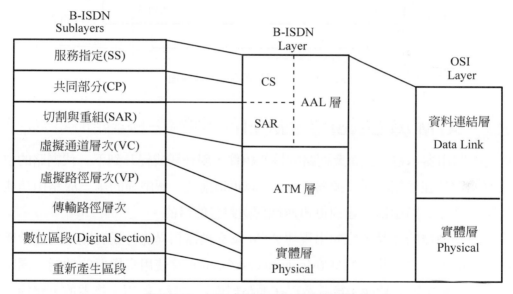

圖 7-7-11　ATM 各層與 OSI 模型對應關係

ATM 網路工作原理：

　　ATM 網路最重要的參數為 VCI 與 VPI，因為 ATM 網路實體由 VPs(Virtual Paths)和 VCs(Virtual Channels)所組成，VC 與 VP 交換原理為 ATM Switch 內部作 VP 和 VC 交換，VPI = 1 內之 VC = 1 交換至 VPI = 3 內之 VCI = 3，VPI = 1 內之 VCI = 2 交換至 VPI = 2 內之 VCI = 4，VPI = 4 內之 VCI = 1 交換至 VPI = 5 之 VCI = 1，VPI = 4 之 VCI = 2 交換至 VPI = 5 之 VCI = 2，總而言之在 ATM 裡的連線即是為一串 VPI 與 VCI 所組成的通訊鏈路。

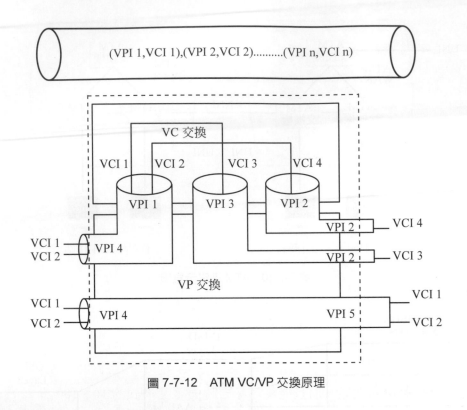

圖 7-7-12　ATM VC/VP 交換原理

7-8　ATM 與 Layer 3 Switch

　　傳統的路由器，曾經是企業網路的核心組件，現在變成提升到下一代網路的主要障礙。整個關鍵就在於第三層交換器(Layer 3 switch)創造一個嚴謹的第三層路由功能，取代以軟體為基礎的路由器，達到更迅速地傳送封包的目的。

　　第三層交換器的產品，它的出現與 ATM 及交換器相異的背景有關，前者希望增加路由器的功能，使之能夠在MAC(Media Access Control)層使用交換器的功能，同時又要交換器中增加路由器的功能；後者希望在網路規模變大時，純用交換器的網路能不產生廣播風暴，而由路由器來分隔孤立每一網段的風暴。在部分的網路環境下，將可取代路由器的部分市場。第三層交換器具有下列幾個特點：

1. 第三層交換器就是一部路由器。
2. 它的路由介面，與第二層交換領域相同。
3. 可實施有效的政策運用。
4. 管理容易。

　　它的特性是可以像傳統的路由器一樣地處理封包，包括下列功能：

1. 　根據第三層資訊決定封包前進路徑。

2. 　透過位元加總(checksum)技術確認第三層標頭的完整。

3. 　證實封包終結和更新。

4. 　處理和回應任何選擇資訊。

5. 　更新傳送統計資料於管理資訊庫中，並且在必要時實施安全管制措施。

　　第三層交換器主要設計來處理高效能的區域網路交通流量，所以它可以被放置在網路核心或主幹的任何地方，並且很輕易及經濟地替換傳統折疊式主幹上的路由器。第三層交換器使用像 RIP 和 OSPF 等工業標準的路由通訊協定，可以和 WAN 路由器交換訊息。第三層交換器的每個介面先天具有第二層交換領域(Layer 2 switching domain)，允許分配個別子網路頻寬，伴隨著對網路廣播的隔離能力。它可以根據物理的特性或通訊協定資訊去組織不同的輸出入埠群組，這種能力，對網路設計者而言，在網路容量規劃設計上是一個超強的工具。這種結構天生具有擴充彈性，能夠支援極多的第二層交換器，不論它們是駐在資料中心或者在線路機櫃裏。這樣的設計模型保存了子網路的基礎構造，同時提升子網路的性能，而且能夠在必要時佈署交換式的 10、100 或 1000 Mbps 的頻寬至桌上型工作站。保留子網路的概念是促使網路移植成功的關鍵，因為它允許逐漸的遷移，幫助網路設計者與同僚僅在部份設備上進行設定即可，而不必重新編號與設定全部的網路。

　　最新的第三層交換器允許以硬體速度執行第二層、第三層、單向廣播(Unicast)、多向廣播(Multicast)或廣播(broadcast)等傳送功能。軟體被用來處理網路管理、路徑表管理和例外狀況。硬體不僅提供性能最好的彈性，在平行處理方面也是一樣好。所謂的平行處理模型允許網路設備執行遠較先前所想像更多的封包運作，特別是關於政策的運用。一個政策是一種方法，用來變更經過網路設備常態封包傳送的作法。熟悉的例子包含安全、負荷平衡和通訊協定選擇處理。CoS(Class of Service)，是用來管理封包優先度方法的政策，較新的政策則包含 QoS(Quality of Service)，是用來安排頻寬和控制傳播延遲的方法。QoS 和 CoS 政策不僅意指能夠使用新的多媒體運用，諸如：區域網路電話系統技術，而且也能確保重大應用系統的網路回應時間，諸如：電子醫療(telemedicine)。政策是由聰明的網路設備提供，諸如：第三層交換器，能夠整合聲音，影像，和資料於同樣的基礎架構上。以軟體為基礎的結構無法緊密地提供管理政策甚至管理 10 Mbps 頻寬的速度。第三層交換器解決這問題，能夠使政策應用在第二層和第三層，而達到相同等級的效能。更進一步的革新則允許第三層交換器應用基於第四層資訊的政策，諸如：TCP 和 UDP 輸出入埠資訊。從傳送的角度來看，這是所謂的第四層交換技術。當大量的容量計畫導入許多網路時，運用第三層交換技術執行有效的政策管理，是保護與確保重要的資源確實可用的關鍵。

表 7-8-1　第三層交換器與傳統路由器比較

特性	第三層交換器	傳統路由器
支援核心路由協定：IP、IPS、Apple Talk	有	有
子網路定義	第二層交換領域	介面埠
傳送架構	硬體	軟體
傳送效能	高	低
RMON 支援	有	無
政策效能	高	低
廣域網路支援	無	有
價格	低	高

第三層交換技術與傳統的路由技術的差異在於：

1. 第三層交換器可以佈署在傳統路由機所在的區域網路任何地方。

2. 第三層交換器都經過最佳化來提供高性能區域網路支援，而非用來服務廣域網路連接(雖然它可以很容易的滿足 MAN 連接的要求，諸如：SONET)。

3. 第三層交換器提升 10 倍以上路由器的效能，而價格則僅有路由器的十分之一。

傳統的路由器把橋接功能和路由功能視爲同輩。而第三層交換器的路由功能架在交換功能上，准許一個更自然的網路結構，對網路擴展性很有幫助。

因爲 ATM 可處理多種不同形態的流量需求，同時在單一的基本網路基礎上結合交換電路的高速度和封包交換的彈性，並且支援從小型專屬網路到大型公眾網路的可擴展性能，因此，ATM 具有多樣化的效益例如動態頻寬管理、支援多種服務品質及自動組態設定和從故障中自動恢復能力等。而 ATM 最大的優點便是在於其可由同一個電腦、多工器、路由器、交換器、網路就能通用於不同性能、品質和商業需求的應用系統目前在實際應用上，大多是運用 ATM 硬体的高速交換速率搭配上層軟體通訊協定來突破現有路由器的傳輸瓶頸。電腦網路隨著網際網路的蓬勃發展，成爲人們日益依賴的工具，全球資訊網資訊技術的進展，網路應用的空間無限擴展的可能性大為增加，所以可以看到從政府到民間在網路應用上的積極擴展，目的是要人們把電腦網路化逐漸形成全民運動，從資訊化/電子化政府的建立，電子化公文的推動，視訊會議系統建立，遠距教學與醫療，電子商務等等，各種可能的應用都一一搬上網路，在網路應用上有許多以前不可能的夢想正快速地被編織與實踐著，而為了滿足這些想法，相對的各種不同的網路中繼設備，網路通訊協定、應用媒介與新的技術不斷地被提出與實作，當然我覺得龐大的商機　獐g後很大的一股動機，而另一種的驅動力應該就是人類追求不斷進步而造成的身為現代的人們當然要跟上這個快速的網路世界。

　　早期的 TDM，因為它以同步的方式將資料放於時槽再一起送出去，當然每個時槽的容量是固定的，當時槽沒有被占住時就會被浪費掉又當某一 Time slot 的 data 大於 Time slot 所能傳送的容量時，它也無法使用其它空的 Time slot，因而效率降低，相對的 ATM 以 cell 的方式充分利用了頻寬，而 ATM 與其它不同網路間的互通能力表現是相當不錯的，因為 ATM 具備 STS-1、STS-3、DXI、T3、E3 等多種傳輸介面，而傳輸介質又可以是 Fiber 與 Coaxial 相對的提高了相容性，也提供了電腦資料所須的完整性，語音資料的即時性，ATM 加上 IP switching 基本上依傳輸資料的不同，可以負擔選擇路由的工作亦可做交換的工作當一連串的資料流從特定來源送往目標的 IP 封包，如採用相同的協定，有相同的特徵，當 Switching 偵測到此資料時就會要求 Source 端提供 VCI 再利用新的 VCI 連接進入 ATM 交換器，利用 IP Switching 將流量控制，轉換為點對點，連線式的 ATM 方式，因為 ATM 有這麼多優勢所以現在以很普遍使用在主幹網路上。

7-9　認識 PDH 系統 M13 多工設備

　　在這題介紹 M13 多工設備的主要目的在於目前 GSM 網路系統中傳輸網路設備中 M13 多工設備算是常見的通訊系統所以我們也必須對它做一些認識，要將低速的 T1/E1 (DS-1) 數位訊號多工成一路高速數位訊號 T3(DS-3)，首先必須使各個訊號階群皆同速才可達到，由於 PDH 系統的每個設備時源鐘訊各自獨立必須採用同步器來達成同步要求，同步器輸出較高的速率訊號，而輸入訊號有快與慢但是恆低於同步器的輸出速率，在 PDH 架構中北美架構系統，有介面的階層次只有基群階次 DS-1(1.544Mb/s) 與三次群階次 DS-3(44.736 Mb/s)。

PDH 多工架構

PDH-ANSI

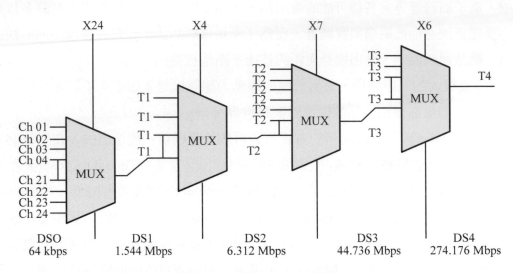

圖 7-9-1　PDH-ANSI 多工架構

PDH-CEPT

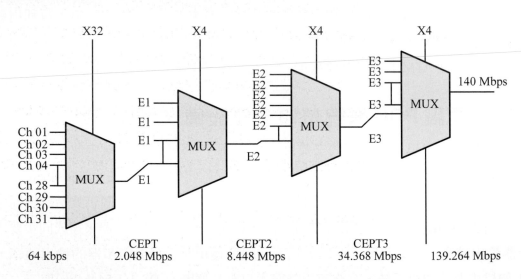

圖 7-9-2　PDH-CEPT 多工架構

　　歐洲規範架構是把 30 路語音 PCM 訊號之速率定為 2.048 Mb/s，做為基群階層(E1)，四個基群組成一個二次群(E2 = 4E1)，速率定為 8.448 Mb/s，四個二次群組成一個三次群(E3 = 4E2)，速率定為 34.368 Mb/s，四個三次群組成一個四次群(E4 = 4E3，速率定爲 139.264 Mb/s。北美規範架構是把 24 路語音 PCM 訊號之速率定爲 1.544 Mb/s，做爲基群階層(T1)，四個基群組成一個二次群(T2 ＝ 4T1)，速率定爲 6.312 Mb/s，四個二次群組成一個三次群(T3 ＝ 7T2)，速率定爲 44.736 Mb/s，四個三次群組成一個四次群(T4 ＝ 6T3，速率定爲 274.176 Mb/s。

表 7-9-1　DS1/DS3 電氣特性

特性	DS-1	DS-3
傳輸速率	1.544Mb/s±50ppm	44.736Mb/s±20ppm
線路碼型	AMI/B8ZS	B3ZS
線路阻抗	100±5 ％Ω，balance	100±5 ％Ω，Unbalance
連線長度	距離：DSX-1：0～200m	距離：DSX-1：0～200m
	使用 0.65mm 平衡線	使用 0.65mm 平衡線
輸出位準	772kHz：＋12～＋19dBm	22.368MHz：－1.8～＋5.7dBm

輸出位準測試爲在："1"信號在 3kHz 頻寬內之功率準位

　　M13 多工設備將 28 路 T1 或 21 路 E1 訊號多工成爲一路高階速率的 T3 訊號，在多工機中 M12 與 M23 各有備份電路供保護系統用，多工設備的高速側線路驅動有電介面與光介面，光介面可直接連接光纜到 STM-1 設備，電介面是使用 75Ω同軸電纜連接到光終端設備，光終端設備再將訊號轉換爲光波傳送。

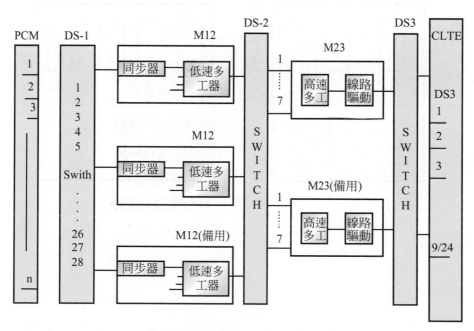

圖 7-9-3　多工機 M13 功能方塊圖

M12 多工：將 4 路 DS1 低速非同步的信號，首先由脈波填補同步方式調整為相互同步之信號，此 4 路同步信號依各分路順序，採用比次穿插(Bit Interleaving)法，多工成一路 6.312Mb/s 之數位信號。

M23 多工：同樣的其多工方式，是將 7 路 6.312Mb/s 之信號，由脈波填補同步方式填補為相互同步之信號，依各分路之順序，採用比次穿插之方法，多工成一路 44.736Mb/s 之數位信號。

M12E 多工：將 3 路 E1 低速非同步的信號，首先由脈波填補同步方式調整為相互同步之信號，此 3 路同步信號依各分路順序，採用脈波填補同步(Pulse Stuffing Synchronization)的方式，多工成一路 6.312Mb/s 之數位信號。

STM-1 多工：光終端機是根據 ITU-TSDH 架構中，將 3 路 DS3 信號從 C3→VC3→TU-3→TUG-3→VC-4→AU-4→AUG→STM-1 之多工路徑，再由電/光轉換成光信號輸出。

於解多工則是先將光信號轉換成電信號，其解多工路徑為 STM-1→AUG→AU-4→VC-4→TUG-3→TU-3→VC-3→C3 解成 3 路 DS3 信號。

OLTE為光纜終端設備主要功能為多工/解多工、電介面與光介面轉換，所使用的大多為單模光纖以傳送高速訊號，使用波長大部份為 1.3μm，在長途通訊則大都為 1.55μm 波長光源為單模雷射光源。

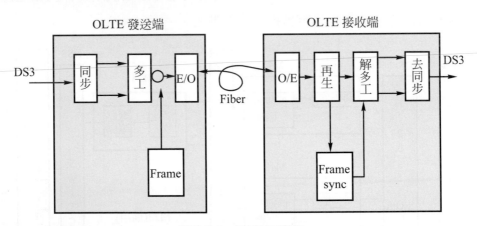

圖 7-9-4　OLTE 示意圖

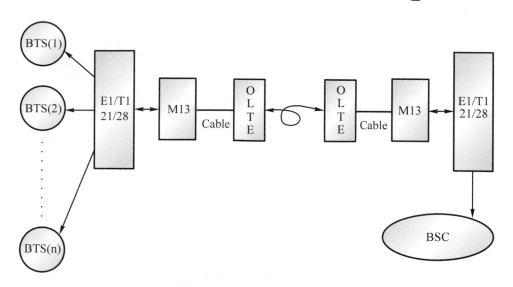

圖 7-9-5　M13 收容 BTS 狀況圖

　　再前面以述說過 PDH 的多工與解多工架構，歐洲規範架構是把 30 路語音 PCM 訊號之速率定為 2.048 Mb/s，做為基群階層(E1)，四個基群組成一個二次群(E2 ＝ 4E1)，速率定為 8.448 Mb/s，四個二次群組成一個三次群(E3 ＝ 4E2)，速率定為 34.368 Mb/s，四個三次群組成一個四次群(E4 ＝ 4E3，速率定為 139.264 Mb/s。

　　北美規範架構是把 24 路語音 PCM 訊號之速率定為 1.544 Mb/s，做為基群階層(T1)，四個基群組成一個二次群(T2 ＝ 4T1)，速率定為 6.312 Mb/s，四個二次群組成一個三次群(T3 ＝ 7T2)，速率定為 44.736 Mb/s，四個三次群組成一個四次群(T4 ＝ 6T3，速率定為 274.176 Mb/s，當解多工時就是以相反的方式將訊號解悉出來還原到基群階層如圖 7-9-6、7-9-7。

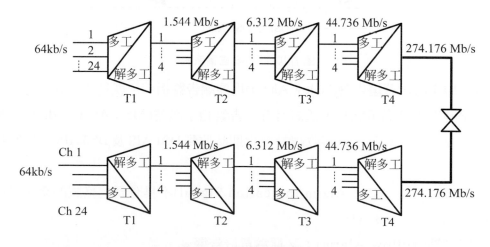

圖 7-9-6　T1 多工/解多工

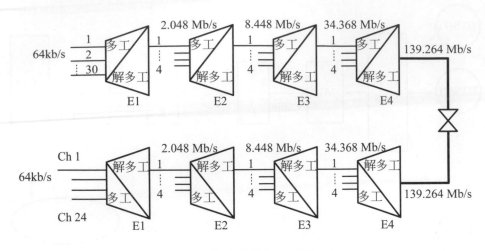

圖 7-9-7　E1 多工/解多工

7-10 PDH 告警系統 AIS 與傳輸線碼波形

PDH T1 告警系統系爲了顯示其線路狀況，在圖 7-10-1 中可以瞭解告警(AIS)系統原理。

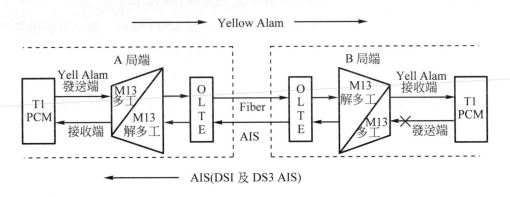

圖 7-10-1　AIS 告警系統

如圖 7-10-1 所示黃燈告警(Yellow Alarm)爲遠端告警指示，就是收不到對方的訊息，由於發送端發出告警指示訊息，通知對方。告警指示訊號(AIS：Alarm Indication Signal)當接收設備收不到訊息時，其接收端設備會即時收到 DS1 AIS 及 DS3 AIS 其告警指示如下敘述：

1. 告警指示訊號(AIS：Alarm Indication Signal)不具有碼框格式的全 1 訊號。有 DS1 AIS 與 DS3 AIS。

2. 遠端告警(Yellow Alarm)：又稱爲黃燈告警

(1)　超碼框格式：八位元時槽中，每一個bit 2為0，持續一秒鐘時就會產生Yellow Alarm。

(2)　延申超碼框格式：在ESF數據鏈路上，連續送8個1，及8個0，持續一秒鐘時就會產生 Yellow Alarm。

(3)　黃燈告警分為：DS1 Yellow Alarm、DS3 Yellow Alarm、M13 Yellow Alarm、OLTE Yellow Alarm。

(4)　失去訊號(LOS：Loss of Signal)：輸入訊號中斷。

(5)　失去同步(LOF：Loss of Frame)：找不到碼框同步位元。

數位通訊系統訊號錯誤性能標準測定(BER Performance)

位元錯誤率(BER：Bit Error Ratio)BER 測試是為判斷數位網路通訊系統資料錯誤的一種方式，是屬於最基本的長期性能測試方式，但是無法提供錯誤分佈的狀況，由於數位通訊系統快速發展且高品質的傳輸需求提升CCITT、及Bellcore因而制定語音與非語音服務電路的錯誤興能分析(Error Performance Analysis)標準其內容包括：

1.　嚴重誤碼秒(SES：Severely Error Seconds)：數位訊號傳輸過程中，在全部可使用的時間內發生之嚴重錯誤秒數，其錯誤率在一秒鐘內超過 10^{-3} 次方，需經過一秒鐘過濾器之訊號進行處理後提供給告警系統而找出 SES 值。嚴重誤碼秒數與全部時間之百分比來表示(% SES)。

2.　誤碼秒(ES：Error Seconds)：數位訊號傳輸過程中，在全部可使用的時間內發生之錯誤秒數，當測試在一秒鐘內發生一個以上的位元錯誤碼，需經過一秒鐘過濾器之訊號進行處理後提供給告警系統而找出ES值。誤碼秒數與全部時間之百分比來表示(% ES)。

3.　劣化性能(DM：Degraded Minutes)：數位訊號傳輸過程中，當測試在一分鐘內的錯誤率包括嚴重誤碼秒高於 10^{-6} 以上。劣化分數與全部可利用時間之比以百分比表示。

4.　可利用度(Availability)：可利用度，當測試電路的錯誤率連續十秒都低於 10^{-3}。

5.　測試碼型(Pseudo Random)：包括Patten 全 0 碼、全 1 碼、0101 碼、0100 碼、10^{15}、10^{24} 等。

傳輸線碼波形(Line Code)

1. PDH 波型傳輸線碼波形為 T Type 波形，訊號為 Bipolar Type 線碼特性，內有 Clock Source 時鐘訊號成份，接收端設備依造接收進來的訊號作為參考，並利用 PLL 迴路電路，從接收進來的訊號中的時鐘訊號(RZ：單極性/雙極性歸零波形)中作為同步用同步位元 Bit Synchronous。在 AMI 雙極性交替碼訊號架構直流成份，可用於通道傳輸功能，但因其無鐘訊訊號成份，所以在接收端接收訊息時須轉換成 RZ 訊號形式，以利抽取時鐘提供同步使用，圖 7-10-2 為數位信號之傳輸碼型及接收端接收進來訊號中抽取鐘訊之 PLL 迴路電路。

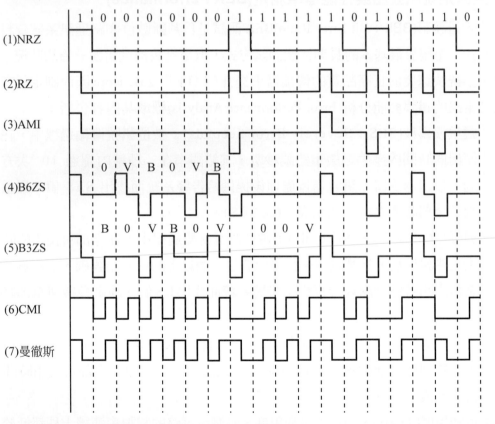

圖 7-10-2　數位傳輸碼型

(1)　AMI 傳輸格式，由於其位號無直流成份，可用於通道傳輸。但因其無鐘訊頻譜成份，故接收時，需轉換為有鐘訊成份之 RZ 信號型式，以利抽取鐘訊。同步：由於每個位元時間一個可預測的轉換，接收機可在此轉換上同步，為此，二相位碼可稱為自時鐘碼。

　　　無直流分量：AMI 雙相位碼沒有直流成分，則數位訊號在網路傳送過程中不易受到電容抗及電感抗之影響，而失真，產生誤碼。低頻及高頻分量較少。訊號能量主要集中在其頻帶中央處，但 AMI 雙相位碼格式中不含時脈鐘訊頻率。

誤碼檢測：依據雙相位碼編碼型式持產，可檢測誤碼。

(2)　RZ信號為 50 % duty cycle，在鐘訊頻率 1/T 處，有Line Frequency Spectrum 成份。也即有波幅功率之存在，可用來抽取時脈鐘訊(Clock)。數位傳輸電路，則用數位鎖相鏈路迴路(DPLL)，或Hight Q並聯L/C諧振電路抽取之。

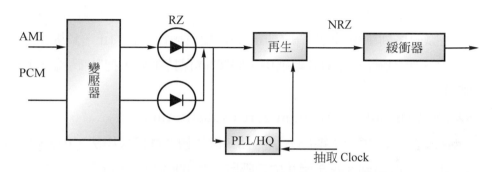

圖 7-10-3　PLL 迴路電路

(3)　NRZ 信號頻譜最小，最適合於數位傳輸系統作數位訊號處理。

2.　DS1：AMI"0"以 0 伏特編碼，"1"呈為極產交錯，(Alternate Mark Inversion)。

　　DS2：B6ZS 如同 AMI，但連續 6 個零出現時，以 0VB0VB 代之。

　　DS3：B3ZS 如同 AMI，但連續 3 個零出現時，以 00V 或 B0V 代之，相鄰之 V 呈極性交錯。

　　B，V 皆為 1，B 為服從雙極交錯法則之脈衝(有交雙極性信號)，V 則違此法則 (雙極性違反)。

　　STS-1：以 CMI 碼型為傳輸碼型，(CMI：Code Mark Inversion)。

　　STM-1：以 CMI 碼型為傳輸碼型。

3.　NRZ 碼型(Non Return To Zero)單極性矩型脈衝波形：

　　　NRZ 碼型是一最簡單的基頻數位訊號形式，如圖 7-10-2 所示。這種訊號脈衝的零電位和正、或負電位分別對應於"0"碼和"1"碼，這也就是用脈衝的有、無來表示"1"、"0"代碼的二進制碼。這種訊號脈衝碼持點是脈衝極性單一，有直流分量，且脈衝之間無空隙間隔(即脈衝寬度等於碼元寬度)。這種脈衝又稱為不歸零碼(NRZ)。這種NRZ碼一般用於近距離電傳機之間的訊號傳輸。二進制數位訊號處理過程皆以 NRZ 碼型來處理。

4. RZ 碼型(Return To Zero)單極性歸零波形：

這種脈衝訊號的波形如圖 7-10-2 所示，脈衝出現的持續時間小於碼元寬度，代表數位代碼的脈衝，在小於碼元的時間內總要回到零電位，所以稱爲歸零脈衝。它的特點是脈衝窄，有利於減少碼元間波形的干擾。由於碼元間隔明顯，有利於同步時鐘訊脈衝抽取。但由於脈衝窄，碼元能量小，匹配接收時輸出訊號雜訊比較不歸零波形低些。

5. AMI 碼型(Alternate Mark Inversion)極性交替碼(交替反轉符號)：

AMI 碼型又稱爲平衡對稱波形，如圖 7-10-2 所示，這種碼的編碼規則是把單極性脈衝序列中相鄰的"1"碼(即正脈衝)變爲極性交替的正、負脈衝。若消息已變爲"1"、"0"代碼，在 AMI 編碼中，將"0"碼保持不變，把"1"碼爲＋1、−1 交替的脈衝。

6. B8ZS 碼型(Bipolar with eight zeros substitution)：

是改良 AMI 碼型之編碼方法，爲 8 個連續 0 雙極代換法。B8ZS 基本上編碼 AMI 相同，但遇到 8 個連續 0 位元碼時，以 000VB0VB 碼型代換之，其中 B 表示正常(負極)位元轉變，而 V 爲違常(正極)位元轉變。因此最多連續有 7 個連續 0 位元數目。

7. CMI 碼型：

CMI碼型也稱爲傳輸信號反轉碼，依據CCITT建議，用作四次群界面碼型，在CMI碼型中，"1"傳輸信號，以交替地用正、負電位脈衝方式表示，而"0"碼則用固定相位的一個周方波表示，CMI 碼的轉換波型如圖 7-10-2)中所示。CMI 碼與曼徹斯特(Manchester)碼相似，無直流分量成分，易於提取碼元同步訊號。CMI 碼的另一個特點是具有撿測誤碼的能力。這是因爲"1"碼相當於"00"或"1"兩位元碼組，而"0"碼相當於"01"碼組。在正常的情況下，序列中無"10"碼組出現且無"00"或"11"碼組連續出現。這種相關性可用撿測因干擾而產生的部分誤碼。

8. 曼徹斯特碼型(Manchester)：

曼徹斯特碼型這種碼又稱爲數位雙相碼或分相碼(Diphase Code)。它用一個週期的方波來代表"1"，而用它的反相波代表"0"。這種碼在每個碼元的中心部位都存在電位跳變，因此利於提取定時同步鐘訊，而且定時分量的大小不受訊源統計特性的影響。由於正負脈衝各占一半而無直流成份。

PDH/T1 數位傳輸碼型格式：

1. PDH/T1 數位傳輸碼型格式如下圖 7-10-4，有 AMI、B8ZS 碼型架構。

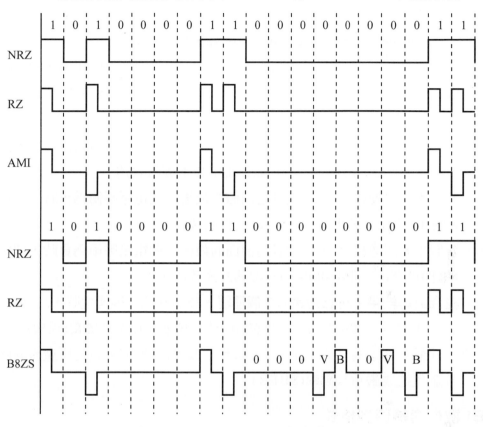

圖 7-10-4　AMI 與 B8ZS 碼型架構

2. 雙極性位元碼 AMI(Alternative Mark Inversion)：

在雙極性 AMI 編碼中，二進位"0"用無訊號表示，"1"則用正或負脈衝表示，如上圖 7-10-4)所示。二進位脈衝必須交替極性編碼，故又稱為雙極性碼(Bipolar)。傳送"0"位元流時，恆以零準位電壓編碼。傳送"1"位元流時，則編為非零準位且以正負準位交替友轉編碼。雙極性編碼被 Bellcore 使用在 T1/PCM 線碼上。這種編碼方法有三個優點：

(1) 數位訊號在線路上傳送中，如果發生一連長串傳送"1"位元流時同步將不會遺失。由於每個"1"引入一次轉換，而接收機可用此轉換重新同步。但一長串地傳送"0"位元流時仍然是個問題。

(2) 在數位通訊系統中，以 AMI 編碼方式來傳送"1"位元流時，因為"1"訊號時電壓是正負交替，因而沒有直流分量。並且整個訊號的頻寬也就遠小於 NRZ 的頻寬。

(3) 由於 AMI 脈衝傳輸是以電壓交替的性質來傳遞，故可提供一個錯誤檢測的簡單方法。任何單一的錯誤，無論是少一個脈衝或加一個脈衝，都違反這一性質，即可判斷誤碼位元。

3. B8ZS 碼型(Bipolar with eight zeros substitution)：

8 個連續 0 雙極性代換法()碼型，此法廣泛使用於北美 T1 系統的一種線路碼型格式，是改良 AMI 碼的缺點而編碼。B8ZS 基本上編碼與 AMI 相同，我們知道 AMI 碼型缺點是在連續一長串"0"位元時可能導致失去同步，也既是防止過多"0"位元，使訊號直流準位的分量為零且減低訊號的高頻成份，為了克服這些問題，提出 B8ZS 編碼方式。其編碼規則如下列所敘述：

(1) 若發生 8 個連續全"0"位元且這前面的最後一個電壓脈衝為正時，則這段連續 8 個"0"位元，即用 000+-0-+編碼方式替代。

(2) 若發生 8 個連續全"0"位元且這前面的最後一個電壓脈衝為負時，則這段連續 8 個"0"位元，即用 000-+0+-編碼方式替代。

(3) 綜合上述結果，可意為遇到 8 個連續一長串 0 位元碼傳送時，以 000VB0VB 碼型代換之，其中 B 表示正常(負極)位元轉變，而 V 為違常(正極)位元轉變。因此最多連續有 7 個連續 0 位元數目。改善一連串"0"位元所產產的同步問題且避免造成嚴重誤碼率(SBER)。

PDH/E1 數位傳輸碼型格式：

1. PDH/E1 數位傳輸訊號之線路碼型格式中，有 AMI、B8ZS、HDB3 及 CMI 碼型架構。如圖 7-10-5)所示。

2. 三階高密度雙極性碼(HD83：High density bipolar3)：

HD83 碼是一種 AMI 碼的改進型，又稱為四連續"0"位元取代碼。其碼型如上圖 7-10-5 中 HDB3 所示。在 AMI 碼中，如果連續較長的一段序列"0"位元碼時，則在接收端會因一長串連續"0"位元流，使長時間無交替轉換變化波形的控制而失去同步訊號。為了克服傳輸波形中出現連續一長串"0"位元流的情況，而設計了 AMI 碼的改進碼型 HDB3 碼。HDB3 碼就是碼型中最長連續"0"數不超過三個的高密度雙極性碼。

HDB3 碼的編碼原理簡單敘述問下列：在傳送數位訊息的二進位代碼序列中。

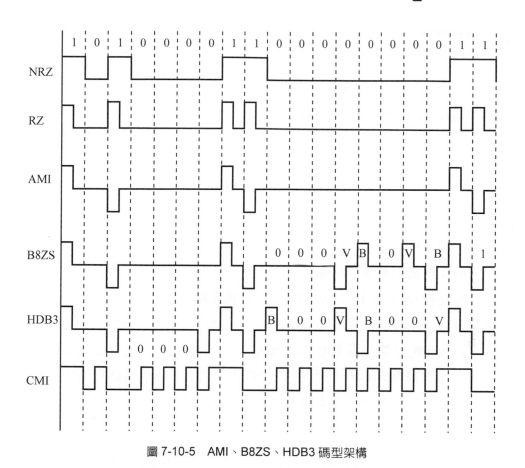

圖 7-10-5　AMI、B8ZS、HDB3 碼型架構

(1) 當連續"0"碼個不大於 3 個時，HDB3 編碼規律與 AMI 編碼相同，即"1"碼為"+1"、"-1"交替轉換脈衝。

(2) 當傳輸數位之代碼序列中出現 4 個連續"0"碼或超過 4 個連續"0"碼以上時，把連續"0"區段間按 4 個"0"分節，即"0000"，並使第 4 個"0"碼變為"1"碼，用 V 脈衝表示。這樣可以消除長連"0"現象。為了便於識別 V 脈衝，使 V 脈衝極性與前一個"1"碼脈衝極性相同。這樣就破壞了 AMI 碼極性交替轉換的規律，所以稱 V 脈衝為破壞脈衝，把 V 脈衝和前三個連續"0"稱為破壞節，即"000V"。

(3) 為了使脈衝序列仍不含直流分量，則必須使相鄰的破壞點 V 脈衝極性交替轉換。

(4) 為了保(2)(3)兩條件成立，必須使相鄰的破壞點之間有奇數個"1"碼。如果原序列中兩破壞點之間的"1"碼為偶數個，則必須補為奇數，即將破壞節中第一個"0"碼變為"1"碼，用 B 脈衝表示。這時破壞節變為"B00V"形式。B 脈衝極性與前一"1"脈衝相反，而 B 和 V 脈衝極性相同。

思考題

1. WAN 廣域網路的交換鏈結可分為哪兩者？

2. 何謂 circuit switch 與 Packet Switch？

3. 細胞傳送(Cell Relay) 可分為哪兩種？

4. 請解釋 SMDS。

5. 何謂 DSL 技術？

6. 何謂 CAP/DMT 技術？

7. 試述 DMT 優點。

8. 第三層交換器具有那些特點？

9. 第三層交換技術與傳統的路由技術的差異在於？

10. M13 多工設備的功能為何？

11. OLTE 為光纜終端設備主要功能為何？

12. 雙極性編碼被 Bellcore 使用在 T1/PCM 線碼上。這種編碼有那些優點？

13. 請解釋 AMI、B8ZS、HDB3 Line Code。

CHAPTER **8**

傳輸設備之應用

　　只要有網路就有傳輸設備，不管是電腦所使用的網際網路還是通訊所使用的傳輸設備目的都是在傳遞資料，本章節最主要在探討 GSM 系統中傳輸設備的應用如 PDH、SDH 網路架構、傳輸設備電源、傳輸網路規劃概念等相關知識。

8-1　何謂傳輸

　　傳輸如前面章節所述可分為有線傳輸與無線傳輸，所謂傳輸就像是一條高速公路為連接甲地到乙地之間溝通的橋樑，但他並不管路上跑的車子上載的是人或是貨物，只管什麼車子可以走或不可以走並限制其速度，在這裡就可以了解到資料在傳輸線上它只管傳輸速率及需不需要誤碼偵測或修正，所以在傳輸線上可以將它視為一條通道，它並不干涉設備端要載送什麼資料，它只負責將資料送達目的地，且並不能有錯誤就像高速公路上標示須很清楚道路，需要很平坦才不會使車子發生走錯路的狀況，就像是傳輸網路不能接觸不良而造成傳輸信號斷斷續續造成資料誤碼，就像道路坑坑洞洞一樣會造成車子行進不易般，這就是傳輸的可靠度與品質。如 CRC 就是修正資料在傳輸過程中發生錯誤的一種演算法，像開車的人可以經過導航、廣播來修正自己的行車路線錯誤般。

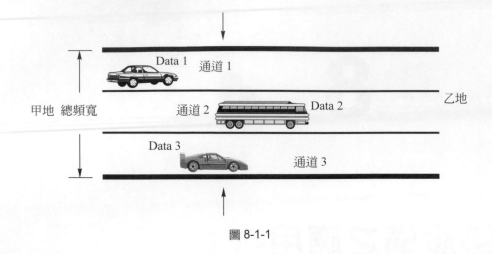

圖 8-1-1

8-2　PDH 與 SDH 網路方式

　　傳輸設備在行動通訊上的應用情況，在近幾年來電信民營業者廣設基地站後應用的相當普遍，利用光纖電纜所建立的 SDH 網路，結合 PDH 設備運用在行動通訊的網路裡，技術相當成熟本章節主要介紹微波與光纖的運用狀況。

　1.　PDH 微波收容行動電話基地站之方式

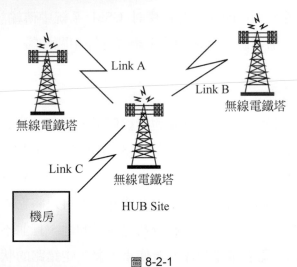

圖 8-2-1

　　　微波收容行動基地站之方式是初期行動電話建設時，有線電纜無法到達時最常用的傳輸收容方式，其建設方式較快但也有許多優缺點。圖中有三個微波鏈路分別為 Link A，Link B，Link C 一般而言 Link A 與 Link B 大多為非保護式的微波設備，Link C 為了提高鏈路的穩定度，都會使用保護式微波設備，也就是設備有 A、B 兩個設備，當有一設備故障時會切換到另一設備讓鏈路繼續工作。

　　　　微波收容基站之優點：

(1)　建設速度快。

(2)　長期使用降低傳輸成本。

(3)　適合山區，長距離鏈路規劃。

　　　　微波收容基站之缺點：

(1)　容易受氣候影響，雨衰影響鏈路。

(2)　網管系統建立較不易。

2.　SDH 網路收容行動電話基地站之方式

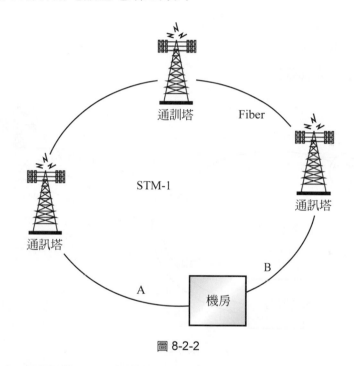

圖 8-2-2

　　　　利用自己建設的 SDH 光纖網路收容接取行動通訊基站，以 SDH 網路的方式具有相當高的穩定度，當然前提是光纖電纜佈放路由必須是安全的，當網路有故障時 SDH 電路會自動切換往另一方向行進，例如當 A 方向光纖斷線時光信號會自動繞往 B 方向行進，讓網路不受影響。

　　　　光纖收容行動基站之優點：

(1)　電路穩定性高。

(2)　頻寬擴充容易。

(3)　網管技術成熟易於維護。

(4)　傳輸距離長，中繼器需求少。

光纖收容行動基站之缺點：
(1) 埋設光纖電纜管道成本較高。
(2) 須多注意線路的怖線方式以防損耗。

3. 兩段式傳輸規劃

　　所謂的兩段式傳輸規劃，一般都是因環境的因素，無法將行動基地站直接以 PDH 或 SDH 網路收容回交換機房下所做的方式，通常在花費上都會比較高些，一般來說有下列幾項方式：
(1) 微波鏈路結合光纖網路。
(2) 單區間怖放電纜收容到光纖網路。
(3) 多條微波鏈路。

4. 微波鏈路結合光纖網路

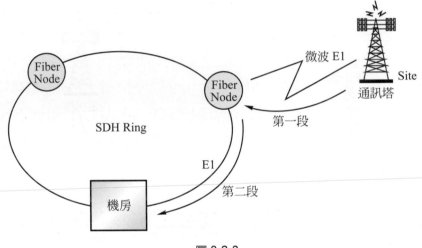

圖 8-2-3

　　微波鏈路結合光纖網路的規劃方式最主要有穩定性高的優點且查修較快，因為在 SDH 部分有完善的網管系統，可以監控光纜部分的電路是否正常，藉此可以馬上判定故障點在微波部分還是光纜部分，再者 PDH 微波部分如果有建立網管系統，其實查修此鏈路就顯得更為快速正確。

5.　單區間佈放電纜收容到光纖網路

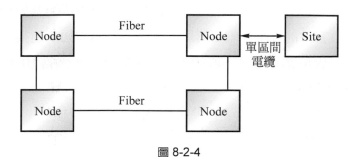

圖 8-2-4

　　單區間的收容通常是因為環境的因素，無法使用微波設備或是固網業者的線路無法到達時所使用的方式，因為單區間電纜的佈放除了要考慮成本外，安全性也是其中最重要的，在沒有安全管道的情況下電纜只好高架，但是高架有很多衍生性的問題存在，當光纜斷線時也沒保護功能，所以單區間的規劃方式並不是很好的規劃方式。

6.　多條微波鏈路

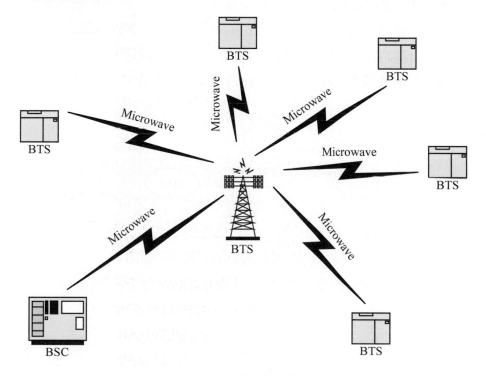

圖 8-2-5　微波鏈路圖

以 HUB Site 的方式收容微波鏈路以星狀網路規劃，通常微波鏈路的規劃會找一個較高的收容點當成 HUB Site，再利用此高點來收容其他周圍的微波鏈路，通常微波的收容站的規劃必須更詳細的考慮到電源方面、建築物的高度、機房的空間，空調等因素都必須比一般的基站來的嚴謹，不然當 HUB Site 發生問題時將影響所有的網路。

8-3　提高網路穩定性的規劃方式

為了要讓通訊網路在最壞的情況下能存活，讓通訊服務不中斷在網路規劃時必須注意兩點一是交錯二是 Two Path，為何如此說，以下是我的觀點：

不管是通訊網路還是資訊網路，總歸一句話就是要讓資料流能前進到達機房，完成傳遞的目標，重點在於此網路不可能不中斷，但是人們不允許網路中斷，以工程師的觀點來說，傳輸不中斷真的是很難。可是對大眾來說他們不想讓自己的服務被中斷，各個觀點及立場不同罷了，但是我們要掌握的是在於如何降低網路風險提高穩定度，網路交錯論點及 Two Path 雙路由規劃最主要的也是要保護網路不中斷確保服務品質。

網路交錯：行動通訊最重要的是涵蓋信號的問題，當涵蓋面擴增時，也就是基地站增加，在基地站增加時傳輸網路的規劃就越顯的重要，譬如在一個市區裡可能有 8 個行動電話基地站，在傳輸規劃上就必須有交錯的觀念以保護網路安全提高穩定度。

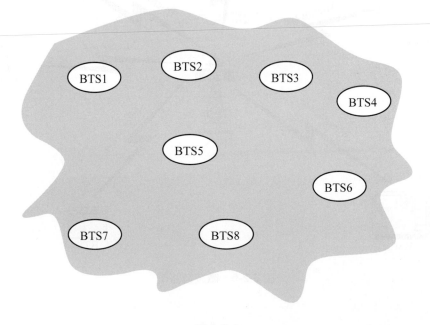

圖 8-3-1

以圖 8-3-1 來說明當在一個涵蓋區域裡，基站從 BTS1～BTS8 在這涵蓋區域內的網路規劃就必須以交錯的方式來規劃，BTS5 因為是在於此網路涵蓋率的中心點可以以固網業者(A)的固定式 E1/T1 專線來規劃。BTS1、BTS3、BTS6、BTS7 則以微波鏈路來規劃，BTS2、BTS4、BTS8 則以自建的 SDH 光纖網路來收容，當有一收容網路故障時，不管是微波或是 E1/T1 專線，有一者故障都不致使得整個涵蓋區域因傳輸電路中斷，而完全停止服務只是涵蓋率變差罷了。

雙路由 Two Path

所謂的雙路由規劃，就好比是一個人有兩部車，當你有一部車故障時可以馬上改開另一部車的功用般，只是雙路由除了提高網路的可靠度外，也必須花費更多的成本支出，雙路由可以是兩個路徑都是專線或是一條專線一條微波鏈路也可都是由微波鏈路來擔任，視規劃目標而憑估。

這就好比資訊網路路由器通常在 E1/T1 介面停止服務時，會繞往其他傳輸路由繼續傳送 Packet 般的功能一樣，目的只在於讓網路活著。

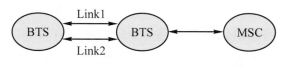

圖 8-3-2

Link 1 與 Link 2 就是所謂的雙路由鏈路，當然 Link1 與 Link 2 傳輸方式就像先前所述的可以是 Microwave(微波)或專線。

微波 HUB Site 之規劃要點：

1. 電源系統必須更充裕，也就是不斷電系統須規劃較大容量。
2. 機房空間須足夠寬敞，利於設備的放置。
3. 因微波收容站點至少都會有兩套微波設備以上須特別注意頻率干擾問題。
4. 因微波天線越大受風面越大須注意其架設固定問題。
5. 各個系統須有完整的頻率、纜線、電源標示以利日後查修工作。
6. 注意天線架設的位置在不影響鏈結品質狀況下盡量架設在利於維修處。
7. 必須做好避雷措施，及天線接頭防水措施。
8. 注意天線的架設美觀。

8-4　傳輸電源與電池

　　通常傳輸設備的耗電量都是不多的，微波設備一般來說在正常工作時大多也在 2 安培電流的電流量左右依照廠牌的不同而有所增減，可是當傳輸設備集中使用時，其耗電量也是不能輕忽的，必須經過計算才能比較準確的確保不斷電系統在市電停電後可以供電多久，讓傳輸設備不會因電源消耗怠盡而停擺。

　　舉例來說：有一 HUB Site 共有傳輸設備 10 部每部耗電 1(A)安培，在此 HUB Site 裝有一部不斷電系統當停電時，可供給 60 AH(安培小時)的輸出電源，請問此 HUB Site 的電源在市電停電後多久後會完全停機無法工作？

　　　傳輸設備總耗電電流＝ 10(部)×1(A)＝ 10 A

　　　電源總供電源為 60 AH

　　　總輸出時間(H)小時＝ 60A/10A ＝ 6H

　　也就是說當停電後 UPS 可以讓傳輸設備在工作 6 小時，6 小時後 UPS 將無法輸出電源。

　　但是理論上是可以持續供給傳輸設備 6 小時，不過在 UPS 設計上為了保護蓄電池的壽命，一般都會在電池放電到只剩百分之三十的電力時，就啟動保護電路不再輸出電力給設備使用才不至損壞蓄電池，也就是傳輸設備在停電後須靠 UPS 提供電力的時間大越只有 4.3 個小時左右並無法供電到 6 小時。

　　蓄電池相當廣泛應用於工業與通訊設備上，在這也簡略介紹其基本特性：目前市面上實用或開發中的蓄電池有：鉛酸蓄電池、鎳鎘鹼蓄電池、鎳氫鹼蓄電池、鎳鐵鹼蓄電池、鈉硫蓄電池、鋰二次電池與近年來趨於成熟的鋰鐵電池，鋰鐵電池和其他電池相比，具備高放電性能、安全穩定、使用壽命長之優勢，當然成本相對高些，其中又以鉛酸蓄電池使用上最廣泛，鎳鎘鹼蓄電池次之。電池是利用兩個電極和電解液間的化學作用來產生電力。當電池的正、負電極板、電解液和外部所連接的負載構成迴路時，正電極板會釋放電子到電解液中，並漂移至負電極板，此化學反應以產生電能稱為放電。當放電終止後，以外加的電源接於兩電極板上，使電池恢復為原來的蓄電狀態稱為充電。通常由下列元件所組成：

1.　電極：為條型、棒型或板型的導電性材料，用以傳導電流，通常由金屬或碳質材料所製成。

2. 電解液：為液體或糊狀溶液，用以傳導電流，同時必須能與電極的材料起化學作用。通常蓄電池使用的電解液大多為稀硫酸溶液，但現在很多使用沒腐蝕性的鹼性溶液(通常是氫氧化鉀)。

　　依充電的方式區分有標準充電和急速充電。

1. 標準充電：通常以電池電流容量的 1/10 做 13～16 小時充電。

2. 急速充電：利用較大的電流來充電，以縮短充電時間。

　　鉛酸蓄電池的使用上，除了應避免充電時有火花或火苗發生外，在製造過程中所排放的污染物含有高濃度的鉛，若未妥善處理，不但會對環境造成污染，對人體健康更會造成嚴重的傷害，電解質所使用的硫酸亦會傷害人體健康。

　　對人體而言：

1. 鉛酸蓄電池的製造業與回收作業員工由於長期作業可能會引起慢性的鉛中毒，如在製造流程中極板的截斷修剪時會有碎片及粉塵產生，使得作業環境鉛濃度會較高，所以應該對粉塵的飛揚加以控制，且裝設排氣設備，並遵照行政院勞委會訂定的『鉛中毒預防規則』來預防鉛中毒傷害。

2. 鉛酸蓄電池充電所產生的氣體從液面逸出時，會將硫酸分子帶出排放於空氣中，而硫酸對呼吸道具刺激性，嚴重時可能會引起呼吸道及消化道的癌症。所以蓄電池在充電時一定要有良好的通風設備，減少硫酸造成的傷害。

　　對環境而言：鉛酸蓄電池製造業在製造流程中所產生的廢水、廢氣和廢棄物會對環境造成嚴重的污染，一般工廠可以進行廠內改善作業與減廢措施來防止污染。

　　為避免含水溶液電解質之蓄電池在充電時，產生爆炸性氣體及鉛酸蓄電池之酸霧造成傷害。

　　使用水溶液電解質之蓄電池時應注意：

1. 連接蓄電池時，應該注意電池的正、負極性，避免接錯造成短路。

2. 蓄電池的表面與兩極接頭應該保持清潔，以免造成極間漏電，產生洩漏電流而損壞極板。

3. 蓄電池應放置在陰涼、乾燥、無灰塵、不受到陽光直射的地方。

4. 若蓄電池長時間不使用，因蓄電池本身會自行放電，所以需定期補充電。

5. 電解液經使用後會逐漸減少，應隨時檢查並適時加入蒸餾水補充。

6. 充電時由於水的電解作用會在負極板產生有可燃性的氫，正極板產生有助燃性的氧，所以避免工具誤觸蓄電池的正、負極板，並必須注意端子接頭是否鬆動以免引起火花，發生爆炸的危險。

7. 在充電現場必須有良好的通風設備，充電時產生的氣體會將硫酸分子帶到大氣中，若是現場通風不良，可能因人員吸入造成身體的傷害。

正負電源的取得

在電子電路中較常見到正電源，負電源的應用大多在通訊設備上或是運算放大器電路上在這就為大家介紹正負電源如何取得的基本觀念，在電信設備方面大部份都以−48V做為設備電源，不過日本國家的通訊設備是以−24V的電壓工作的這是比較特殊的，負電源應用在通訊上有更好的抗干擾性與穩定性。負電源基準參考點為 0 伏特也就是說 0 伏特在負電源系統中可視為正電壓一般來看待。交流電源經過變壓器降壓再經過整流二極體就可以將正負電源區分出來，當然如要供給通訊設備使用還必須將此電壓經過濾波電路才能達到純直流電源，供給通訊設備使用。

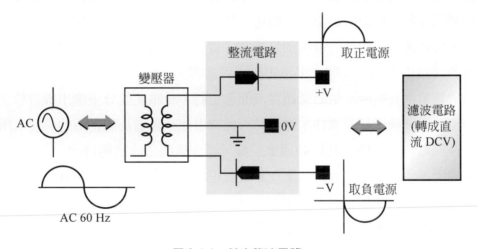

圖 8-4-1　基本整流電路

雙電源模式

傳輸設備除了須注意電源的容量外，為了提高電源方面的穩定度，通常都會將終端設備設計成雙電源來保護設備。所謂雙電源就是設備會有兩組電源的輸入端，當第一組電源有問題時，電源電路會自動切換到第二組電源供給通訊設備使用，一般來說在平時兩組電源是並聯工作的。

基地台的電源配置一般來說都是只有一部電源供應器 SMR，但是一部 SMR 裡會有一個以上的電源模組，以防範單一電源模組故障時還有另一個電源模組可以自動切換供電給 BTS 及傳輸設備，在平常無故障發生時有一個模組是處於待命狀況或是平均分攤供應電源的二分之一負載，這樣可以提高 SMR 設備的使用壽命不致於單一模組一直處

於高輸出的狀況。如果要延長停電時 BTS 電源的供電時間大多會多加幾組電池模組來
供給所需之電力。

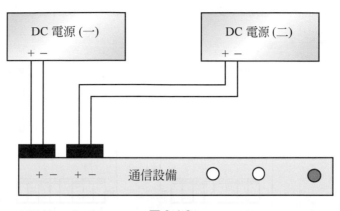

圖 8-4-2

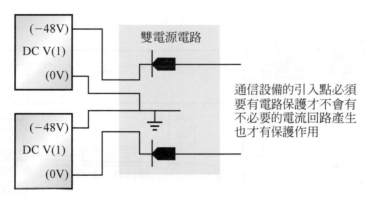

圖 8-4-3　雙電源模式

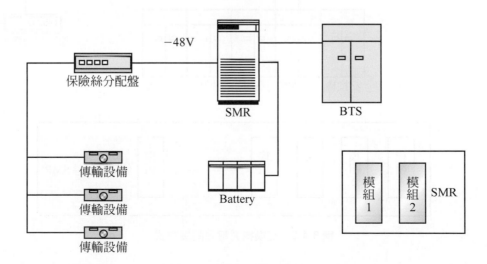

圖 8-4-4　基地台電源配接方式

在交換機房的電源配置方面，如圖 8-4-5 不管任何通訊設備都必須採雙電源規劃，因為交換機房是整個網路的心臟當然不能停止工作，不然底下的子網路將會完全停擺無法運作。交換機房裡通訊設備是最多的，在電源容量規劃設計上必須特別注意其安全容量，以維持電源之穩定性。

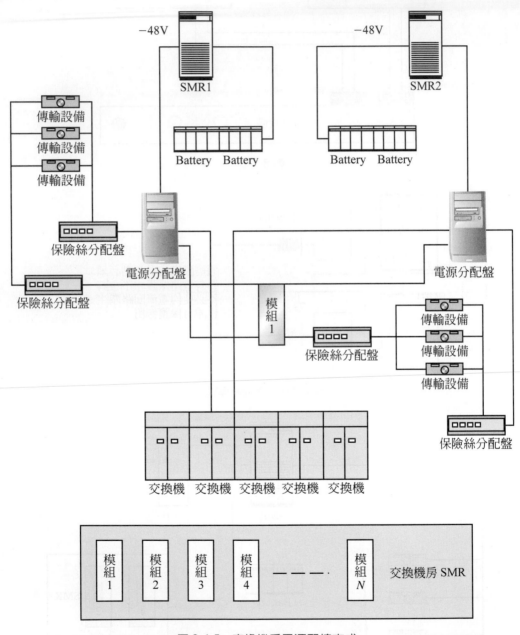

圖 8-4-5　交換機房電源配接方式

　　當然 SMR 或 UPS 都是提供備援電源供設備使用，但是不管容量多大之 SMR 或 UPS 模組，一旦遇到停電時間超過一天甚至更久時間時，就必須配置發電機組透過發電機組，再提供 AC 電源進入 SMR 或 UPS 整流穩壓後，提供給通訊設備使用，以提高相關設備在電源方面的可靠度。

8-5　高速電路 Time Slot 之應用

　　一條傳輸專線 E1 共有 31 個時槽可供規劃者應用，一般來說當一個設備系統不需要使用到 31 個時槽時，其他的 Time Slot 頻寬相對的是浪費了，在某些網路規劃的考量上剩餘的頻寬可以拿來再利用，也就是使用一些硬體設備將 Time Slot 分成不同的路徑來行進供給不同的設備來使用。

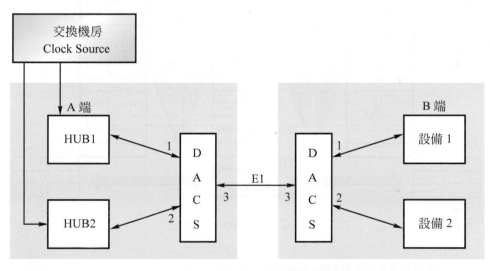

圖 8-5-1

　　依圖 8-5-1 來說，分別有兩不同之設備，因為 B 端的設備 1 與設備 2 本身設備所需的時槽都不足 31 Time Slot，故將兩部設備利用 DACS 設備將其彙整成一條 E1 電路收容回 A 端，其相對 Time slot 配置如圖 8-5-2 所示，在這還有一點須特別注意的是，Clock 的設定必須指向正確，才不會造成設備不同步的狀況發生。在 B 端 Port 1、Port2 的 Clock source 的指向必須設定到 Port 3，在 A 端 Port 3 的 Clock Source 可以指向到 Port1 或 Port2 都可以取得同步信號。

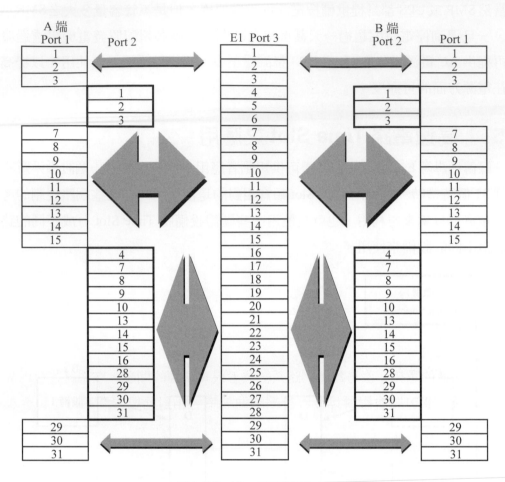

圖 8-5-2　Time slot 對應關係

8-6　GSM 傳輸網路規劃

前些章節所談的網路基本元件都只是單一的獨立各體，不管是光纖，傳輸導線，微波設備等等，當還未組成網路時基本上每個元件的功能都不大，但是當各個元件互相連結形成所謂的網路型態時，各元件的效率就隨即產生，網路可以是一直線的，網路可以是星狀的，網路可以是環狀的，網路也可以是樹狀的，網路有各種型態也各有其優缺點，在規劃一個傳輸網路時所考慮的基本面也可以由幾方面來探討：(1)決定網路的整體架構型態；(2)網路的擴展性；(3)主要系統設備的選用/相容性；(4)整體成本的考量；(5)環境因素。

1. 決定網路的整體架構型態

　　網路的產生目的在於將最末端的資料訊息透過網路來傳遞回到所謂的資料處理中心，資料的送達與否、傳輸品質的品質優劣都決定於網路的整體架構型態是否完善，我們也可以這樣來解釋網路，網路是一個面不是一個點也不是一條線，但是它包含了所有的點與線構成一個面所以它是整體的不是單一個體，所以在剛開始規劃傳輸網路時架構可以說是影響了往後的網路品質與成本，一般來說網路的整體架構如果決策的不好，往後所花費在修正網路上的經費將遠高於傳輸網路建設時所花的費用，由此可見網路的型態決定是一件不容輕忽的事。

2. 網路的擴展性

　　網路因為是活的，也就是代表著網路隨時都有可能會做變動，因此保留網路的括展空間是絕對必要的，公司營運的成長也就代表著網路也在成長，適時的增加設備容量以達到使用者的需求，所以不管是在線路，空間，軟硬體上的空間預留是必須在網路規劃時就要考量的重點之一。

3. 主要系統設備的選用/相容性

　　系統的選擇一直是建置網路系統業者最難抉擇的問題，在系統建設前如果選錯系統設備，將會影響以後整體網路的效率，相對的成本問題可能也會越來越多，包括相容性，系統整合，故障率等等可能都會在選錯系統設備後一一浮現的問題，所以在網路規劃的初期設備的選用是一門大學問。

4. 整體成本的考量

　　不管任何企業到了建設期完成後，為了提高公司的營收節省成本，都會在整體網路上做調整以達到高效率又節省成本的目標，為了節省成本在網路建設規劃時，就要在成本與網路架構上做一個適當的評估，避免將費用發費在不必要的設備跟建設上，因為規劃錯誤將讓你付出更多的費用支出。

5. 環境因素

　　環境因素的考量是必須的，為何如此說，因為相同的東西不一定可以擺在不同的地方，如同汽車有分歐規或日系規格不一定都適合台灣，所以在網路的建議上別的國家所使用的設備及網路規劃的方式就不一定適合我們，環境因素是隨地而變的須多多考量在網路規劃時它也是必須納入參考的。

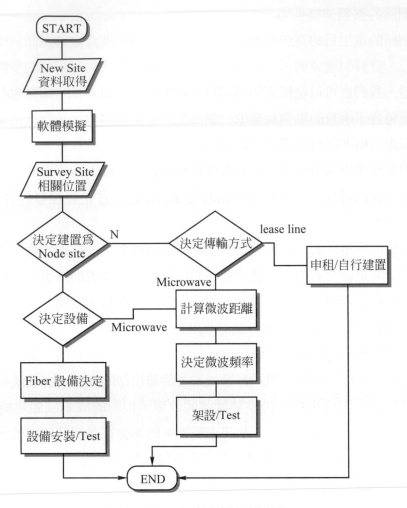

圖 8-6-1　傳輸網路規劃流程圖

　　介紹完傳輸網路的規劃觀念後，接下來要談的就是在 GSM 行動電話系統中，各個網路介面的關係與規劃狀況。

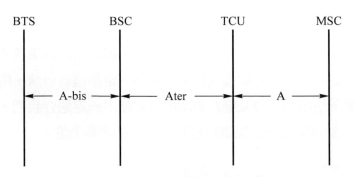

圖 8-6-2　GSM 行動電話系統介面關係圖

首先我們先從 A-bis 介面談起：A-bis 介面是介於 BTS 與 BSC 之間，也就是實體線路的最末端，當然網路的信號涵蓋率就是靠 BTS 來完成，A-bis 線路在所有介面中可以說是線路最多的，因為一個 BTS 就必須要有一條專屬線路來將資料送回 BSC，除了小型基站可以與大型基站做資料的聯結外(Multi-drop)外。

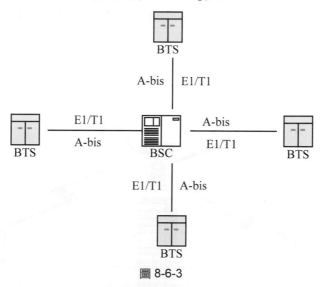

圖 8-6-3

在 A-bis 端，GSM 網路多以 E1/T1 線路來傳送資料，每路 E1/T1 線路有可能是向固網業者申請的專線，也有可能是自己建設的微波鏈路或業者自己佈放的光纖網路，向固網業者申請的專線一般又可分為銅纜線路跟光纖線路。

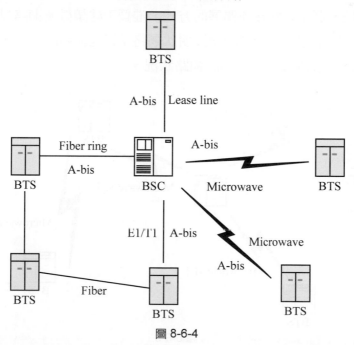

圖 8-6-4

　　微波鏈路的規劃一般來說都應用在有線線路無法供裝的地方，譬如傳輸距離過長或環境因素不適合使用專線、成本過高等，微波鏈路的規劃優點在於建設時程縮短網路建設快，長時間來說可降低傳輸成本，只要在規劃時不超過每個微波設備的容許距離外，微波可說是一個不錯的選擇，微波大都會選擇較高的點來架設，不管是高樓或大鐵塔以避免阻擋微波鏈路，方便以後收容別的基站時之可用性，如果在市區裡一般都會找最高點來當微波機房，以方便網路的規劃。

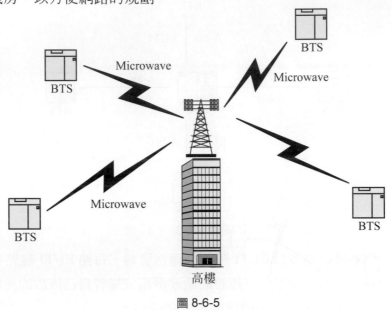

圖 8-6-5

　　順道一提的是，網路有好幾種擴展的方式，唯獨不建議微波網路以樹狀結構的方式來建置，因為風險性相當高，所謂的微波樹狀網路是指在網路的前端，以高容量的微波來建設，越往網路末端微波容量越小的網路狀況。

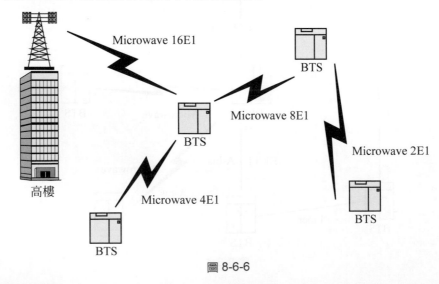

圖 8-6-6

　　混合式網路所謂的混合式網路，即為將星狀網路與環狀網路配合使用，來達到網路穩定的要求目標，大致上來說，可以利用光纖網路來建設成一個環狀網路，也就是STM-1的網路架構再利用微波鏈路以星狀的方式，由每個光纖的節點以星狀的放射方式來收容BTS，在這其中如需再進一步提高網路穩定度，再利用固網業者的專線來交錯規劃網路，達到網路的安全標準。當有一網路型態故障時，其它網路還可以正常運作不致讓所有的網路都停擺而無涵蓋信號。如當微波鏈路出現問題時，還有光纖網路與向固網業者承租的網路可以運作，只是涵蓋範圍縮小而不至全部都沒有發射訊號，所以在傳輸網路的佈局規劃上對整個網路架構而言是很重要的。

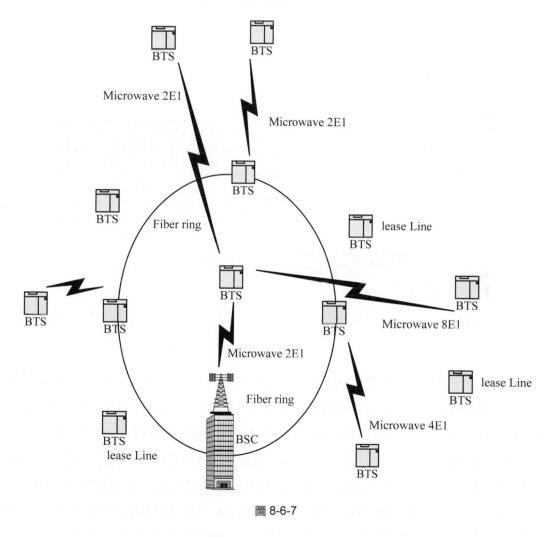

圖 8-6-7

　　敘述完 A-bis 介面的應用狀況，再來要談的是 Ater 介面，Ater 介面主要界於 BSC 與 TCU 單元之間，Ater 介面一般來說都是會依話務容量的成長而再增加 Ater 線路，Ater 線路也都是以 E1 電路來跟 TCU 做連接，視不同廠商設備而定，大部份 Ater 1 線路在特定時槽內會載送有 SS7，LAPD、X.25，CBC 等控制訊號，其他 Time slot 才分配給 TCH 話務頻道使用，越後面的 Ater 線路 Ater 3、Ater 4……等在全速率的規劃下(16k)就有可能都是 120 個 TCH 頻道，如果是半速率規劃下(8k)滿載的 TCH 就可到達 240TCH 頻道。Ater 線路會彼此分配 TCH 負載量以分擔故障風險，當整個 BSC 只有兩條 Ater 線路時，Ater1 故障 BSC 就會將所有的 TCH 頻道分配到 Ater2 去，此時行動電話用戶撥打電話時就有可能造成擁塞無法打通。

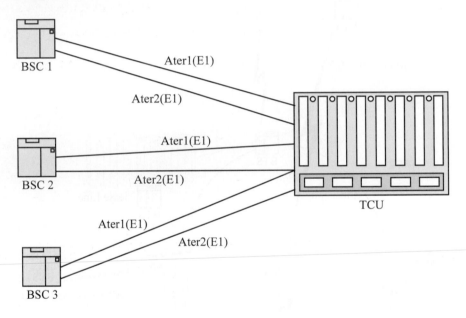

圖 8-6-8

　　當然 A-bis 線路需要保護，Ater 介面就更為重要了，因為 A-bis 斷了一條線路可能只影響到一個 BTS，但當 Ater 介面斷線時影響的卻是所有 BTS 的 TCH 頻道，因為所有的 BTS 的 TCH 頻道透過 A-bis 線路到達 BSC 後經由 BSC 匯整到 Ater 線路後再傳送回 MSC，所以當 Ater 介面故障時通常會造成話務阻塞，Ater 使用的線路大部份都不會是同一種傳輸路由，為了安全大都會以專線跟微波線路來搭配使用以達到保護機制。

　　A 介面介於 TCU 單元與 MSC 之間，大部份的 A 介面線路都會跟 MSC 在同一機房內也就是一實體線路連接到 MSC，一般來說比較不會有不安全的狀況發生。

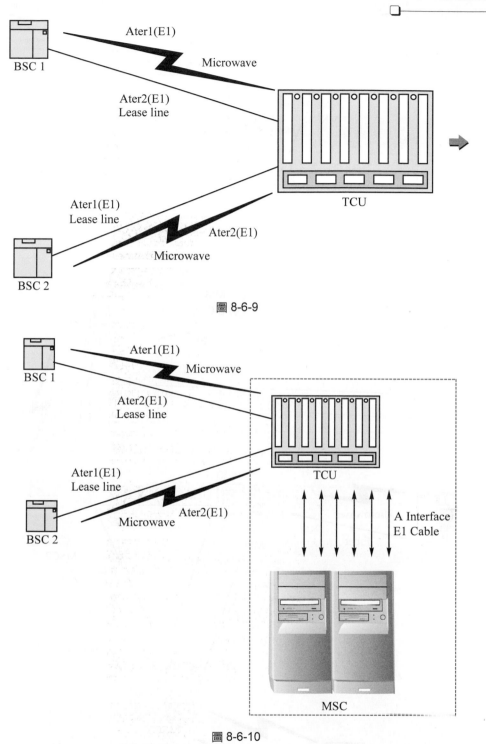

圖 8-6-9

圖 8-6-10

　　在 MSC 與 MSC 間則以 T3 線路來做保護機制，通常使用不同固網業者的 T3 線路來相互連接達道保護的目的。網路的保護機制當然會依不同的想法而有不同設計規劃方式，但是目的就是為了讓網路穩定及節省成本。

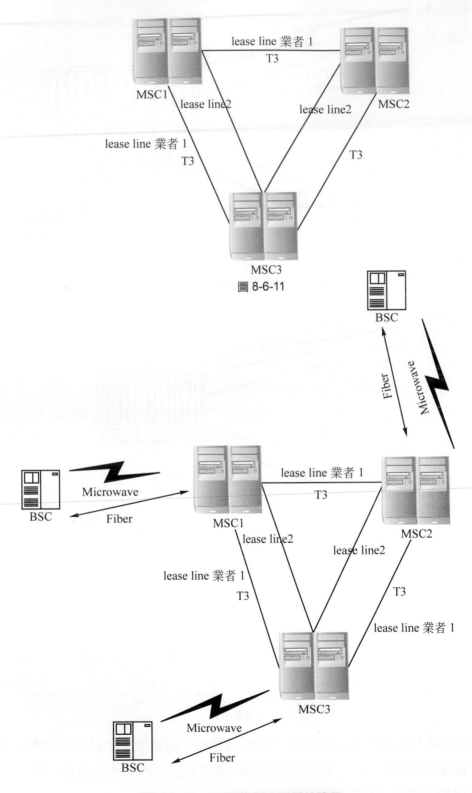

圖 8-6-11

圖 8-6-12　MSC 與 BSC 備援線路圖

8-7　電源系統介接討論

　　電源系統是整個通訊網路的源頭，沒有了它設備動不了無法運作，電源的取得一般來說，可分為電力公司供給與自備發電機發電取得電力來源，電力公司供給的電源以現今技術來說已經是一個非常穩定的電力，所以一般都是引用為通訊設備系統的主要電力來源，而自備發電機組就成為備用電力來源，當正常的電力公司電源因為天災或其他因素失去供電能力時，自備發電機組的電力就成為整個通訊設備的電源來源，然而在整個電力上如何介接轉換也是一門學問，因為它關係到整個網路系統可靠度是否足夠，運作是否穩定有著非常重要的關係，因為只要電源系統中斷，再好的網路系統也是無法運作發揮其功能的。

　　接下來先介紹一下與我們最息息相關的基本電源，一般來說 600V 以下之電源低壓供電可分為：(1)單相二線式 110V：火線、中性線，火線對中性線電壓 110V。(2)單相二線式 220V：火線、中性線，火線對中性線電壓 220V。(3)單相三線式 110/220V：火線A相、火線 B 相、中性線。這是目最常見的台灣家中室內配線。兩火線對中性線分別均為 110V，但由於兩火線相位差 180 度，因此兩火線間電壓為 220V，三相三線式 220V：三條線(兩條火線一條中性線)，每兩線間均為 220V，三相四線 220/380V：三條火線、一條中性線，火線與中性線間為 220V，兩火線間電壓為 380V，當然接地線不算在其中。接地線是保護用，平常上面沒有電流但在異常的狀況下可能會有電流存在。中性線是供電線路之一，上面通常有迴路電流流通。

　　三相電源使用於動力用大容量負載，對於網管機房一般都是以 380V 為主要電力來源，然後再透過UPS或SMR來壓降穩定成網路機房所需的電力，其輸出可分為220/110V或 DC-48V 這要端看設計規劃時的需求而定。

　　三相電源就是三個電壓源的振幅完全相同、頻率完全相同、三個波形相位差 120°之電力源，如圖 8-7-1 所示。

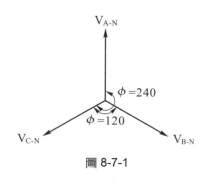

圖 8-7-1

三相電源頻率為 50/60Hz，也就是每 50/60 分之一秒有三個正弦波形，這三個波形不重疊且電氣相位角也不同。

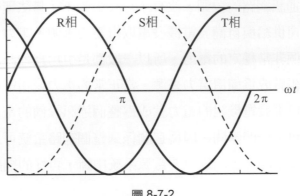

圖 8-7-2

三相電源的振幅大小相同且均勻對稱地分布在相量平面上，又可稱為對稱電源，三相電源大致上可分為對稱三相平衡系統與非對稱三相平衡系統達到對稱三相平衡系統的條件：振福或峰值相同、頻率或角頻率相同、三個電壓或電流相角相差 120°。

而非對稱式三相平衡系統：只要是未達到對稱三相平衡系統任何條件的其中一項，就可稱為非對稱三相平衡系統，圖 8-7-3 為實際配線時電原系統中 R.S.T 三相所使用的狀況，各個 NFB 開關之間使用銅排來介接傳導電力，並以相關規定的顏色來區分不同相序之電源。

圖 8-7-3

三相電源在電源端和負載端均有星形(Y形)和三角形(Δ形 Delta)兩種接法，如圖 8-7-4。

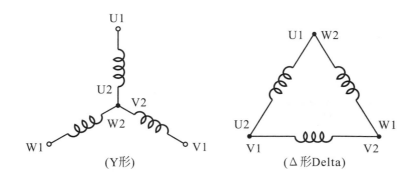

U1

U2

V2

W2

W1

V1

(Y形)

U1　W2

U2

V1

W1

V2

(Δ形Delta)

圖 8-7-4

　　星形接法(Y形)是將各相電源或負載的一端都接在一點上，而它們的另一端作為引出線，分別為三相交流電的三個相線，星形接法可將中點(稱為中性點)引出作為中性線，形成三相四線制，也可不引出，形成三相三線制。

　　星形接法(Y形)無論是否有中性線，都可以添加地線，分別成為三相五線制或三相四線制，星形接法線電流等於相電流，線電壓是相電壓的$\sqrt{3}$倍。

　　當三相負載平衡時，即使連接中性線，其上也沒有電流流過，三相負載不平衡時，應當連接中性線，否則各相負載將分壓不等，三角形接法(Δ形 Delta)是將各相電源或負載依次首尾相連並將每個相連的點引出，作為三相交流電的三個相線。三角形接法(Δ形)沒有中點(稱為中性點)，也不可引出中性線，因此只有三相三線制，在加了地線後，成為三相四線制，三角形接法線電壓等於相電壓，線電流是相電流的$\sqrt{3}$倍。

　　接下來介紹在雙供電系統下不可缺少的控制模組 ATS(自動切換開關)Automatic transfer switch，在供電系統中因為有電力公司供給之電源與自備發電機電源，為了防止兩組電源在主要電源失去時(電力公司)，能自動化搭接緊急電源並正常供給網路機房正常的電力 ATS 扮演著重要的角色，它可以避免兩組電源同時投入電源造成短路現象，當主電力消失時 ATS 會在控制板計時器(Timer)的偵測設定下，切開電力公司的電源，並在設定的時間內，遙控啟動備用緊急發電機組後，投入備用電源電力供給機房的 UPS 或 SMR 輸入端而達到電源不中斷的效果，當 ATS 偵測到電力公司電力恢復後，亦會再次將電力控制切換回電力公司的電源側，然後備用緊急發電機組會脫離電源輸入端，再依據控制板計時器之設定參數時間內遙控關閉發電機組，緊急發電機組再次進入待命模式等待主電力有異常時，再發揮緊急電力的作用。

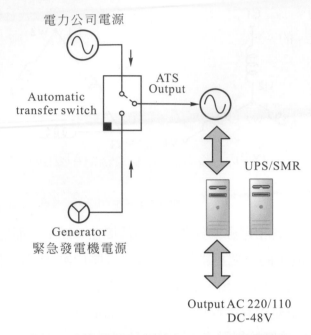

電力公司電源

ATS
Output

Automatic
transfer switch

UPS/SMR

Generator
緊急發電機電源

Output AC 220/110
DC-48V

圖 8-7-5　Automatic Transfer Switch 基本架構圖

　　當然 ATS 也有手動模式可以供使用者來直接操作其功能，圖 8-7-5 ATS 基本架構圖是一兩組 AC Power 輸入單一輸出的 ATS，市面上亦有不同輸出輸入組合之 ATS 必須視需求而定，ATS 在自動模式時其相關切換動作也可透過 PLC 相關之監控控制模組來監視它的動作與狀態是否正常，於電源的介接上達到安全與準確的目標。

8-8　通訊設備室外架設防雷害概念

　　跟隨時代進步遠距離通訊設備架設已是無法避免的工程，對於降低受大自然造成的雷害顯然越來越重要，避雷系統也許有人認為只要在建築物外部裝上避雷針，透過一條下導體引線及做一接地系統，即可達到應有的避雷效果，但是完整的避雷系統必須考慮到直接雷和感應雷之防護。雷擊現象是雷雲對大地的放電現象，因此雷擊就是放電，而所產生的雷電流，所謂雷電壓是雷電流在經過的阻抗上之電壓降，因此將雷電流乘與該受雷擊路徑的突波阻抗，則成為雷電壓波高值稱之。

　　對於雷突波侵入路徑大至可分為：

1.　雷突波(雷 Surge)通過電力線侵入。

2.　雷突波(雷 Surge)通過通訊線侵入。

3.　雷突波(雷 Surge)經由地下埋設的接地系統侵入。

4.　落雷(直擊雷) 經由天線系統或導線侵入的雷突波(雷 Surge)。

5.　落雷於建築物或引雷設備等位置的雷電流會經建築物的鋼筋感應侵入。

　　防雷是一個很複雜的系統工作，最主要是要在裝置的設計、施工中綜合考量，採用多種措施，做好整體防護，才能保證防雷設施完備，並還要考慮投資成本及運行的經濟性，其次要加強防雷設施的日常維護。

　　對於基本的保護觀念，則由下列幾點所構成：

1.　將雷電攔截與引導到最佳和已知的節點(如避雷針)。

2.　於設備出入口處，安裝經由特別設計突波保護器，將雷電傳送到大地(如SPD)。

3.　將雷害之能量，以產生最小接地上升電位之方式導散到大地。

4.　避免接地迴路產生，建構接地等電位系統(需符合國家法規)。

5.　確保電力系統所有設備，防止來自電力線之突波和暫態電壓造成設備之故障(架空纜線或電力公司迴路所竄入)。

6.　通訊設備盡量避免於空曠高空處架設，以防止來自電信網路和信號線路之突波和暫態感應電電壓造成設備破壞(室外通訊網路訊號線受感應雷所造成精密電子元件故障)。

7.　對於室外訊號傳輸線盡可能使用具有隔離效果之線材並於其兩端施作良好的接地。對於室外安裝通訊設備也可利用許多研究單位所提供的相關研究資料來做為設備安裝時的一些基本參考數據再考量是否再加強相關的防雷措施(如台灣電力公司落雷資訊，如圖 8-8-1)

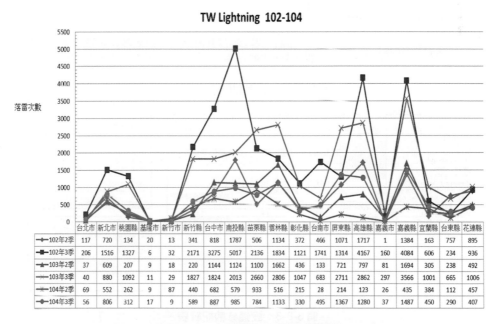

落雷次數

	台北市	新北市	桃園縣	基隆市	新竹市	新竹縣	台中市	南投縣	苗栗縣	雲林縣	彰化縣	台南市	屏東縣	高雄縣	嘉義市	嘉義縣	宜蘭縣	台東縣	花蓮縣
102年2季	117	720	134	20	13	341	818	1787	506	1134	372	466	1071	1717	1	1384	163	757	895
102年3季	206	1516	1327	6	32	2171	3275	5017	2136	1834	1121	1741	1314	4167	160	4084	606	234	936
103年2季	37	609	207	9	18	220	1144	1124	1100	1662	436	133	721	797	81	1694	305	238	492
103年3季	40	880	1092	11	29	1827	1824	2013	2660	2806	1047	683	2711	2862	297	3566	1001	665	1006
104年2季	69	552	262	9	87	440	682	579	933	516	215	28	214	123	26	435	384	112	457
104年3季	56	806	312	17	9	589	887	985	784	1133	330	495	1367	1280	37	1487	450	290	407

圖 8-8-1　台灣電力公司落雷資訊

8. 相關資料收集，現場環境觀察，評估自我安裝設備本身耐壓分析資料將有助於防雷系統的設計，成本的估算，防護的等級，可控制本身要做到那一個層級的保護(如圖 8-8-2)，就參考國際綜合調查當感應雷電壓發生在 2kV~5kV 現象約佔百分之七十，也就是說這是一個非常基礎的防護觀念。

掌握自己本身規劃要安裝的系統設備型態與相關耐壓是非常重要的，這會關係到整個雷防護的範疇與成本，事先統整設備的本身特性分析會是後來設備可否正常運作不受雷害的重要因素之一，如不幸的遭受雷擊由現象論，大可考慮馬上再做防護的調整，因為您已先作完事先的功課對自己的設備特性是非常熟悉的，參數記錄表會是分析中一個非常有參考意義的資料(圖 8-8-3)。

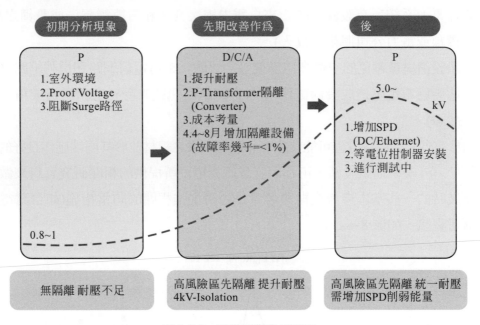

圖 8-8-2　設備耐壓分析調查

Equipment	Front (100W 4.2A)	Rear (200W 8.4A)	Outer Side Rear 3+1 (200W 8.4A)	Outer Side Rear 4+1 (200W 8.4A)
Reader	2.2			
SICK	1.2			
Moxa G205 HUB	0.5	0.5	0.5	0.5
Moxa G205 HUB	0.5			
Moxa Io-logic	0.4			
Moxa TB-M9	0.3			
J-panel x 2 Camera		1.6	1.6	1.6
DVR HB1+HB2 3+1 (IR x4)			2.8	
DVR HA + HB X1 4+1 (IRX5)				3.5
Speed Dome (GP)	0.5A			
Total (Unit : Amp)	5.1	2.1	4.9	5.6
Need Add DC-DC (Capacity)	2.9A	no need	no need	4.0A

Condition/Voltage=26.8 VDC , Unit = A ,W
GP Total = 12A
F- VBOX = 3.3A
R-VBOX = 16A
outer Side R-VBOX(DVR HB2 3+1) = 4.3A
outer Side R-VBOX(DVR4 HA 4+1) = 5A
Komoto CCD = 4W
Komoto IR = 16W (one panel)
F-VBOX Converter capacity MW 100W/ 4.2A
R-VBOX Converter capacity MW 200W/8.4A
Color Yellow : Not bonding DC-DC Converter

dielectric withstanding voltage , DWV
Mw DC-DC I/O 4KV , I/FG 2.5KV, O/FG 2.5KV VDC
SVR Power (新巨) 1.5KVAC
SMR ACU 707VAC
SMR Inverter 32 VDC
Modbus MC 34063(U1)   40VDC
MOXA 1.5K VAC / 2.25KVDC
PA34 Power Meter (4CH) 30VDC

圖 8-8-3　設備參數記錄表

透過相關設備參數記錄表，不論是直流設備，交流設備，相關的耗電量工作電壓範圍，最大最小的耐壓，工作電流，絕緣耐壓能力，網路 Port 相關的抗突波參數規格都是重要的考量依據。

8-9　相關突波元件原理與特性

SPD 突波吸收保護器(Surge protection Device)是電子設備雷電防護中不可缺少的一種裝置。它的基本的作用是把竄入電力線、信號傳輸線的暫態過電壓現象限制在設備或系統所能承受的耐壓範圍內，或將強大的雷電流導流入大地，保護被保護的系統或設備不受到衝擊而損壞當然有一個現象也有可能因雷擊至附近的大地反竄造成大地電位上升而透過接地線反竄回來破壞電子設備。

突波保護器的類型和結構按不同的用途有所不同，但它至少應包含一個非線性電壓限制元件。用於突波保護器的基本元器件有：充氣放電管、壓敏電阻、抑制二極體和扼流線圈等。

SPD 的分類：

1. 依工作原理可區分：
   (1) 開關型：其工作原理是當沒有暫態過電壓時呈現為高阻抗，但一旦回應雷電暫態過電壓時，其阻抗就突變為低值，允許雷電流通過。用作此類裝置時元件有：氣體放電管、閘流電晶體等。
   (2) 限壓型：其工作原理是當沒有暫態過電壓時為高阻抗，但隨突波電流和電壓的增加其阻抗會不斷減小，其電流電壓特性為強烈非線性。用作此類裝置的元件有：氧化鋅、壓敏電阻、抑制二極體等。
   (3) 分流型或限流型
      分流型：與被保護的設備並聯，對雷電脈衝呈現為低阻抗，而對正常工作頻率呈現為高阻抗。
      限流型：與被保護的設備串聯，對雷電脈衝呈現為高阻抗，而對正常的工作頻率呈現為低阻抗。
2. 依用途分類：
   (1) 電源保護器：交流/直流電源保護器、開關電源保護器等。
   (2) 信號保護器：低頻信號保護器、高頻信號保護器、天線設備保護器等。

SPD 的基本元件及工作原理：

1. 氣體放電管 GDT：

它是由相互間隔的一對冷陰板封裝在充有一定惰性氣體(Ar)的玻璃管或陶瓷管內組成的。為了提高放電管的觸發率(Trigger)，在放電管內還有助觸發劑。

它是由電壓導通的開關型器件，使用中並聯在被保護設備的線與線或線與地端之間。當外來突波電壓未達其動作電壓時，放電管呈高阻抗（絕緣電阻達 $1G\Omega$ 以上）狀態，而一旦突波電壓達到其動作電壓時，GDT 放電管內部放電間隙立即發生點擊穿現象，此時放電管相當於一良導體為低阻抗，突波電壓在 50ns 時間內即被迅速短路至接近零電壓，突波電流被迅速導入大地，從而對設備達到保護作用。

當突波電壓消失時，放電管則立即開路並恢復為高阻抗狀態，靜待下一次的動作，GDT 壽命會因放電使用次數而減少，為了避免持續短路現象發生，因此，氣體放電管一般需要與短路保護元件配合使用(例如保險絲或斷路器等)，GDT當應用於AC交流環境時也特別需注意因交流訊號對該絕緣氣體發生微續流現象造成短路降低壽命所以必須與 MOV 一起配合使用較為恰當。

2. 壓敏電阻 MOV：

它主要成分的金屬氧化物半導體非線性電阻，當作用在其兩端的電壓達到一定數值後，MOV 內電阻對電壓十分靈敏。它的工作原理相當於多個半導體 P-N 界面的串並聯。它以其優異的非線性特性和超強的突波吸收能力被廣泛應用於電子電路中進行保護，MOV低電壓時只有很小的逆向漏電電流，當遇到高電壓時，二極體因熱電子與隧道效應而發生逆向崩潰，流通大電流。

因此，壓敏電阻的電流-電壓特性曲線具有高度的非線性，低電壓時電阻高、高電壓時電阻低，由於 MOV 和 GDT 具有不同的性能特點，其應用也有較大差異。理想的過電壓防護元件要求漏電流小、動作響應快、殘壓低、不易老化等，而現有單一元件並不能完全符合要求。例如 GDT 與 MOV 兩種元件串聯使用的方式，MOV 的漏電電流比 GDT 要大，而 GDT 則不存在該問題，但 GDT 則存在續流電流的問題，GDT 與 MOV 串聯使用後，MOV 對其具有一定的限流作用，並可以及時的中斷 GDT 續流電流。

3. 瞬態電壓抑制二極體 TVS：

抑制二極體具有限壓功能，它是工作在反向擊穿區，由於它具有箝位電壓低和動作響應快的優點，特別適合用作多級保護電路中的最末幾級保護元件。它的外型與普通二極體相同，但卻能吸收高達數千瓦的突波功率，它的主要特點是在反向應用條件下，當承受一個高能量的大脈衝時，其工作阻抗立即降至極低的導通值，從而允許大電流通過 TVS，同時把電壓箝制在預期電壓水平，其響應時間僅爲 10-12 毫秒，因此可有效地保護電子線路中的精密電子元件，誘導電流從抑制器 TVS 通過而不流入系統中，使短路現象伴隨過激電壓同時發生，而讓系統得到安全保護。

4. 扼流線圈 choke coil：

扼流線圈是一個以鐵氧體爲磁芯的共模干擾抑制器件，它由兩個尺寸相同，匝數相同的線圈對稱地繞制在同一個鐵氧體環形磁芯上，形成一個元件，要對於共模信號呈現出大電感具有抑制作用，而對於差模信號呈現出很小的漏電感幾乎不起作用。扼流線圈使用在平衡線路中能有效地抑制共模干擾信號，而對線路正常傳輸的差模信號則無影響。

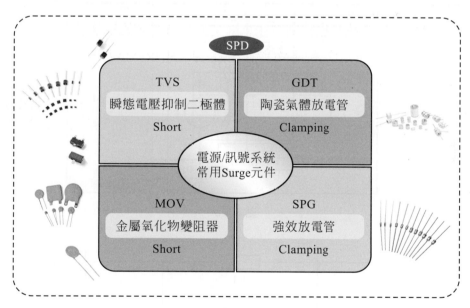

圖 8-9-1　電源/訊號系統常用 surge 元件

SPD 基本電路

突波保護器的電路根據不同需要，有不同的形式，其基本元件就如上面介紹的幾種，透過不同的防雷元件組合，可設計出符合其功能的防突波電路，短路與箝位型元件波形(如下圖 8-9-2)相對於對保護設備有不同的效果。

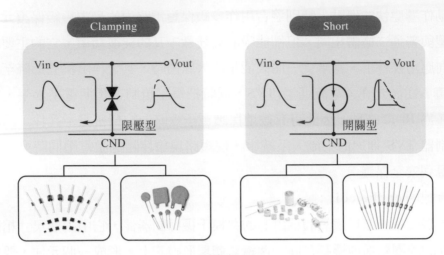

圖 8-9-2

　　基本的交流設備輸入端防雷突波保護迴路架構如(圖 8-9-3)基本的直流訊號保護電路如(圖 8-9-4)均透過不同的元件來達到保護設備的目的。

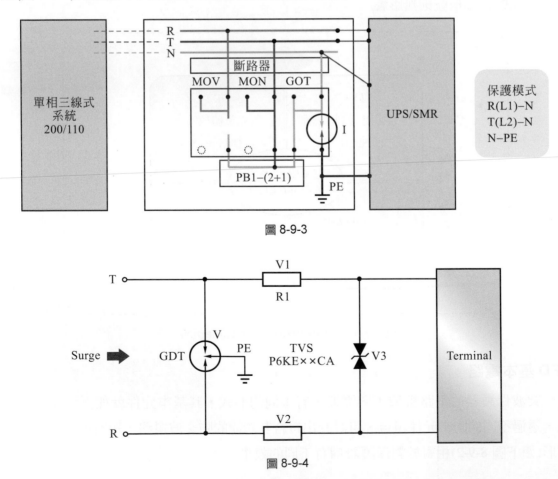

圖 8-9-3

圖 8-9-4

思考題

1. 試述微波的優缺點。

2. 如何提高網路穩定性？

3. 如何計算電源的電池容量？

4. 使用水溶液電解質之蓄電池時應注意哪些事項？

5. 何謂雙電源模式？

6. 試述 Time Slot 如何應用。

7. 何謂 A-bis、Ater、A 介面？

8. 試述蓄電池種類。

9. 規劃一個傳輸網路時所考慮的基本面為何？

10. 試述微波 HUB Site 之規劃要點。

11. 請問 SPD 元件中 MOV 與 GDT 搭配使用的目的為何？

附錄一 相關名詞縮寫

行動通訊相關名詞縮寫

ACCH	Associated Control Channel
AGCH	Access Grant Channel
A3	Authentication algorithm A3
A5	Encryption algorithm A5
A8	Ciphering key generating algorithm A8
Abis	Interface between BSC and BTS
AuC	Authentication Center
BCCH	Broadcast Control Channel
BP	Burst Period
BS	Base Station
BSSMAP	BSS Management Application Part
BSSOMAP	BSS Operation and Maintenance Application Part
BTS	Base Tranceiver Station
BTSM	Base Tranceiver Station Management
BSC	Base Station Controller
BSIC	Base tranceiver Station Identity Code
BSS	Base Station System
BSSAP	BSS Application Part
CCCH	Common Control Channel
CCITT	Comite Consultatif International Telegraphique et Telephonique
CEPT	Conference des administrations Europeen des Posteset Telecommunications
COST	European Co-operation in the Field of Scientific and Technical Research
CSPDN	Circuit Switched Public Data Network
DCCH	Dedicated Control Channel
DCS	Digital Cellular System at 1800 MHz
DF	Direction Finding
DTAP	Direct Transfer Application Part

DTX	Discontinuous transmission
EIR	Equipment Identity Register
ETSI	European Telecommunications Standards Institute
FACCH	Fast Associated Control Channel
FCCH	Frequency Correction Channel
FM	Frequency Modulation
GMSC	Gateway Mobile-services Switching Center
GPS	Global Positioning System
GSM	Global System for Mobile communication
HLR	Home Location Register
IEI	Information Element Identifier
IMEI	International Mobile station Equipment Identity
IMSI	International Mobile Subscriber Number
ISDN	Integrated Services Digital Network
ISO	International Standardization Organization
ISUP	ISDN User Part
IWF	InterWorking Function
Kc	Ciphering Key
Ki	Individual subscriber authentication key
LAI	Location Area Identity
LOS	Line Of Sight
LSC	Location Service Center
MAP	Mobile Application Part
MS	Mobile Station
MSC	Mobile-services Switching Center
MSISDN	Mobile Station international PSTN/ISDN Number
MTP	Message Transfer Part
NLOS	Non Line Of Sight

NSS	Network SubSystem
OMC	Operation and Maintenance Center
OSI	Open System Interconnection
OSS	Operation and maintenance SubSystem
OTD	Observed Time Difference
PAGCH	Paging and Access Grant Channel
PCH	Paging Channel
PCS	Personal Communication Services
PSPDN	Packet Switched Public Data Network
PSTN	Public Switched Telephone Network
RR	Radio Resource
RTD	Real Time Difference
SACCH	Slow Associated Control Channel
SC	Service Center for SMS
SCCP	Signaling Connection Control Part
SDCCH	Stand-alone Dedicated Control Channel
SDMA	Spatial Division Multiple Access
SIM	Subscriber Identity Module
SMS	Short Message Service
TA	Timing Advance
TCAP	Transaction Capabilities Application Part
TDMA	Time Division Multiple Access
TDOA	Time Difference of Arrival
TCH	Traffic Channel
TMSI	Temporary Mobile Subscriber Number
TS	Training Sequence
TUP	Telephone User Part
VLR	Visitor Location Register of GSM

WECA	Wireless Ethernet Compatibility Alliance
Wi-Fi	Wireless Fidelity

傳輸網路相關名詞縮寫

ADM	Add and drop Multilexer
ANSI	American National Standard Institute
AU	Administration Unit
AIS	Alarm indication signal
APS	Automatic protection switching
AMI	Alternative Mark Inversion
BER	Bit error ratio
BIP-N	Bit interleaved parity N
B-ISDN	Broadband integrated services digital network
Bps	Bits per second
BNZS	Bipolar with N-Zero substitution
B8ZS	Bipolar with eight Zeros substitution
B6ZS	Bipolar with six Zeros substitution
B3ZS	Bipolar with three Zeros substitution
C-N	Container N
CCITT	Consultative committee International
CMI	Code Mark Inversion
CP	Connection Point
CRC	Cyclic redundancy check
DCC	Data communications channel
LT	Line Terminating
LTE	Line Terminating Equipment
Mb	Megabits
MC	Master Clock

MUX	Multilexer
NE	Network Element
NF	Noise Figure
NNI	Ntework Node Interface
NDF	New Data Flag
NOS	Network Operating System
NRZ	Non Return to Zero
OA	Optical Amplifier
OAM&P	Operation Administration Maintenance and Provisioning
OC-N	Optical Carrier Lever N
OH	Overhead
OSI	Open System Interconnection
OTDR	Optical time-domain reflect meter
ORL	Optical return loss
Payload	Payload
PBX	Private Branch Exchange
PCM	Pulse Code Modulation
PDH	Plesiochronous Digital Hierarchy
PDN	Public Data Network
PDU	Protocol Data Unit
PM	Performance Monitor
PSTN	Public Switch Telephone Network
RIP	Routing Information Protocol
RL	Return Loss
RZ	Return to Zero
SDH	Synchronous Digital Hierarchy
SONET	Synchronous Optical Network
SDLC	Synchronous Data Link Control

SI	Synchronous Interface
STM	Synchronous Transfer Mode
STM-N	Synchronous Transfer Mode Level N
STS-N	Synchronous Transport Signal Level N
SNR	Signal to Noise Ratio
SS7	Signalling System No.7
TDM	Time Division Multiplexing
TMN	Telecommunications Management Network
TSI	Time Slot Interchange
TCP	Termination Connection Point
UNI	User Network Interface
UAI	User Access Interface
VC	Virtual Container(SDH) , Virtual Channel(ATM)
VP	Virtual Path
VPI	Virtual path Identifier
WAN	Wide Area Network
WDM	Wavelength Division Multiplex

附錄二　中英詞彙對照

(依中文筆畫順序排列)

一畫

一百萬兆位元組	EB
一般封包式無線電服務	GPRS：general packet radio service
一般保護狀況失效	PF：General Protection Fault

三畫

上行	Up-link
下行	Downlink
工作站	WS：workstation
工作站功能	WSF：workstation function
子系統	Subsystem

四畫

分散處理	Distributed Processing
公眾電話網路	PSTN：public switched telephone nertwork
公眾數據網路	PSDN：public switched data nerwork
分封共同控制通道	PCCCH：packet common control channel
分封相關控制通道	PACCH：packet associated control channel
公共陸地行動網絡	PLMN：public land mobile network
分封傳輸通道	PTCH：packet traffic channel
分封數據通道	PDCH：packet data channel
分封隨機擷取通道	PRACH：packet random access channel
分時多重擷取	TDMA ： time divison multiple access
分時雙工	TDD：time division duplexing
分碼多重擷取	CDMA：code division multiple access
分頻多重擷取	FDMA：frequency division multiple access
分頻雙工	FDD：frequency division duplexing
手機	MS：mobile station

手機 ISDN 號碼	MSISDN : mobile station ISDN
手機主發短訊息服務	MO SMS : MS originated SMS
手機通訊模組	ME : mobile equipment
手機漫遊號碼	MSRN : mobile station roaming mumber
支援節點	GSN : GPRS support node
支援節點閘道	GGSN : gateway GPRS support node
介面	interface
分封交換	packet switching
中繼器	Repeater

五畫

主幹線	backbone
主呼	call origination
加密	encryption
功能干擾	feature interaction
功率控制	power control
北美編號計畫	NANP : North American Numbering Plan
半固定式自動頻率給定	QSAFA : quasi-static autonomous frequency assignment
半速	TCHTCH/H : half rate TCH
半雙工	Half Duplex
本籍註冊資料庫	HLR : home location register
未涵蓋時期	uncovered period
正交分頻多工	OFDM : Orthogonal Frequency Division Multiplexing
用戶號碼	SN : subscriber number
目的地策點碼	DPC : destination point code
目地碼	Object code

六畫

交談層	Session layer
交易識別碼	transaction identifiers
交換功能	SF : switching function

交換迴圈	switch loopback
交遞	Handoff 或 handover
交遞區域	Handoff Area
交遞量測	handoff measurement
全球式行動通訊系統	GSM：Global System for Mobile Communications
全球個人通信	UPT：universal personal telecommunication
全速	TCHTCH/F：full rate TCH
全雙工	Full Duplex
共同信令通道	CSC：common signaling channel
共同通道	common channels
共同通道信令	CCS：common channel signaling
共同無線介面	CAI：common air interface
同步通道	SCH：synchronization channel
回應訊息	ANM：answer message
多路徑衰減	multipath fading
多頻帶系統	multi-band system
傳呼系統	paging system
自動漫遊	automatic roaming
行動手機識別碼	MIN：mobile identification number
行動本籍功能	MHF：mobile home function
行動交換中心	MSC：mobile switching center
行動服務功能	MSF：mobile serving function
行動終端系統	M-ES：mobile end system
行動網路位置協定	mobile network location protocol
光纖	Optical fiber
光纖分步樹據接口	FDDI(FIBER DISTRIBUTED DATA INTERFACE)

七畫

串音	Cross talk
位址完成訊息	ACM：address complete message

位置可攜性	location portability
位置追蹤	location tracking
位置更新	location update
位置區域	LA：location area
位置區域的識別碼	LAI：location area identification
位置註冊資料庫	LR：location register
作業系統	OS：operations system
作業系統功能	OSF：operations system funcion
快速相關控制通道	FACCH：fast associated control channel
私用交換機	PBX：private branch exchange
系統間交遞	inter-system handoff
系統廣播通道	SBC：system broadcast channel
序列埠	Serial port
延伸標記語言	XML (Extended Markup Language)
低雜訊衛星信號放大器	LNA - Low Noise Amplifier
低雜訊降頻器	LNB - Low Noise Block Downconverter

八畫

波形	waveform
使用者終端設備	user terminal equipment
使用者認証模組	SIM：subscriber identity module
使用者擷取介面	user access interface
週期性傳呼訊息傳送	periodic paging
固定式通道給定	FCA：fixed channel assignment
非對稱式數位用戶迴	ADSL (Asymmetrical Digital Subscriber Line)
服務支援節點	SGSN：serving GPRS support node
服務交換點	SSP：serviceswitching point
服務品質	QoS：quality of service
服務控制點	SCP：service control point
服務提供者可攜性	operator portability

直接序列展頻	direct sequence spread spectrum
長途電話公司	Interexchange carrier
非揮發性記憶體	nonvolatile memory
非同步傳輸模式	ATM - Asynchronous Transfer Mode
直播衛星	DBS - Direct Broadcast Satellite

九畫

封閉式架構	close arthicecture
信令連結控制部份	SCCP : signaling connection control part
信令轉送點	STP : signal transfer point
品質指標	QI : quality indicator
客籍註冊資料庫	VLR : visitor location register
封包型態	package type
待命模式	standby mode
恢復訊息	RES : Resume Message
指定轉接	call forwarding
美規數位蜂巢式系統	ADC : American digital cellular
美規類比式行動電話系統	AMPS : advanced mobile phone system
計費	billing
計劃性跳躍	planned hop
重復訊息	duplicate message
指令集	instruction set

十畫

個人數位助理	PDA
個人手持電話系統	PHS : Personal Handy Phone System
個人通信服務提供者	PSP : PCS service provider
個人通訊服務	PCS : personal communications services
個人擷取通訊系統	PACS : Personal Access Communications System
個人識別碼	PIN : personal identity number
時槽轉換	TST : time slot transfer

脈衝振幅調變	PAM : pulse amplitude modulated
訊息編碼字元	message codeword
訊息轉送	message forwarding
訊息鎖定	message locking
高速傳呼系統標準	FLEX
高速電路交換數據	HSCSD : high speed circuit switched data
高頻寬帶無線用戶回系統	broadband WLL
時鐘週期	clock tick

十一畫

區段	segment
區域行動手機識別碼	LMSI : local mobile station identity
國電話識別碼	CC : country code
國際交換中心	ISC : international switch center
國際交換機擷取碼	ISCA : international switch access code
國際行動用戶識別碼	IMSI : international mobile subscriber identity
國際通訊聯合組織	ITU : International Telecommunications Union
國際漫遊	internationl roaming
國漫遊者擷取碼	IRAC : international roamer access code
基本速率介面	BRI : basic rate interface
基地台	BS : base station
基地台子系統	BSS : base station subsystem
基地台協定	BBSGP : BSS GPRS protocol
基地台控制站間交遞	inter-BSC handoff
基地台間交遞	inter-BS handoff
基地收發台	BTS : base transceiver station
基站控制台	BSC : base station controller
控制通道	CCH : control channels
控制邏輯	control logic
接收訊號強度指標	RSSI : received signal strength indication

第七號信令系統	SS7 : Signaling System No.7
第二代低功率行動電話	CT2 : cordless telephone, second generation
細胞	Cell
細胞內交遞	intra-cell handoff
細胞間交遞	inter-cell handoff
細胞廣播通道	CBCH : cell broadcast channel
終端局	EO : end office
終端系統	ES : end system
終端服務記錄	TSP : terminal service profile
終端設備	TE : terminal equipment
通道跳躍	channel hopping
連線測試訊息	COT : Continuity Message
涵蓋	coverage

十二畫

虛擬位址	Private IP address
虛擬私人網路	VPN (Virtual Private Network)
無線私用交換機	WPBX : wireless private branch exchange
無線區域迴路	WLL : wireless local loop
無線傳送層安全協定	WTLS : wireless transport layer security
無線電介面	radio interface
無線電基地台	RP : radio port
無線數據包協定	WDP : wireless datagram protocol
無線應用協定	WAP : wireless application protocol
短訊服務	SMS : short message service
短訊服務中心	SM-SC : short message service center
短訊息服務跨網	MSCIWMSC : short message service interworking MSC
短訊控制	SMC : short message control
短訊閘道行動交換中心	SMS GMSC : short message service gateway MSC
短訊應用層	SM-AL : short message application layer

短訊識別碼	SMI：short message identifier
註冊區域	registration area
超微細胞	picocell
週期性重新註冊	periodic re-registration
量測功能	measurement function
量測時程	measurement schedule

十三畫

傳輸層	transpory layer
亂碼	RAND：a random number
傳統電話服務	POTS：plain old telephone service
傳輸編碼與速率轉接器	TRAU：transcoder/rate adapter Unit
塞機率	call blocking probability
微波	microwave
微細胞	microcell
節點碼	PC：point code
號碼可攜性	number portability
蜂巢式認証及語音加密	CAVE：cellular authentication and voice encryption
蜂巢式數位封包數據	CDPD：cellular digital packet data
蜂巢式數位封包數據	cellular digital packet data
解碼器	decoder
資料傳輸通道	TCH：traffic channel
閘道行道交換中心	GMSC：gateway MSC
雷利衰減	Rayleigh fading
電信數據協定	TDP：telocator data protocol

十四畫

實際位址	Physical address
實體連結子層	PLL：physical link sublayer
實體無線電子層	RFL：physical RF sublayer
網際網路協定	Internet protocol

維運中心　　　　　　　　OMC : operations and maintenance center

認証中心　　　　　　　　AuC : authentication center

認証結果　　　　　　　　AUTHR : authentication result

遠端程式呼叫　　　　　　RPC : remote procedure call

需求給定多重擷取　　　　DAMA : demand-assigned multiple access

廣播控制通道　　　　　　BCCH : broadcast control channel

數位加強無線電話　　　　DECT : Digital Enhanced Cordless Telephone

數據通訊功能　　　　　　DCF : data communication function

數據通訊網路　　　　　　DCN : data communication network

數據傳輸控制　　　　　　data transfer control

遠端存取　　　　　　　　remote access

十五畫

數位化　　　　　　　　　digital

暫時地區號碼　　　　　　TLDN : temporary local directory number

暫時行動用戶識別碼　　　TMSI : temporary mobile subscriber identity

暫時設備識別碼　　　　　TEI : temporary equipment identifier

歐洲郵政電信組織　　　　CEPT : Conference Europeenne des Postes et Telecommunications

歐洲電信標準協會　　　　ETSI : European Telecommunications Standard Institute

歐規無線電訊息系統　　　ERMES : European Radio Message System

編碼字元　　　　　　　　codeword

編碼區塊　　　　　　　　codeblock

緩慢衰減　　　　　　　　slow fading

遮蔽衰減　　　　　　　　shadow fading

標準模式　　　　　　　　standard mode

十六畫

導波管　　　　　　　　　Waveguide

操作監理維護　　　　　　OA&M : operations,administration, and maintenance

整合性服務數位網路　　　ISDN : Integrated Services Digital Network

整合性服務數位網路應用部 ISUP : integrated services digital network user part

獨立專屬控制通道　　　　　SDCCH : standalone dedicated control channel

輸入裝置　　　　　　　　　input device

隧道協定　　　　　　　　　GTP : GPRS tunnel protocol

隨機擷取通道　　　　　　　RACH : random access channel

頻率校正通道　　　　　　　FCCH : frequency correction channel

頻率校正通道　　　　　　　frequency correction channel

頻道分割計策　　　　　　　SRS : sub-rating scheme

頻譜　　　　　　　　　　　spectrum

十七畫

壓縮　　　　　　　　　　　compaction

優先傳呼　　　　　　　　　priority paging

應用服務單元　　　　　　　application service element

應用服務單元　　　　　　　ASE : application service element

點對點服務　　　　　　　　point-to-point service

檢查位元　　　　　　　　　check bit

十八畫

轉接器　　　　　　　　　　adapter

擷取允諾通道　　　　　　　AGCH : access grant channel

擷取連結　　　　　　　　　A-link : access link

轉移協定數據單元　　　　　TPDU : transfer protocol data units

雙頻 GSM 網路　　　　　　dual-band GSM network

額外區段　　　　　　　　　extra segment

額外路徑　　　　　　　　　redundant path

雜訊　　　　　　　　　　　noise

雙絞線　　　　　　　　　　Twisted Pair

歡迎加入　全華會員

- **● 會員享享**

  會員享購書折扣、紅利積點、生日禮金、不定期優惠活動…等。

- **● 如何加入會員**

  填妥讀者回函卡直接傳真(02) 2262-0900 或寄回，將由專人協助登入會員資料，待收到 E-MAIL 通知後即可成為會員。

如何購買　全華書籍

1. 網路購書

  全華網路書店「http://www.opentech.com.tw」，加入會員購書更便利，並享有紅利積點回饋等各式優惠。

2. 全華門市、全省書局

  歡迎至全華門市(新北市土城區忠義路21號)或全省各大書局、連鎖書店選購。

3. 來電訂購

  (1) 訂購專線：(02) 2262-5666 轉 321-324
  (2) 傳真專線：(02) 6637-3696
  (3) 郵局劃撥（帳號：0100836-1　戶名：全華圖書股份有限公司）

  ※ 購書未滿一千元者，酌收運費 70 元。

全華網路書店 www.opentech.com.tw
E-mail: service@chwa.com.tw

※ 本會員制如有變更則以最新修訂制度為準，造成不便請見諒。